赵思嘉，同济大学建筑历史与理论博士，现任教于同济大学建筑与城市规划学院建筑系。美国加州大学伯克利分校环境设计学院访问学者，法国巴黎瓦尔德塞纳建筑学院 LAVUE 实验室邀请研究员。多年以来一直致力于对街头艺术和公共艺术的研究。

Email：zhaosijia@tongji.edu.cn

涂鸦城市
——从涂鸦到城市艺术

GRAFFICITY
from Graffiti to Urban Art

赵思嘉　著

生活·讀書·新知 三联书店

Copyright © 2025 by SDX Joint Publishing Company.
All Rights Reserved.

本作品版权由生活·读书·新知三联书店所有。
未经许可,不得翻印。

封面图案　©PHLEGM

图书在版编目（CIP）数据

涂鸦城市：从涂鸦到城市艺术 / 赵思嘉著 . — 北京：
生活·读书·新知三联书店，2025. 8.
ISBN 978-7-108-08012-7

Ⅰ．TU984.1

中国国家版本馆 CIP 数据核字第 2025Z7K776 号

责任编辑	黄新萍
装帧设计	鲁明静
内文制作	许艳秋
责任校对	陈　明
责任印制	卢　岳
出版发行	生活·讀書·新知 三联书店
	（北京市东城区美术馆东街 22 号　100010）
网　　址	www.sdxjpc.com
经　　销	新华书店
印　　刷	天津裕同印刷有限公司
版　　次	2025 年 8 月北京第 1 版
	2025 年 8 月北京第 1 次印刷
开　　本	720 毫米 × 1020 毫米　1/16　印张 25.5
字　　数	200 千字　图 360 幅
印　　数	0,001-3,000 册
定　　价	138.00 元

（印装查询：01064002715；邮购查询：01084010542）

前　言　当我们爱上涂鸦的时候，我们爱它的什么？

今天，当我们在世界各地的城市中穿行，总会在街巷的角角落落看到涂鸦和街头艺术的踪迹，它们像一张张面具，有的向你微笑，有的朝你呼喊，有的兀自矗立。你若留意，会发现它们背后有漫长的历史、离奇的故事和复杂的情感。它们可能尺度高大却身份低微，也可能尺寸小巧却价值连城。它们可能是你回家的地标，或是你半路发呆的理由，它们可能长久矗立在那儿，或者泯灭于一夜之间。它们有的深邃、有的可爱、有的充满政治色彩、有的书写轻松一刻……它们是如此混杂，以至于，我们如果爱它都很难整理出一个理由。

我们被涂鸦吸引，只需要一次视线的交错。是的，没有那些高深的美学评判，不需要知道作者的年代背景，不用顾及美术馆高额的票价，不用特地安排时间欣赏。你只需要在正好它存在的时间出现在它正好存在的空间里，一次路过，一次回眸，然后你的视线被它抓住，然后，把爱和不爱就都交给"本能"吧。

那些涂鸦写手和街头艺术家，是什么吸引他们夜复一夜，躲避着警察，背着梯子和喷漆罐在街头创作呢？追求创作的酣畅和倾诉的自由，这是一定的，还有就是为了你路过时的那次回眸。这些街头创作者，身体力行地用他们的话语和图像展现给城市一个自下而上的表达，这种表达自20世纪六七十年代逐渐绵延壮阔，声势浩大，令那些曾对他们嗤之以鼻的道貌岸然的博物馆、画廊一改一贯的高冷态度，令主流艺术市场不得不放低身段向街头艺术带来的资本流献上拥抱。而后，更多城市开始接纳这些不羁的艺术形式，组织这些艺术在城市中的合理植入，形成了我们今天所谓的城市艺术，从而诞生了众多受益于艺术市场的城市艺术家。然而如冰山一角，成功的城市艺术家屈指可数，大部分的街头创作者还是靠理想和热爱支撑度日。也正因为这些理想与现实的对抗，街头的表达才更显出自由不羁的个性，这种不羁吸引了那些日常生活中的芸芸大众，并激发了他们的本能爱憎。

不羁的艺术表达虽然是涂鸦和街头艺术一贯的特质，但是这种特质相对于漫长的艺术史而言并不新鲜。是什么力量推动它跨越时间和国度的藩篱，最终形成一种革命性的艺术语言呢？我想一定还有更多，比如公民平等话语权的释放，比如图像与场所的交互共生，比如创作过程中的行为艺术性，比如图像完成后存续的不确定性，还有阳光、风雨、行人、涂鸦写手、城市环卫人员对它的再塑造，等等。理由众多，说来话长。

我对涂鸦和街头艺术的关注始于我的博士课题研究。我博士毕业于同济大学建筑与城市规划学院，师从殷正声老师，研究"城市图像"。2010年，我只身来到巴黎，开始为期一年的联合研究。我所在研究所——巴黎瓦尔德塞纳建筑学院城市环境实验室（LAVUE）的老师马蒂娜·布施（Martine Bouchier）女士是一位建筑师、艺术家和美学评论家，她多年来一直深耕于当代艺术的研究，在她的指导下，我逐一调研并记录了巴黎多个街头艺术盛行的城市街区。实验室主任伯纳德·欧蒙（Bernard Houmont）教授在建筑与城市规划方面对我提出了很多中肯的意见，他常约我在周末的早晨在巴黎某个布满涂鸦的街巷碰头，然后一路走一路看，沿途通常脏乱不堪，污水粪便横流，但两人乐此不疲，看完之后干杯咖啡互道"周末快乐"，然后各奔东西。在实验室的协助安排下，我走访了巴黎规划局，与环境署专员进行了访谈，了解了巴黎市和各个辖区针对涂鸦和街头艺术的执行政策和长远规划。这一年，我沉浸在涂鸦和街头艺术的研究中不能自拔。

2017年，我再次出发前往美国的加州伯克利大学的环境设计学院，开展涂鸦和城市艺术的研究。伯克利大学的玛格丽特·克劳福德教授（Margaret Crawford）指导我对旧金山的涂鸦街区进行调研。处于涂鸦和街头艺术发源地的美国，旧金山从街区涂鸦的高密度到涂鸦政策的完善程度和城市艺术的组织完善性，都令人叹服。其间我背着相机出没于危险的黑人街区，那些涂鸦的墙角满地针管。同时我参加了旧金山城市艺术委员会这一年所有的公开会议，了解了旧金山在治理涂鸦和城市艺术管理方面制定的一系列政策。这一年的研究让我收获满满。

在这之后，我逐渐与国内外知名的城市艺术家和他们的团队建立联系，也逐渐认识了一些自由的涂鸦写手和街头创作者，拜访了国内外很多经营城市艺术的画廊、艺术经纪人、策展人，与他们交谈，了解他们的追求与困境，同时也接触到一些规划部门的领导和政府专员，他们的诉求也提供了另一个视角。我试图思考在这样一个复杂的世界里，个人表达和公共管理这貌似对立的二者能否达成一种平衡态，从而让我们的城市以更多色彩呈现社会的不同面貌，从而让大众以更加放松的姿态去拥抱艺术。

我尝试以一个旁观者的视角来回溯历史，呈现一幅幅城市中的图像，讲述这些图像背后的故事，记录它的丰富、趣味、热血、自由、反抗、贫瘠、深邃……，这些图像也许不经典，没有学院背景，也鲜被主流艺术史记载，但是站在今天的城市艺术场景中回望之前半个多世纪以来它们的演进，不得不承认，这一艺术形式是当代艺术世界中的重要一环，也是世界艺术史不可分割的一部分。

从涂鸦到城市艺术，形式的演化从未停歇，不变的是对街头创作的热情与奔赴。这些艺术如此鲜活、有生命力，无论在多么幽暗的角落都能生根发芽，那么我们为什么不能赋予它一面洒着阳光的墙呢？

序　言　一部丰富的街头艺术史

马蒂娜·布施（Martine Bouchier）
（巴黎瓦尔德塞纳建筑学院　艺术与美学教授）

《涂鸦城市》是一次呈现艺术家和他们以城市为承载面而绘制的艺术图像的历史之旅。本书从一个非常广阔的视角描述了一种源于美国，进而席卷世界的艺术现象。作者赵思嘉历时15年进行了广泛的研究，收集了大量的参考资料、图片，并对艺术家进行采访，多次前往涂鸦所在的主要西方城市，最终呈现了涂鸦这一艺术现象的出现、神圣化和转变为城市艺术的过程。

本书涵盖了三种干预城市空间的形式，即城市艺术的三个阶段，从自由的涂鸦开始，到80年代在法国发展成更具图像主义的艺术形式——街头艺术，再到今天被称为的城市艺术。这本书有助于我们理解公共空间的美学现象，了解推动城市美化的一切。

本书的独创性在于对20世纪70年代以来西方城市中出现的各种形式的城市绘画进行了背景分析，这些绘画的目的是将信息"印"在城市空间中，印在通常无法进入的媒介上，供尽可能多的民众阅读。这些"高风险作品"反映了社会阶层之间的紧张关系。对媒介的选择本身就带有政治性，就像1968年情境主义者居伊·德波（Guy Debord）在巴黎法兰西学院的墙上用粉笔写下的"永不工作"（Ne travaillez jamais）。

本书讨论的城市艺术是图形和图像的艺术，它与二维图像的叙事力有着深刻的联系，在这方面，安迪·沃霍尔（Andy Warhol）很有启发性。这些街头作品就像广告海报一样，具有建筑立面的大小，沿着街道、地铁沿线或工地围墙延伸。一些较小的作品通常是用模板喷绘的，散落在人行道上，以人体为尺度，以一种亲密和诗意的方式直接与路人对话。它们带来梦想、欢乐和温存。

虽然从纽约到巴黎、伦敦和柏林，城市环境中的艺术干预实践已经形成了一种全球化的形式，但城市艺术仍然表现出一种地方特有的个性。不同城市、不同国家的艺术家所表达的内容也不尽相同。一些最著名的艺术家，比如本书探讨的人物班克西（BANKSY），其影响力是全球性的，因为他们的作品遍布世界各地，包括非洲、亚洲、欧洲和拉丁美洲。他们利用当地的社会和政治背景，在每次干预中创造出具有"地方"特色的作品，将当地居民融入其中，让他们站在舞台上，从而参与他们的历史。

在法国，绘画等造型艺术在建筑中的应用曾在 20 世纪 70 年代达到高峰，当时的主要公共艺术委托项目是将艺术等文化引入被称为"大型居住社区"的社会集合住宅项目之中。这些项目旨在安置来自阿尔及利亚和越南的移民。当时的顶尖艺术家们受邀介入这些住宅区的室外空间或通往这些住宅区的地铁站，创作出不朽的绘画或雕塑作品。这一时期产生了"1% 政策"，即所有公共建筑（学校、市政厅、剧院、车站、社会住宅区）都要附带一件艺术品，价值为建筑成本的 1%。这一政策在法国一直沿用至今。

此外，1981 年由法国文化部部长杰克·朗（Jack Lang）签署的文化政策获得法国政府的大笔财政补贴，他将文化权力下放到地方，并通过节庆和城市美学活动让所有人都能接触到文化，让所有来自城郊的创作者、嘻哈艺术家和更多来自"体制内"艺术院校的艺术家都有发言权。

街头艺术在法国兴起之时，正值国家决定允许民众自由地表达自我，无论其表达的内容如何，民众都可以通过广播（自由广播）和街头（街头艺术）进行自由地表达。

在今天的法国，为了在全国范围内实现城市美化和文化民主，城市艺术表现为在国家资助大型创作的文化政策支持下的一种委托创作的艺术形式。而涂鸦在技术上变得更加复杂，曾经的喷漆"炸街"变成文化工业的产品，与艺术市场上和拍卖行里的任何其他形式的艺术品一样。涂鸦作品被装裱进博物馆，在画廊出售，在当代艺术博览会上展出，或在吸引大批观众的城市流行活动现场出现。

从某种程度上说，涂鸦这种艺术原本是自由的，应该被铭刻在城市的肌理之上，但在博物馆中被框架化、非语境化，从而失去了它最初的样貌。这意味着它的真实性，即它的言说与诗意的真实性正面临消失的危险。

我们现在正目睹着这门艺术的蜕变，因而，赵思嘉在今天书写其历史的想法更具现实意义。

从初始的自由、前卫的"标签"开始，到如今发展成为委托创作的城市艺术，丰富的街头艺术史被赵思嘉讲述成一个大众化的艺术故事，即使没有艺术或美学文化功底亦可欣赏。毕竟城市是一个开放的空间，所有人都可以很容易地接触到它。

涂鸦曾经不被视为一种艺术形式，甚至被认为是导致"空间退化"的事物。在本书中，在将涂鸦与城市艺术联系起来的历史路径下，涂鸦被提升到与雕塑、城市设计、外墙装饰和景观美化同等的高度。通过对活跃的城市艺术实践者的介绍，有助于确认他们作为艺术家的地位。最后，本书还展示了这种曾经被视为视觉干扰的独立的艺术实践是如何演变成现在旅游指南中的一种官方艺术形式，并成为某些地区城市景观不可分割的一部分。

（赵思嘉 译）

目　录

使命

一场关于签名的亚文化撒野　5

图像主义涂鸦与"王"的诞生　11

平静是用来炸毁的——关于"炸街"与破坏　25

进入画廊，抵达欧洲　32

"武器"的革新与第三次浪潮　39

事件

纽约东村画廊的地下信仰　68

巴黎墙绘浪潮后的人文主义城市艺术　84

柏林墙的倒塌与涂鸦麦加　110

伦敦东区的复兴与英伦摇滚下的街头狂欢　122

旧金山杂糅拉美和嬉皮文化的后涂鸦时代　137

肖像

01 "艺术恐怖分子"班克西　161

02 "入侵者"的马赛克版图　175

03 嘘！看喷漆罐杰夫表演　181

04 "柒先生"的彩虹脑洞　188

05 蜷缩进皮毛里的ROA　196

06 代号C215的凝视　203

07 VHILS的城市考古学　209

08 提克小姐的语录　218

09 谢泼德·费尔雷的艺术不"服从"　228

10 JUDITH DE LEEUW：不只此青绿　236

11 双胞胎 OS GEMEOS 的小黄人　244

12 朱利安·德·卡萨比安卡：古典的街头　251

13 D*FACE：来自魔鬼的亲吻　258

14 FAITH XLVII：沉默地尖叫　268

15 阿特拉斯的线性矩阵　274

16 博隆多的空间剧场　280

17 PHLEGM 的黏液世界　292

18 SWOON 的剪纸肖像　302

19 DALeast：形状与碎片的聚散无常　312

20 KOBRA 的流光溢彩　320

艺术与城市

颠覆性的艺术特质　334

城市艺术的发生与被组织　345

城市衰败和城市士绅化　354

城市抵抗与妥协　361

城市接纳与涂鸦飞地　370

涂鸦俚语词汇表　376

城市艺术节一览　379

照片来源　382

后　记　384

涂鸦，即恣意地绘画。今天被定格为一种源起于西方的、在城市公共空间中肆意创作的表达形式。它的英文名是 Graffiti，是 Graffito 的复数形式。该词来自意大利语，源于希腊文 γραφειν（Graphein），意为"书写"。我们很少见到"涂鸦"一词的单数形式，可见它具有组团和聚集的特性。中文"涂鸦"这个词最早见于唐朝诗人卢仝的诗文《示添丁》，他这样形容自己顽皮的儿子在书册上乱写乱画："忽来案上翻墨汁，涂抹诗书如老鸦。"诗文中把墨迹比作乌鸦。这个精彩的比喻被汉语世界历代沿袭，"涂鸦"一词的含义也由胡乱涂写演进成了"Graffiti"所代表的恣意绘画。

我们今天谈论的作为名词的涂鸦，大多特指源起于 20 世纪六七十年代美国的伴随嘻哈艺术与街头文化而出现的一种街头表达。那些混迹街头的少数非洲裔青年以涂鸦为载体彰显自我、标示地盘、宣泄不满，这种亚文化迅速蔓延至欧洲并波及全球，逐步演化出具有不同表达形式的街头艺术和城市艺术。不同于从类人猿走向人类的单向度演化，街头表达的演进是多元的、百花齐放式的，从早期地盘占领式的签名、帮派式"炸街"到具有张力的图像主义涂鸦，工具也从喷漆发展到模板、贴纸、马赛克，甚至新媒体。今天的街头表达以多种形式并置的姿态存在，并游走于街头与艺术资本市场之间。

图1.《乌得勒支教堂内部》的局部,
英国国家美术馆
图2.华盛顿特区"二战"纪念碑上
雕刻的"基洛在这里",2006年

4

涂鸦城市

一场关于签名的亚文化撒野

在墙面上绘画涂写的冲动，伴随着人类整个文明发展史。法国的拉斯科（Lascaux）洞穴岩画描绘了 1.5 万年前史前动物迁徙奔跑的图景。古罗马庞贝古城刻在房前屋后墙面上的文字和图绘留存了公元 79 年的市井信息：赊账的字据、打情骂俏的留言、角斗信息，这些信息都被火山灰土瞬间封印，成为今天可被瞻仰的古代涂鸦。荷兰画家彼得·萨恩勒丹（Pieter Saenredam）1644 年绘制的油画《乌得勒支教堂内部》（*The Interior of the Buurkerk at Utrecht*）描绘了信众通过在教堂墙面上涂写的方式与神沟通的场景（图 1）。可见涂鸦自古以来就是记录、交流、承载信息的媒介，是人回应周遭世界的一种本能。它们的共同特点在于涂写的非正式性，以及承载涂鸦的墙面最初并非用于承载文字与图像。

非正式性涂写

据说法国文豪维克多·雨果在一次探访巴黎圣母院的时候，在塔楼的昏暗石墙壁上发现了刻着"ANAI'KH"的字样，这是一个希腊语单词，意为"命运"。这引发了雨果对命运的深刻思考，从而写出了小说《巴黎圣母院》。那个涂鸦成了诞生一部宏伟巨著的契机。

1820 年，一个名叫约瑟夫·基塞拉克（Joseph Kyselak）的奥地利公职人员跟朋友打赌说，他可以在三年内让自己的名字在整个帝国内家喻户晓。为了实现这个诺言，他走遍了整个中欧，把自己的名字"Kyselak"用红黑两色刻在一切道路、桥梁之上，不到一年他就变得尽人皆知并赢得了赌局。但是他根本停不下来，直到受到奥匈帝国皇帝弗朗茨·约瑟夫一世（Franz Joseph I）的召见，他被勒令停止涂鸦。但就在这次召见结束之后，皇帝发现自己的桌子被刻上了 Kyselak 字样。基塞拉克的荒诞和反叛的行径被认为是最早公开地、有计划地绘制签名涂鸦的做法，他甚至被誉为"涂鸦之父"。

"二战"期间，一个长着长鼻子的光头卡通形象、伴随文字"基洛在这里"（Kilroy was here）的涂鸦变得家喻户晓（图 2）。它通常出现在美军驻扎营地附近的桥梁上、军械上和海运货舱中。据说斯大林在德国波茨坦会议期间看到浴室的隔间上画着"基洛在这里",认为这可能是间谍行为,命人找到始作俑者并将其射杀。在1948年的卡通片《兔八哥》(Haredevil Hare)中,有一个有趣的桥段展示了"基洛"对当时流行文化的影响力,片中兔八哥作为第一只登月的兔子站在月球上,它身后的岩石上滑稽地刻着"基洛在这里"。显然动画制作人比政客更能理解"基洛"的玩世不恭。

最早对这种非正式涂写认真关注的,是匈牙利籍法国摄影师乔治·布拉塞(George Brassaï)。布拉塞为人熟知多半是因为他在两次世界大战之间拍摄的那些夜巴黎的黑白艺术照片。他总是从黄昏开始工作直至天明,奔走在巴黎的大街小巷。1932年,他的照片集《夜巴黎》使布拉塞成为"夜晚摄影"的鼻祖。正是当布拉塞在城市中漫游寻找拍摄角度的时候,他发现在巴黎建筑的外墙面上总是绘制着各种神秘的符号和字体,他尝试猜测这些符号背后的意义,并用胶片记录了下来。1933年,布拉塞第一次把巴黎墙面涂鸦的照片发表在超现实主义杂志《牛头怪》(Le Minotaure)上,并于1956年在美国纽约现代艺术博物馆展出了这些涂鸦照片。1961年,这些涂鸦摄影作品被结集出版,并命名为《涂鸦》(Graffiti),在这本书中他强调:"涂鸦是墙壁的语言和主张。"书中还有一篇对布拉塞的好朋友、艺术巨匠毕加索的访谈。毕加索谈道,涂鸦可被看作一种新的艺术形式。事实上这些"野生"的城市涂鸦不但对毕加索的晚期绘画有所影响,也给同时期的一批艺术家如胡安·米罗(Joan Miró)、萨尔瓦多·达利(Salvador Dalí)、安东尼·塔皮埃斯(Antoni Tàpies)等带来了启发。

20世纪60年代初的布拉赛和毕加索预言了一场运动的发生,这场运动的能量和影响令所有人始料不及。

费城与纽约

这场当代涂鸦的浪潮最早出现在美国费城。1965年,费城一个住在青年帮教中心的12岁非洲裔问题少年达利·麦克格雷(Darryl McCray)开始把自己的绰号"玉米面包"(Cornbread)涂写在帮教中心的墙面上。他曾向中心食堂的厨师抱怨为什么只做白面包而不做玉米面包。厨师气恼地大喝"快把这个玉米面包轰出去",于是"玉米面包"成了他的绰号。他痴迷地在青年中心的各个公共区域喷涂 CORNBREAD 字样，以致社工们都以为他有一定程度的精神障碍。后来他走向费城的街巷，和伙伴 COOL EARL、TOP CAT 等人一起喷涂签名。他们的做法影响并带动了费城的青年，"玉米面包"也成为费城家喻户晓的名字。费城的报纸曾经有一次错误地报道了他死于帮派械斗，为了证明自己还活着，"玉米面包"潜入了费城动物园，在大象的身上喷涂了"玉米面包活着"（Cornbread Lives）的字样，他也因此而被捕。"玉米面包"被认为是当代涂鸦的鼻祖。在2007年由肖恩·麦克奈特（Sean McKnight）制作的一部纪录片《城市的呐喊 1："玉米面包"传奇》（*Cry of the City Part 1: The Legend of Cornbread*）中我们可以了解这段历史。

继费城之后，街头涂写在纽约出现并如火如荼地蔓延开来。没有人能说清楚为什么出现在费城的事件却席卷了纽约，但一个背景事件是，在1968年，费城的宾夕法尼亚铁路公司（PRR）和纽约中央铁路公司（New York Central）合并成立了宾州中央铁路公司（Penn Central），在交通上增加了两个大城市之间的联系，这或许跟涂鸦蔓延至纽约不无关系。

纽约涂鸦来自城市中最为贫瘠的角落：布朗克斯区（Bronx）、布鲁克林区（Brooklyn）和曼哈顿（Manhattan）下城区，居民以非洲裔和拉丁裔为主。这里的青年通常没有受过正规教育，整日在街头游荡。他们结成帮派组织，并催生了一系列恶性暴力事件。帮派间用名字标注领地，宣示主权。这一做法启发了更多的布朗克斯青年在墙面上书写自己的名字来刷存在感。

JULIO 204 是第一个将自己的名字加上街道号码进行编码的涂鸦青年。之后代号加数字成为风尚，这些数字来自门牌号或道路编码。这些区域里的少年彼此互称代号，像 STAY HIGH 149、TRACY 168、CLIFF 159……即便他们叫不出对方的名字，但说起代号都耳熟能详。费城的 TOP CAT 也搬到纽约，以代号 TOP CAT 126 加入了纽约的战队。

这场社区内部的游戏被主流媒体关注后，在纽约迅速扩展升级，只因一个叫 TAKI 183 的涂鸦青年。1971年，《纽约时报》报道了一个住在曼哈顿华盛顿高地183街的名叫德米特里斯（Demetrius）的青年。他以 TAKI 183 为代号，在日常发传单的工作之余一路走一路涂鸦签名，他的名字无处不在，遍及街巷和地铁。这则报道引发了大量的关注，TAKI 183 因为签名而上了报纸，一度成为贫民街区青年们崇拜和效仿的偶像。《纽约时报》的这则报道把涂鸦这个亚文化游戏推

图3.70年代纽约地铁6号线上的布朗克斯少年

图4.纽约的涂鸦街区和街头的滑板青年,2020年

涂鸦城市

向了更加广泛的大众。(图3)

这种以代号和数字为主要内容的签名涂鸦被称为Tags,取英文"标签"之意,我们或可称为"签名式涂鸦"。从1965年至20世纪70年代初,签名式涂鸦萌生并迅速席卷了纽约的底层社区,无数青年以"写手"(Writer)自居,四处奔走涂写,也彻底改变了城市原本的面貌。在这场亚文化运动中,费城涂鸦身先士卒,TAKI 183和《纽约时报》的报道对涂鸦文化的崛起起到了推波助澜的作用。

嘻哈青年

时值20世纪60年代中叶,距离马丁·路德·金1963年《我有一个梦想》的演讲并没过去几年,美国的黑人虽然得到了一定意义上的平权,但仍处于社会底层,聚居在最贫困的街区。旷日持久的越南战争也使美国国内经济低迷,失业率居高不下,整个社会笼罩着消极和萎靡的情绪。在像布朗克斯这样贫穷破败的黑人社区,帮派火拼、毒品交易、艾滋病都司空见惯。在导演沃尔特·希尔(Walter Hill)70年代末根据小说改编的电影《战士帮》(The Warriors)中,可以窥见当时帮派横行的底层社会格局。1981年的电影《布朗克斯的阿帕奇堡》(Fort Apache the Bronx)也还原了犯罪、毒品滋生的纽约南布朗克斯区的场景。在这样的社会大背景下,这些少数族裔的青年共同创造了一种脱离主流文化的亚文化部落——嘻哈文化(Hip-hop)。

我们今天所谓的嘻哈文化包括四种表现形式:饶舌说唱(Rapping)、混音(DJing)、街舞(Street Dance)、涂鸦(Graffiti)。这些活动的实现只需要廉价的场地和器材,穿着家里大孩子剩下的宽大衣服,喷漆罐是60年代用于喷涂家具和汽车的,虽然价格低廉,但是由于涂鸦消耗量大,靠买远不如靠偷

使命

（Racking）划算。嘻哈文化吸引这些青年浪迹街头，饶舌说唱、街舞的比拼和涂鸦的竞技能够消耗他们大量的精力并展现他们的才华。虽然音乐和涂写的表达形式不同，但是在当时的布朗克斯街头毫无违和感，手持喷漆罐的饶舌乐手比比皆是。今天被称为"嘻哈教父"的库尔·赫克（Kool Herc）就先是作为涂鸦写手知名的。嘻哈文化在客观上挽救了这些街头青年，让他们没有去从事坑蒙拐骗或者做更加糟糕的事情。（图4）

美国街头文化大咖罗杰·加斯特曼（Roger Gastman）拍摄过一部回顾美国20世纪六七十年代早期涂鸦历史的纪录片《墙面写手：涂鸦的纯真年代》（*Wall Writers: Graffiti in Its Innocence*），从纪录片中可以看到早期纽约涂鸦的先锋人物的身影。他们当时的签名涂写不追求美感，更无关艺术，单纯而任性。2011年，罗杰·加斯特曼邀请了玉米面包和TAKI 183参加了在洛杉矶现代艺术博物馆举办的"艺术在街头"（*Art in the Streets*）的展览，二人作为美国涂鸦的鼻祖一起见证涂鸦走过40余年的历程。

美国社会学家格雷戈里·施耐德（Gregory Snyder）在他的著作《涂鸦生活：超越纽约城市地下的签名涂鸦》（*Graffiti Lives: Beyond the Tag in New York's Urban Underground*）中写道："美国早期的签名涂鸦让那些从来得不到所谓名誉和尊重的年轻人因此而得到名誉和尊重。涂鸦，以其最纯粹的形式，成为一个民主的艺术形式而令人纵情于美国梦之中。"

图像主义涂鸦与"王"的诞生

如果说20世纪60年代纽约签名涂鸦是伴随着少数族裔泄愤、撒野、地盘占据的一种亚文化的街头文字暴力的话，那么在进入20世纪70年代中期以后，这种肆意行为开始向更加图像化、设计化转型。随着竞争的加剧，为了在众多的签名中脱颖而出，写手需要精进涂鸦的画面表述。早期那种简单的代号书写为更多更精彩的构图和色彩所替代，字体在面临图像的挑战时逐渐显得力不从心，显然"图"的加持能使"字"的艺术边界延伸得更远。这种向图像主义（Figurativism）过渡的趋势增加了涂鸦的多元性，丰富了涂鸦的语汇。而字体书写作为涂鸦的源起，永远在涂鸦世界中占据着重要地位，宣告着它发端于"地下"的基因。

字母的演绎

20世纪70年代初，这些布朗克斯的涂鸦写手们不再满足于签名涂鸦（Tags）（图5）的单调，而是开始琢磨字体的变化。最早开始研究字体的要数LEE 163，他把自己的代号签名设计得更像是一个产品标志。这引起了一众同伴的效仿，也使LEE 163和与他一起创作的堂兄PHASE 2在布朗克斯获得了声望。

另一个研究字母形态的写手是STAY HIGH 149，他开始把签名书写得更具装饰性，在字母中间加入了星星和光环，并且用两种颜色书写字母，在深色线条的底色上叠加一层亮色，这种在现代平面设计中惯常出现的叠加形式在70年代的布朗克斯墙面上显得如此高级。STAY HIGH 149把单线条的签名推向更具艺术性的表现，只是他在1974年就隐退于涂鸦的江湖。

在字母书写上取得革命性进展的是PHASE 2。他用线条勾勒出字母的边际，令字母有厚度和体积感，被称为气泡字（Bubble Letter）或软体字（Softies）。字体如气球般鼓胀浑圆，方便快速绘制并占据大面积墙面，令远距离观看成为可能。PHASE 2的革新性字体引来写手们的争先效仿，并发展出了各种变体，像泡泡云（Bubble Cloud）、粗块体（Bold Block）等。今天我们统称这种气泡字为

图5.签名涂鸦，巴黎20区，2023年

图6.气泡字涂鸦，巴黎94省，2019年

12

涂鸦城市

图7. 狂野体涂鸦的"作品",巴黎94省,2019年

Throw-up 或 T-UP(图6)。在一些比较危险,无法长时间逗留,且需要观者远距离观看的地方,比如河堤上、屋檐上,经常出现气泡字涂鸦的身影。

1974年,TRACY 168在布朗克斯成立了"狂野风格"涂鸦组(Wild Style Crew),并开始绘制一种字母更加抽象和机械的涂鸦字体,这种字体风格逐渐流行,并被命名为狂野体(Wild Style)。到80年代,狂野体发展为更具装饰性的字体，字母被肢解、缠绕、交叠、互锁，形成具有设计感和构成感的组合关系，甚至丧失了部分可读性。如斑斓的色彩中加入了渐变、高光、阴影等细节。在后来的演化中又有各种变体，如所谓的"机械字母"（Mechanical Letters）、"电脑摇滚"（Computer-rock）和稍微规整一点的"半狂野"（Semi-wildstyle）与呈现三维立体效果的三维体（3D Style）。(图7)

在70年代初，涂鸦开始呈现出其标志性的书法外观，由于参与者人数众多，且每个写手和组团都要建立自己特立独行的风格，涂鸦变得越来越复杂越来越具有创造性，涂鸦的尺寸和规模都在不断变化。

图像主义涂鸦

为了让涂鸦更具画面感，很多装饰性元素逐渐被引入涂鸦之中，如星星、眼球、皇冠、箭头、锁链、云朵等图案，甚至有了卡通和动漫形象的加持。写手们也开始书写和绘制他们喜欢的口号和图案，只要能够形成具有辨识度的风格。

他们涌入地铁站，在地铁车厢上绘制越来越大的涂鸦。地铁的运行可以带着他们的创作在城市中骄傲地巡游。1972年，SUPER KOOL 223开始在地铁车厢上绘制他的"作品"（Piece或Masterpiece），他也是第一个开始创作"作品"的写手。"作品"不同于简单的签名和泡泡字，除了绘制主体物还需要绘制和填涂背景，需要有较大的面积，有整体的布局和绘制的深度。同时SUPER KOOL 223还改造了喷漆罐的喷头，他改装了一种被称为"胖帽"（Fat Cap）的工业喷头，将喷头的喷射幅度调大以方便绘制大型作品。

1974年，图像叠加文字构成巨大"作品"的模式成为风尚。图像成为画面中的情趣部分，后来图像慢慢成为画面的主导，因为图像的叙事性和画面感都超越了文字，所以之后的"作品"越来越多地倾向于图像的表达，甚至文字都被解构而具有图像性。

在绘制单幅"作品"的基础上，后来又有众多涂鸦团队和写手联手绘制大面的或连续的涂鸦墙的做法，他们的符号和字体交叠连续，背景图案饱满，这种大型的多人涂鸦创作被称为"产品"（Production）(图8)。

涂鸦城市

图8. 字母与图形相互交叠的涂鸦，旧金山海特大街（Haight Street），2018年

从涂鸦到绘画

布朗克斯的涂鸦青年们经常聚在一起切磋技艺，他们常在一家甜甜圈店碰头，然后一起前往第149街的地铁站，坐在长椅上，看一辆辆载着涂鸦的地铁列车呼啸驶去，他们手里拿着绘制涂鸦方案草稿的"黑本"（Black Book），分析各自的想法，不知疲倦地反复涂画和修改，以确保在涂鸦现场能够毫不迟疑地进行完美呈现。

写手们集结成小组（Crew），组员之间分工明确，有的负责勾线，有的负责填色，有的负责望风（图9）。组团之间的比拼（Battle）也轮番上演，比技术，

图9. 由众多涂鸦写手和涂鸦组团联合绘制的"产品",作者包括 RICKY WATTS、CUE、DEFIER、DRAMA、QUAKE、LORDS、LORDS Crew,旧金山海特大街(Haight Street),2018 年

使　命

比效果，比勇气，比谁的涂鸦覆盖（Buff）了谁的，当然也伴随着打斗和帮派火拼。

那些真正令众人拜服的纽约涂鸦写手被称为"王"（King）。凭借喷绘技术的娴熟、对于字体的创造性革新以及大量的地铁车厢作品，LEE 163和他堂兄PHASE 2毫无争议地成为布朗克斯的"王"。"王"的江湖地位不容撼动，受到众人的敬仰（Respect），"王"的作品也没人敢挑衅而不会被覆盖。

1972年纽约城市大学的学生雨果·马蒂内斯（Hugo Martinez）创办了一个涂鸦组织，名为"涂鸦艺术家联合会"（United Graffiti Artists），或称UGA。他为那些游荡在街头和地铁线的涂鸦青年提供一个不受警察驱逐的自由空间，有免费的画材，组织他们把涂鸦绘制在帆布上，把优秀作品拿去展览出售。当贫穷的涂鸦青年走进UGA时，突然发现，居然可以不用躲藏，不用去偷喷漆，在这里可以自由安静地绘画创作，画得好还可以换钱，他们甚是欣喜，奔走相告。不久UGA就聚集了一众涂鸦写手，包括PHASE 2、SJK 171、TAKI 183、HENRY 161、MIKE 171等。1973年9月，UGA在纽约SOHO区的剃刀画廊（Razor Gallery）组织了艺术展，售卖这些青年写手们的架上涂鸦绘画。

1974年，另外一个叫"涂鸦艺术家联盟"（Nation of Graffiti Artists，简称NOGA）的组织，由杰克·佩尔辛格（Jack Pelsinger）发起。他向纽约市政府申请了一个可以收容街头涂鸦青年进行艺术创作的工作室，当时纽约政府正苦于涂鸦侵蚀环境而束手无策，便迅速给予了积极批复。政府以每月1美元的价格租给NOGA一个破旧的门面。这些街头青年用涂鸦把这个地方装饰一新，在这里街头青年可以学习绘画，把作品拿到集市上贩卖，或者共同创作建筑墙绘。摄影记者迈克尔·劳伦斯（Michael Lawrence）记录了NOGA从1974年到1979年的活动，并收录在书籍《涂鸦艺术家联盟》（*Nation of Graffiti Artists*）之中。其中可以看到很多早期涂鸦写手如SCORPIO、BLOOD TEA、STAN 153、CLIFF 159的身影。

对"王"的追求使涂鸦青年们不断精进各自的涂绘本领，同时UGA和NOGA两个组织教授他们绘画技法，让涂鸦青年们相信他们的涂鸦书写不但关乎艺术，而且还能通过展览和售卖获得经济回报。这些都提高了涂鸦的整体表现水准，也为涂鸦最终进入画廊做了铺垫。1971—1974年，涂鸦的形式和品质得到了显著的提升，从单线条的签名蜕变成一种更加图像化、构成化的视觉语汇。

"王"与"女王"

20世纪70年代下半叶美国涂鸦进入了最为辉煌的时代，地铁车厢的内外都被泡泡字、签名和大件"作品"所包裹，城市街巷、桥洞之中巨幅涂鸦无处不见。知名涂鸦写手风起云涌，出现了众多的"王"与"女王"。

LEE（早年为LEE 163）是最早的"王"，原名是乔治·李·奇诺尼斯（George Lee Quiñones），他生于波多黎各，在曼哈顿东区长大。他的称霸作品是一系列的整车涂鸦（Whole Car Graffiti），即涂鸦覆盖整个车厢外壳，从顶部到底部，首尾形成一个连续12米长的横向构图的涂鸦画面。在十年的时间里，他绘制了125幅整车涂鸦作品，是70年代当之无愧的"地铁王者"（King of the Line）。他的涂鸦层次丰富，运用字母结合卡通形象，还时常配以诗歌，比如他的名句"涂鸦是艺术，如果艺术是一种犯罪，请上帝原谅我"（Graffiti is art and if art is a crime, please God, forgive me）。1979年，他本色出演了艺术电影《狂野风格》（Wild Style）而名声大噪，从此跻身主流艺术圈。他参与制作了纽约的朋克乐队金发女郎乐队（Blondie）的音乐视频《狂喜》（Rapture），为80年代的很多电影绘制过涂鸦背景。在2008年的一次展览中，LEE的所有画作都被歌手埃里克·克莱普顿（Eric Clapton）买下。他的作品被惠特尼美国艺术博物馆、荷兰格罗宁根博物馆等众多博物馆永久收藏。

SEEN原名理查德·米兰多（Richard Mirando），是70年代末最著名的涂鸦写手，被称为"涂鸦教父"（Godfather of Graffiti）。他生长于纽约布朗克斯区，1973年开始地铁涂鸦，组建了涂鸦团体UA（United Artists）。SEEN追求字体的不同表情，在构图中加入卡通形象。作为布朗克斯当之无愧的"王"，他出演了1983年的电影《风格之战》（Style War）。片中可以看到一辆辆画着彩色字母SEEN的轻轨列车呼啸穿行在80年代的纽约城市里。80年代末，SEEN转向架上涂鸦绘画和文身艺术，并投身于画廊经营和展览。

DONDI也是当时涂鸦圈的先锋人物，原名唐纳德·约瑟夫·怀特（Donald Joseph White）。他绘制狂野体和粗块体的技法登峰造极，且每次动手前会在黑本上反复设计推敲，这种敬业精神也令同辈膜拜。他最著名的作品是1978—1980年间在纽约地铁上绘制的三幅整车作品"坟墓之子"（Children of the Grave），其

图10. DONDI在纽约地铁上的涂鸦，20世纪70年代

间他借鉴了美国地下卡通艺术家沃恩·博德（Vaughn Bode）笔下的卡通造型，图形与字母巧妙衔接，在电影《风格之战》中都有所记录。遗憾的是，在1998年，年仅37岁的DONDI就因艾滋病而过早地离世了。（图10）

粉色小姐（LADY PINK）是在当时纽约的涂鸦世界中最著名的女性角色。她原名叫桑德拉·法巴拉（Sandra Fabara），出生于厄瓜多尔，后来随家人一起移居纽约皇后区。1979年，15岁的她因失恋而走向街头，用涂写男友名字的方式加以释怀，随之开始在几个不同的团队里涂鸦。她选择LADY PINK作为代号，希望突出自己的女性特质。用她的话说"这儿不是男孩儿俱乐部，姐妹团也要入场"（It's not just a boys club. We have a sisterhood thing going）。她组建了一个女子的涂鸦团体，叫LOTA（Ladies of the Arts），带领女孩们像男孩子一样趁夜色攀爬机车涂鸦创作。粉色小姐被圈内冠以"涂鸦第一小姐"（First Lady of Graffiti）和"女王"（Queen）的称号。1983年，粉色小姐出演电影《狂野风格》后收获了更多的知名度。1984年，21岁的粉色小姐在费城举办了自己的第一场艺术个展，名为"女妖"（Femmes-Fatales），并转向墙绘、壁画等街头艺术创作，她的画作后来被惠特尼美国艺术博物馆、大都会博物馆等收藏。

抽象表现主义

还有一批活跃于20世纪七八十年代的涂鸦写手，凭借前卫的思想和艺术天赋，跳脱了字体书写的限制，开始追求一种抽象化的图案表现，呈现出了一种

表现主义（Expressionism）的语汇，比如 FUTURA、RAMMELLZEE 和 A-ONE。

FUTURA（早年为 FUTURA 2000），原名李奥纳多·希尔顿·麦古尔（Leonard Hilton McGurr）。他超越于 70 年代的同辈写手，在别人还在忙于字体书写时，他的作品中已经呈现出了抽象绘画的气质。特别是他于 1980 年绘制在车厢上的一幅名为"断裂机车"（The Break Train）的作品中，更展现出了强烈的构成感。他 80 年代的很多作品被当时的涂鸦书籍收录，他富于表现主义的涂鸦图像颠覆了大众对涂鸦的固有认知。1981 年，FUTURA 参加了英国著名的朋克乐队"碰撞乐队"（The Clash）的欧洲巡回演出，在舞台现场伴随音乐绘制涂鸦。他为碰撞乐队设计唱片封套，手绘歌词，甚至他的说唱出现在乐队歌曲《被放克压倒》（Overpowered by Funk）中。进入 90 年代，FUTURA 致力于街头艺术和画廊展览，并与一系列商业品牌如耐克、轩尼诗、优衣库、宝马等合作推出限量单品，在艺术领域和商业发展上都大获成功。FUTURA 是从纽约地铁涂鸦开始并一直活跃在世界艺术现场的重要人物。

RAMMELLZEE（被写成 RAMM : ΣLL : ZΣΣ），1960 年出生于纽约的皇后区，他既是涂鸦写手，又是嘻哈乐手。70 年代他与 DONDI 等人一起绘制纽约地铁车厢，并组建了自己的涂鸦团队"签名大师杀手"（Tag Master Killers）。他逐渐发展出了独树一帜的"哥特未来主义"（Gothic Futurism）涂鸦风格，即强调字母和符号之间的"战争"，反对字母遵循任何当时标准化的规则。他痴迷于字符背后的意义，甚至翻阅了大量的中世纪僧侣的手稿，以建立自己的符号帝国。在他的画作中，涂鸦的字母消失了，那些曾经作为背景的色彩、滴溅的痕迹成为图案本身，里面缠绕着难懂但又富有社会学意义的字符。1982 年，他参与了电影《狂野风格》的拍摄，为世人所知。1983 年，他与说唱歌手 K-Rob 联合推出的说唱音乐专辑 BEAT BOP 由他的好友让-米歇尔·巴斯奎特（Jean-Michel Basquiat）设计了唱片封面，如今被藏家视为珍宝。2010 年，年仅 49 岁的 RAMMELLZEE 于纽约去世。（图 11）

A-ONE，原名安东尼·克拉克（Anthony Clark），1964 年出生，生长于纽约的南布朗克斯。他从 6 岁开始迷恋绘画，70 年代中期开始喷涂纽约地铁，他参加了 RAMMELLZEE 的涂鸦团队，并且深受哥特未来主义风格的影响。相比地铁喷涂，他更喜欢画布和墙面。凭借他富有艺术气质的抽象涂鸦绘画，图案中纠缠交错的人物和符号，以及富有非洲原住民艺术的展现，A-ONE 被认为是涂鸦表现主

图11.RAMMELLZEE的架上涂鸦在伦敦Lazinc画廊举办的RAMMELLZEE作品展"掷色子"
(*A Roll of Dice*)中展出，2018年

义的重要人物。在整个80年代，他参与了众多与涂鸦相关的艺术展览。1984年，他参加了威尼斯双年展，年仅20岁。A-ONE在90年代移居巴黎，继续他的创作，并于2001年在巴黎去世。A-ONE也是艺术家让－米歇尔·巴斯奎特的好友，巴斯奎特1982年以A-One为主题的绘画《AKA的王者A-One肖像》(*Portrait of A-One A.K.A. King*)，在2020年以1150万美元的价格售出。

这些涂鸦写手挑战了"王"的范式，不再拘泥于字体的形式，用具有符号化和象征性的符号和抽象的语汇进行画面表达。同时，相比之前的涂鸦写手他们有更强的思想性和个人主张，有对波普文化、非洲艺术的继承和对主流文化的反击，他们用涂鸦的语汇表达了自己对于社会和艺术的反思。

电影与书籍

80年代初，两部反映涂鸦文化和嘻哈音乐的艺术电影上映，把涂鸦这一亚文化圈层的人与事搬上大银幕，如同一束聚光灯投射在了本来远离主流文化的地下圈层，吸引了大众和媒体的关注，这些写手的生活也随之发生了巨大的转变。

22

涂鸦城市

一部是 1982 年由查理·阿赫恩（Charlie Ahearn）导演的《狂野风格》，记录了 80 年代初纽约地下涂鸦圈的真实场景，被誉为涂鸦影像的宝典。电影由 LEE 主演，讲述一个游荡街头的涂鸦写手佐罗偶然结识了记者弗吉尼亚，在记者的引荐下步入纽约上城区画廊进而跻身主流艺术圈的故事。其中出演记者弗吉尼亚的帕蒂·阿斯特（Patti Astor）正是纽约东区画廊的主理人。现实与剧本惊人地相似，帕蒂·阿斯特后来把很多街头写手带入了纽约的艺术圈。影片中，像粉色小姐、FAB 5 FREDDY、RAMMELLZEE、ZEPHYR 等当时知名的涂鸦写手都有出镜。（图 12）

另一部是 1983 年托尼·西沃尔（Tony Silver）导演的《风格之战》。相比《狂野风格》，《风格之战》更像是一部电影纪录片，被誉为涂鸦文化的里程碑式作品，并收获了圣丹尼斯电影节的大奖。

在书籍出版方面，80 年代两本记录涂鸦作品的书也向世界展现了纽约涂鸦的魅力。 1984 年《地铁艺术》（*Subway Art*）出版，主要记录纽约地铁涂鸦的作品。作者是摄影师玛莎·库珀（Martha Cooper）和亨利·查尔凡特（Henry Chalfant）。库珀当时是《美国邮报》的摄影记者，她获得涂鸦写手 DONDI 的允许，跟踪拍摄了他的作品，并结识了纽约地下涂鸦圈的诸多涂鸦写手。她追

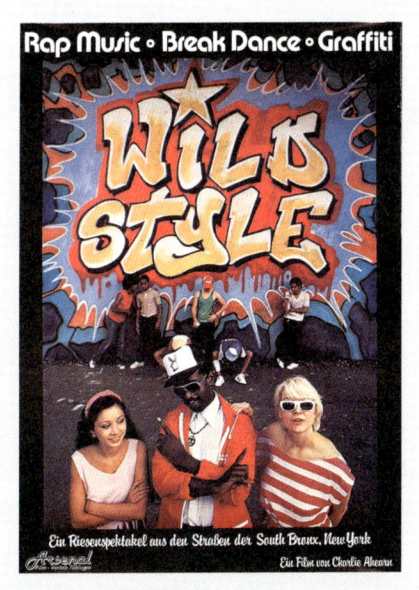

图 12.《狂野风格》的电影海报，从左侧起分别为粉色小姐、LEE、帕蒂·阿斯特

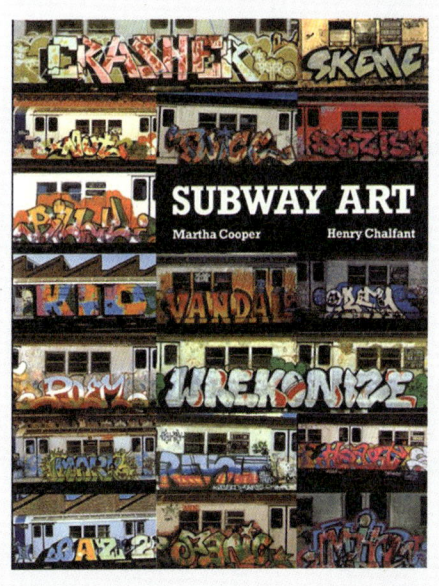

图 13.《地铁艺术》一书的封面

23

踪拍摄并记录了七八十年代诸多优秀的地铁涂鸦作品，是第一个把视角投向涂鸦的摄影师。通过她的照片和书籍，那些稍纵即逝的涂鸦作品得以永久地保存下来。《地铁艺术》是无数写手、街头艺术家的启蒙读物，获得百万销量，被誉为"涂鸦圣经"（图13）。2013年，在库珀70岁生日的时候，由TERROR 161、CRASH、LADY PINK、DAZE等诸多街头艺术家在纽约著名的街头艺术墙——"包厘墙"（Bowery Wall）上创作了一幅大型墙绘作品，向库珀致敬。2019年上映的电影纪录片《玛莎：照片故事》（*Martha: A Picture Story*）用镜头展现了玛莎·库珀追逐拍摄涂鸦的传奇人生。

此时在涂鸦圈内部，一种记录涂鸦文化的"同人杂志"（Fanzine）也悄然流行。同人杂志顾名思义就是"粉丝"（Fan）和"杂志"（Magazine）的合体，是一种由爱好者自行绘制、编排、印刷，自行出版的印刷物。这些涂鸦的同人杂志把纽约涂鸦的盛况传播扩散，令那些稍纵即逝的图像被更多人观摩和了解。

通过电影在各大艺术节的放映和书籍的发行、杂志的分发，纽约涂鸦这一亚文化圈层内的游戏被推向世界文化的舞台。不羁的图形和文字带来的愉悦刺激了大众和主流文化圈层，涂鸦跳出了美国东海岸的地域局限，发展到西海岸的旧金山和洛杉矶，并向世界传播开去。

平静是用来炸毁的
——关于"炸街"与破坏

涂鸦虽与说唱和街舞同属嘻哈文化,却与它们不同,唱唱跳跳如若不优美也无伤大雅,至少不违法,然而涂鸦却与生俱来地带有破坏性(Vandalism),时常逾越法律的底线。为了维护城市的面貌,警察与涂鸦写手之间的追逐日日上演,躲避与追逐也使涂鸦这场游戏更加刺激好玩。为了避免牢狱之灾,涂鸦创作要快速,有团伙掩护,趁夜色进行,并迅速撤离现场。出街创作被称为"爆破"或"炸街"(Bombing),即如"爆炸"般快速、灿烂、炸毁平静,并且引人瞩目。(图14)

2002年,一部讲述纽约涂鸦写手的电影《轰炸体制》(Bomb the System)上映,在美国特拉华州的一个电影院经理给当地警察打电话,说发现了大量印有"炸弹"的贴纸,剧院被迫关闭,警察带领嗅探犬前来"排雷",却一无所获。后来才知道,在涂鸦术语中,"轰炸"(Bomb)一词不是用炸弹,而是用涂鸦造成视觉轰炸的效果。

躲避与竞技

整个70年代美国大城市的街道墙面和地铁车厢如同爆炸现场般硝烟四起。当时的纽约有着世界上最完善的地铁系统和低廉的票价,写手们只需要一张地铁票就可以到达纽约的任何一个角落进行"轰炸"。地铁内部和车厢外壁都成了写手们的画板。(图15)

涂鸦写手们为了在地铁沿线创作涂鸦也付出了惨痛的代价。他们要躲避警察的驱逐,提防停靠的地铁突然开动,逃跑的时候要避开铁轨上的高压电缆。所以他们通常是趁夜色集体行动,在警察巡逻的时间间隙迅速完成作品。有人说80年代的纽约地铁是涂鸦的卢浮宫,可在这场繁华背后,有多少条年轻生命的牺牲、牢狱之灾和夜以继日的追逐。

除了与警察之间的"巷战",涂鸦群体内部的较量也从未停止。在有限的涂鸦墙面上覆盖别人的作品不可避免,但错误的覆盖常常会惹祸上身。一般而言,

图14. 涂鸦青年在深夜炸街，莫斯科，2018 年

覆盖的规则是不可以用低级的作品覆盖高级的，比如签名涂鸦（Tag）不能覆盖泡泡字（Throw-up），泡泡字不能覆盖完整的作品。无名小辈（Toy）的签名会被新的涂鸦迅速覆盖，只有"王"（King）的作品会受到万众景仰。

对涂鸦优劣的评判也有"地下"的标准。比如看涂鸦的面积，在纽约地铁涂鸦时代，地铁车窗以下的涂鸦——"窗下"涂鸦（Window-down）就没有整节车

图15.被涂满签名式涂鸦（Tag）的纽约地铁，20世纪70年代

厢外立面的涂鸦——"整车"涂鸦（Whole Car）来得厉害。再比如，比拼写手涂鸦遍布街区的多少，如果能遍及纽约的五个区的角角落落，就能被称作"全城"（All-City）写手。涂鸦地点的危险程度也是重要的评判要素，在越危险的地方涂鸦，越能彰显写手的高超技能。像高耸的烟囱、陡峭的屋脊、高速路护墙、火车轨道藩篱等，这些地方被称为"天堂之所"（Heaven Spot），在这些地方喷涂仿佛

使命

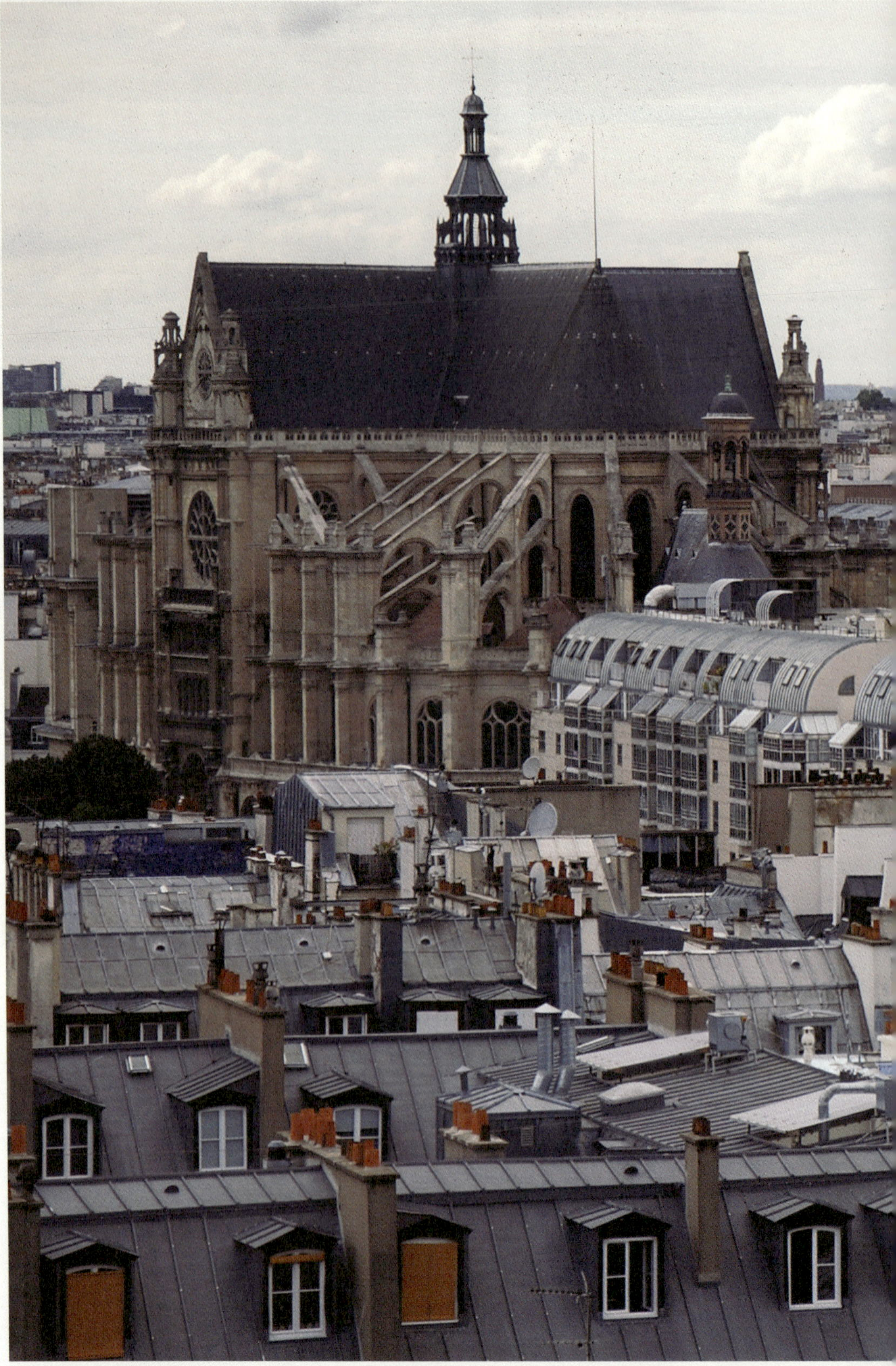

图16.巴黎圣母院一旁的建筑山墙上的字母涂鸦和猫先生（M. CHAT）绘制的黄猫涂鸦，选址可谓"天堂之所"，2010年

被赋予了至高无上的荣耀,但是一脚踏空就可能步入天堂。(图16)

涂鸦帮派间的战斗和竞争,加之警察的追逐,都使年轻的写手如履薄冰,然而对"王"的向往和自我表达的冲动以及受万人瞩目的喜悦,又令他们对这场角逐甘之如饴。

围剿与反围剿

纽约政府从1972年正式开始了与涂鸦的战斗,时任纽约市市长的约翰·林塞(John Lindsay)向涂鸦发起挑战,推行了强硬的政策。政府给交通管理局(MTA)划拨巨资用以清除涂鸦,粉刷车厢,增派巡逻人员。面对这一形势,涂鸦写手们也发动群体的力量灵活应对,他们在地铁线路图上标示出安全位置和危险位置,并在涂鸦圈内部共享这些信息,与政府展开游击战。从1972年到1974年,纽约市有约4500人因非法涂鸦而被抓。在乔·奥斯汀(Joe Austin)关于纽约涂鸦的专著《搭火车》(*Taking The Train*)中就阐述了涂鸦如何演变为一场城市公共危机的过程,记述了青年涂鸦写手与交通管理局之间的街巷战争。

1974年,政府又展开第二轮围剿,雇佣大量清洁工人用酸性溶剂清洗地铁列车车厢和城市墙面。然而这些焕然一新的车厢和墙面却为涂鸦写手们提供了更多可供施展的空间,不出多久,干净的车厢又被画满。政府因财政紧张而放松了对涂鸦的监管,这也在客观上推动了纽约1975年后涂鸦的蓬勃发展。

1977年纽约的大停电导致地铁停摆,1980年4月纽约地铁又遭遇了两周的大罢工。这些对涂鸦写手而言都是天赐良机,他们终于可以在毫无干扰的条件下进行深入的作品创作。其间诞生了如DONDI的"坟墓之子"等众多经典的涂鸦作品,纽约涂鸦进入了最繁盛的时期。

1979—1989年,郭德华(Ed Koch)担任纽约市市长,提出了涂鸦零容忍的政策,他认为涂鸦是城市衰败的原因之一。1982年,几个体育和娱乐明星在广播里喊出了"把你的印记留存在社会中,而不是画在城市里"(Make your mark in society, not on society)的口号。

自1982年起,政府对涂鸦的打击进一步加大,随之而来的涂鸦地盘竞争也在加剧,因为地盘引发的械斗更加频发。1984—1989年,纽约涂鸦遭到了最严厉的镇压。一项为期五年的"地铁涂鸦清除运动"(Clean Train Movement)在交通管理局的组织下展开。近一千名员工奋力清洗6000多个地铁车厢和600多个地铁车站,通过架设钢丝网、增设巡逻警犬等手段驱逐涂鸦写手。清理运动每年的预算为5200万美元。

时值80年代末,最初的一批涂鸦写手已经人至中年,冒死涂鸦和巨额罚金令他们望而却步,一部分写手退出了游戏,一部分转向画廊和探索新大陆,当然仍有人执着地坚守阵地。清除项目推行的五年间,城市中的涂鸦急剧减少,1989年纽约最后一辆绘制着涂鸦的列车停运,标志着纽约交通管理局彻底打赢了这场涂鸦之战。

纽约老派(Old School)涂鸦的荣光时代告一段落。

进入画廊，抵达欧洲

20世纪80年代初，在纽约政府开始遏制涂鸦的时候，涂鸦文化也在寻找新的出路。画廊成为一部分写手既安全又能收获财富的避风港。一部分写手通过海外画廊和艺术巡展到达了欧洲这个涂鸦新大陆，嘻哈文化与当代艺术在欧洲找到了文化认同，涂鸦在欧洲掀起了新浪潮。

进入画廊

1979年，一个来自维也纳的艺术经纪人斯特凡·艾恩斯（Stephan Eins）在南布朗克斯开设了一个名为"时尚摩登"（Fashion Moda）的画廊。画廊远离纽约艺术家集聚的东村，开在贫瘠的布朗克斯，为了区别于主流艺术气氛，打造一个汇聚科学、艺术、创造力、想象力的博物馆。画廊把涂鸦视作一种前卫艺术，组织了一系列的涂鸦艺术展览。在1980年的涂鸦首展中，展出了粉色小姐、FUTURA、LEE、FAB 5 FREDDY等人的作品。画廊让这些写手直接在画廊内墙面和外墙上绘制作品，这种开放的展览形式在80年代初显得格外新颖和前卫。除展览外，这里还举办拍卖会、音乐表演、研讨会等各种艺术活动，成为纽约艺术界的时尚地标。

1980年，"时尚摩登"与纽约艺术家团体COLAB（Collaborative Projects Inc.）联合在曼哈顿推出了一个大型展览"时代广场秀"（Time Square Show），第一次把数百名街头创作者的作品大规模地展出。希望通过这次展示影响主流艺术界，并推动涂鸦作为一种艺术形式的合法化。这次展览对纽约涂鸦的发展具有深远的影响，让许多街头青年第一次参加展览并从此进入画廊。

同年，纽约艺术收藏家山姆·伊赛斯（Sam Esses）创办了伊赛斯工作室（ESSES Studio），试图保存街头稍纵即逝的涂鸦作品。他为街头创作者提供了一个仓库作为工作室，鼓励他们在画布上进行创作，在此交流和筹办展览。当时很多街头人物都先后在这个工作室进行创作，比如FUTURA、DONDI、ZEPHYR和DAZE等。伊赛斯工作室为他们提供了一个和平、安全的创作空间，推动了街头涂鸦作为艺术创作被社会接纳。

1981年2月一个名为"新浪潮"（New York/ New Wave）的展览在纽约的长岛P.S.1画廊举办，这是一个集涂鸦、音乐、诗歌、摄影的跨媒介展览，有一百多名艺术家，如安迪·沃霍尔（Andy Warhol）和涂鸦先锋人物FUTURA、FAB 5 FREDDY等人参与。新浪潮展览把涂鸦推向了时代的先锋。

同年，纽约东村最有影响力的画廊"趣画廊"（Fun Gallery）开业。画廊主理人是帕蒂·阿斯特（Patti Astor）。她金发碧眼，极具个人魅力，曾当过舞蹈演员，也拍过几个低成本电影，因此在纽约艺术圈颇具人脉。她是纽约朋克摇滚圣地CBGB俱乐部的常客，在那里帕蒂结识了FAB 5 FREDDY，并在1983年二人一起参演了电影《狂野风格》。现实中，帕蒂自己也成为连接东村画廊和布朗克斯涂鸦写手的纽带。涂鸦作品开始在"趣画廊"展览出售，DONDI、粉色小姐、FURURA、LEE等人的第一次展览都在趣画廊举办。这些展览成为他们从街头走向画廊的里程碑，此后金钱、艺术、名誉逐渐改变了这些街头王者的生活，就像电影《狂野风格》中说的"忘记车厢吧，让我们又脏又火"（Forget about the trains. Let's be dirty and hot at the same time）。

在"时尚摩登"画廊和"趣画廊"的带动下，纽约更多的主流画廊开始接纳涂鸦画作，如西德尼·詹尼斯画廊（Sidney Janis Gallery）、托尼·沙弗拉兹画廊（Tony Shafrazi Gallery）等等。纽约前卫的艺术圈向涂鸦文化打开了大门（图17）。

图17.纽约布朗克斯的涂鸦教父SEEN在巴黎的画廊个展现场，2007年

使 命

轰炸好莱坞

在一些纽约写手忙于室内创作和画廊展览的时候，另一些涂鸦写手决定改变他们的视野，去其他城市寻找机会。他们来到西海岸的旧金山和洛杉矶，那里的墨西哥其卡诺墙绘（Chicano Mural）历史悠久，拉丁裔帮派特有涂鸦形式"乔洛书写"（Cholo Writing）也占据各个帮派的领地。纽约涂鸦的到来为这些西海岸城市汇入了新鲜的灵感。

1984 年，SEEN、BLADE 来到洛杉矶，一起轰炸了好莱坞的日落大道和著名的好莱坞标志牌。当年 11 月发行的《洛杉矶时报》（*Los Angeles Times*）报道了新闻："纽约涂鸦抵达洛杉矶"。洛杉矶的画廊也开始邀请纽约的涂鸦写手举办画展，比如 1985 年迈克尔·科恩画廊（Michael Kohn Gallery）的 FUTURA 展览和 1988 年塔玛拉·班恩画廊（Tamara Bane Gallery）举办的 DAZE 展览和 1989 年 CRASH 的展览。

纽约涂鸦到达西海岸后与西海岸的墨西哥文化、滑板、冲浪文化相融合，形成了更加丰富且具有地域风情的城市涂绘现场。（图 18）

进攻欧洲

对纽约涂鸦格外痴迷的荷兰画廊主理人亚基·科恩布利特（Yaki Kornblit）是把纽约涂鸦引入欧洲艺术圈的一个关键人物。亚基在 80 年代初造访纽约后，为纽约疯狂的涂鸦现场所震撼，于是在返回阿姆斯特丹后，他计划把纽约的涂鸦介绍到阿姆斯特丹。他在自己的亚基画廊（Yaki Kornblit Gallery）每个月组织一次纽约涂鸦个展，陆续邀请纽约的涂鸦写手来到阿姆斯特丹，对于很多街头写手而言，亚基给了他们人生的第一张机票。先是 DONDI 的个展，随后是 QUIK、SEEN、BLADE、CRASH、RAMMELLZEE 和 ZEPHYR 等。一系列纽约涂鸦的架上画作被荷兰、德国、丹麦的藏家购买，并引起了欧洲主流艺术界的关注。

在亚基的推动下，1983 年一个名为"纽约涂鸦"（*New York Graffiti*）的展览在鹿特丹的博伊曼斯博物馆（Boijmans van Beuningen）举办，展出了涂鸦

图18. 洛杉矶海滩的涂鸦，2017年

代表人物 DONDI、粉色小姐、FUTURA、QUIK、SEEN、BLADE、CRASH、RAMMELLZEE、ZEPHYR 等人的作品。该展览继续于 1984 年在丹麦的路易斯安娜现代艺术博物馆（Louisiana Museum of Modern Art）、荷兰的格罗宁根博物馆（Groninger Museum）展出，于 1985 年在海牙的市政博物馆（Gemeete Museum）、阿姆斯特丹市立博物馆（Stedelijk Museum）巡回展出。在荷兰和北欧掀起了一场纽约涂鸦艺术的文化热潮。

纽约涂鸦写手的到来也震动了荷兰的当地涂鸦圈。阿姆斯特丹的涂鸦少年 SHOE、DELTA 等在此时有机会目睹和结识这些来自纽约的先锋人物。据 DELTA 回忆，在阿姆斯特丹的亚基画廊，他第一次看到纽约涂鸦和亨利·查尔凡特（Henry Chalfant）拍摄的纽约涂鸦现场的照片，当时他 15 岁，纽约涂鸦相

使命

关的电影和书籍还没有到达荷兰，而阿姆斯特丹当时的涂鸦还只是符号和签名书写，那些纽约的作品令他眼前一亮。

南欧的意大利罗马其实是纽约涂鸦海外远征的第一站。1979年意大利的美杜莎画廊（Galleria La Medusa）主理人克劳迪奥·布鲁尼（Claudio Bruni）曾邀请LEE和FAB 5 FREDDY在罗马举办了涂鸦展览。1981年画廊主理人埃米利奥·马佐利（Emilio Mazzoli）开始邀请巴斯奎特、LEE和RAMMELLZEE在他位于意大利摩德纳的马佐利画廊（Galleria Mazzoli）办展。

1984年，一个名为"前沿艺术：纽约涂鸦"的展览在意大利的博洛尼亚、米兰、罗马巡回展出。这个展览几乎与荷兰的"纽约涂鸦"展览同时进行，一南一北共同助推了涂鸦在欧洲的兴盛。

法国的巴黎更是纽约涂鸦抵达欧洲的重要根据地。在这场跨文化传播中起到推动作用的一个核心人物是金融圈雷曼家族的叛逆小子菲利普·雷曼（Philippe Lehman，绰号BANDO）。他是法裔美国人，常年行走于巴黎与纽约之间。在纽约期间，他结交了纽约的众多涂鸦写手和嘻哈歌手。1981年，BANDO回到巴黎，开始在巴黎进行街头创作，并把纽约风格带到巴黎。一年之后，在英国小有名气的MODE 2加入了BANDO的战队。MODE 2在人物绘制方面的优势和BANDO在字体书写方面的优势强强联合。这吸引了来自阿姆斯特丹的SHOE前来巴黎挑战，三人因此结下友谊。1985年，三人一起组建了欧洲第一个涂鸦团体"防爆小组2"（Bomb Squad 2），后来演变为"犯罪时间国王"（Crime

图19. SHOE在"视界之城"（Urban Vision）展览现场书写涂鸦书法（calligraffiti），深圳，2024年

图20.涂鸦与街舞

Time Kings）团队，成为欧洲涂鸦的先锋战队（图19）。

1981年巴黎蓬皮杜艺术中心组织了一个名为"涂鸦与社会"（Graffiti et Société）的展览，旨在从历史和社会学的视角对涂鸦文化加以思考。这个展览为巴黎对于纽约涂鸦的接纳渲染了气氛。

在BANDO的引荐下，很多美国的涂鸦写手都纷纷来到欧洲创作，欧洲丰富的文化底蕴和对先锋艺术的开放态度令纽约的涂鸦写手们备感舒适，很多写手的事业版图扩展到欧洲，甚至还有一些纽约写手搬离纽约，如SEEN、JONONE后来迁至巴黎定居。

嘻哈文化的全球四溢

80年代，随着嘻哈文化影响力的传播，涂鸦和饶舌说唱、霹雳舞、DJ打碟一起随着电影、图书、演唱会等媒介形式辐射远达欧洲。1983年，霹雳舞电影

《闪电舞》(*Flash Dance*)和1984年的《街头舞士》(*Beat Street*)的海外热映激发了欧洲青年们的热情。而涂鸦正是这些霹雳舞团队一争高下时的完美布景（图20）。1982年的电影《狂野风格》和1983年《风格之战》在欧洲的放映，把饶舌说唱和纽约的涂鸦世界淋漓尽致地展现给了欧洲观众。

  1981年，英国著名的朋克乐队"碰撞乐队"在欧洲的巡回演出中，由涂鸦写手FUTURA在舞台现场绘制涂鸦。炫酷的音乐和即兴的涂鸦结合在一起，征服了无数欧洲青年。法国著名街头艺术家喷漆罐杰夫（JEF AÉROSOL）在回忆这场盛况空前的演出时讲道，1981年9月在巴黎莫加多剧院（Théatre de Mogador）舞台上，当摇滚音乐响起时，FUTURA挥洒着喷漆罐绘制巨幅涂鸦，这个场景改写了他的人生。

  1984年，摄影师玛莎·库珀和亨利·查尔凡特联合编著的《地铁艺术》作为"涂鸦圣经"风靡欧洲。在这本书的基础上，亨利·查尔凡特继续追踪拍摄欧洲的涂鸦战况。1987年他与詹姆斯·普里戈夫（James Prigoff）共同编写了《喷漆罐艺术》(*Spraycan Art*)一书，记录了芝加哥、洛杉矶、巴黎、伦敦、巴塞罗那等主要城市的200多张涂鸦照片和人物采访，书的总销量达10万册，是涂鸦在美国其他城市以及登陆欧洲之后的最早图像记录。

欧洲新势力

  纽约涂鸦从80年代初进入欧洲，影响并形成了一股新生的力量，相比70年代纽约的早期涂鸦，80年代的欧洲涂鸦更加注重画面的质感和理念的输出。

  此时巴黎塞纳河的河堤上、卢浮宫的工地栅栏上以及北部的斯大林格勒区域，都成为巴黎涂鸦先锋的游乐场。在柏林，从1984年开始，柏林墙成为西德人民抒写愤怒的涂鸦墙，涌现了不少涂鸦名作。在伦敦，考文特花园（Covent Garden）成为先锋表演的大本营，各种街舞、说唱伴随涂鸦的喷绘同时上演，伦敦的涂鸦团队开始活跃于伦敦东区。在荷兰的阿姆斯特丹，当地的涂鸦青年在DONDI、FUTURA、CRASH手把手的教授下开始了他们崭新的城市实践。

  涂鸦的第二次浪潮在欧洲大陆轰轰烈烈地展开了。

"武器"的革新与第三次浪潮

喷漆罐是涂鸦写手身份的象征，也是他们"战斗"在街头的"武器"。然而自 80 年代之后，来自政府层面对涂鸦的整治力度逐年加剧，街头创作者既要缩短创作时间以保证自身安全，又要使街头创作具有表现力，一系列新的街头创作方式涌现出来。特别是当涂鸦到达欧洲后，受到欧洲人文主义艺术的影响，更多的创作语汇融入涂鸦。进入 90 年代，更加多元化的艺术表达以"街头艺术"的崭新身份出现，并在世纪之交逐渐发展壮大成一种被民众和市政接受的"城市艺术"。人们有理由相信，此时的艺术表现已经脱离了布朗克斯的老派涂鸦，超越了 80 年代的欧洲涂鸦，蜕变成一种具有当代性和世界性的艺术运动。

喷漆罐的困境

喷漆罐（Spray Can）是涂鸦世界里最主要的工具，喷漆罐的喷头称为 Cap 或 Tip，就像笔刷一样通过控制颜料喷射的孔径以调节运笔的粗细。早期布朗克斯的写手们把喷漆罐的喷头加以改造，制造出他们想要的粗细效果。今天的喷漆罐具有不同粗细的喷头和炫酷的颜色，一些品牌如 Krylon、Montana 等都在世界涂鸦圈家喻户晓（图 21）。

除了喷漆罐，丙烯马克笔（Acrylic Paint Marker）也是涂鸦书写的主要工具。1993 年，纽约的涂鸦写手 KR［原名克雷格·科斯特洛（Craig Costello）］为了方便自己的街头涂鸦创作，发明了一种便携的涂鸦马克笔，以丙烯颜料为墨水绘制在物体表面，色彩饱和且不会被轻易擦除。这种被称为"Krink"的马克笔迅速成为街头艺术家和涂鸦写手的得力工具，无论是绘制单线条的签名涂鸦，还是在黑本上绘制涂鸦手稿或绘制涂鸦画作，都便携好用。（图 22）在一些大尺幅涂鸦中还会用到刷子（Brush）和滚轮刷（Roller）等工具（图 23），用以提高涂鸦的涂绘效率。

以上这些传统的涂鸦工具在 80 年代以后面临政府管理加剧的挑战。首先，在各大城市政府相继出台严苛的政令之后，缩短绘制时间变得势在必行，客观

图21.22.23.涂鸦的常用工具：喷漆罐、丙烯马克笔、滚筒刷

上需要更多辅助工具的帮助。其次，写手们需要尽量减少对基层墙面的破坏以减少万一被指控的损失，更多粘贴性的材料被用于涂鸦的表达之中，这些材料容易被移除，对基础墙面也不会构成实质性的破坏。

自80年代中期，在电影、书籍、展览对涂鸦这一亚文化表达进行了广泛宣传之后，传统涂鸦也陷入自身形式主义的僵局。要打破旧的范式，呈现出更有想法的新颖表达，就需要有革新力量的推动和新"武器"的加持。

热兵器时代

80年代，更多新工具和新媒介在欧洲相继出现，并迅速扩展到全球，形成了更多形式的街头表达，"街头艺术"一词逐渐成为这些新形式的集合，这些新

的工具和媒介有且不限于以下几种。

　　贴纸（Sticker），一种设计精致的印刷胶贴，一般手掌大小，可批量印刷，方便携带和粘贴，不易被现场抓获。贴纸可以经过邮寄分发到世界各地，贴纸创作者不需要亲自奔走就可以令自己的作品四处传播。很多知名的街头艺术家都有自己独创的贴纸作品，比如谢泼德·费尔雷（SHEPARD FAIREY）的"服从巨人"（Obey Giant）贴纸，D*FACE 的 D*Dog 贴纸，等等。这些贴纸的形象极具辨识度，在世界各大城市的街头都能偶遇它们。（图 24）

　　糨糊粘贴（Wheat Paste），将提前印刷或绘制的海报或剪切成形的图像，通过涂抹糨糊而粘贴到墙面的做法。糨糊需要使用面粉、淀粉加水熬煮，涂抹在作品背面，用滚轮去除内部气泡，再在表面和边缘滚涂糨糊，使其与纸质纤维完全融合，从而牢固地贴于墙面之上。这种形式的作品尺幅可大可小，容易粘贴，对基础墙面的破坏非常小，也有一定的持久度。擅长糨糊粘贴的街头艺术家有来自纽约布鲁克林的 SWOON，来自法国的 JR 和 MADAME，等等。（图 25）

图 24. 布满贴纸的街角，伦敦砖石巷，2023 年

TURKEY TEETH
POOTIN
JEREMY CUNT
DEFEND TRANS LIVES
PIGEONTRIFICATION
FACE THE STRANGE
HACKNEY WICK
hope
FAILED
TRANS LIVES
I WANT YOU TO SMASH
ONE EYED

图25. 法国街头艺术家MADAME的糨糊粘贴作品"我们都是与众不同的园丁"，2024年

　　墙绘（Mural），墙绘是涂鸦的艺术化延伸，是在建筑山墙上绘制更加完整的图像作品，相比涂鸦，墙绘更深入，更具绘画性。墙绘有着悠久的历史渊源，无论是传统壁画，还是 60 年代墨西哥的其卡诺墙绘和法国的战后墙绘，都连同涂鸦一起影响了 80 年代的墙绘表达。墙绘不但注重整体的画面感，还追求与城市空间的视觉联结。墙绘的工具可以是喷漆罐、滚筒刷、画笔和丙烯涂料，甚至乳胶漆。参与墙绘的街头艺术家众多，比如 OS GEMEOS、谢泼德·费尔雷、博隆多等等。（图 26、27、28）

　　沥青艺术（Asphalt Art），是一种绘制在地面上的"墙绘"。垂直界面上的墙绘让人对画面一目了然，而地面的图像更能让人融入其中，被色彩包裹。比如 2018 年巴黎市政厅和巡回画廊（Galerie Itinerrance）合作，推出 STREAM 塞

44

涂鸦城市

图26、27、28.西班牙艺术家博隆多（BORONDO）在升降机上绘制墙绘的情景，柏林，2016年

纳河岸短期艺术装饰项目，共邀请了四位艺术家（1010、MOMIES、NEBAY、柒先生）对两公里的塞纳河岸步道进行绘制，为城市带来壮阔而灵动的艺术景观。(图 29)

　　纸模喷绘（Stencil），用事先设计排版并镂空制作的纸模板作遮挡，用喷漆罐进行喷绘，移除纸模之后形成具有剪影效果的图形关系。复杂的纸模喷绘需要像分色印刷一样制作多层次的纸模，再逐层喷绘，以形成叠合的最终效果。

图29.艺术家柒先生（SETH）在巴黎塞纳河岸上绘制的沥青艺术作品，2018年

图30.纸模涂鸦的单层模板

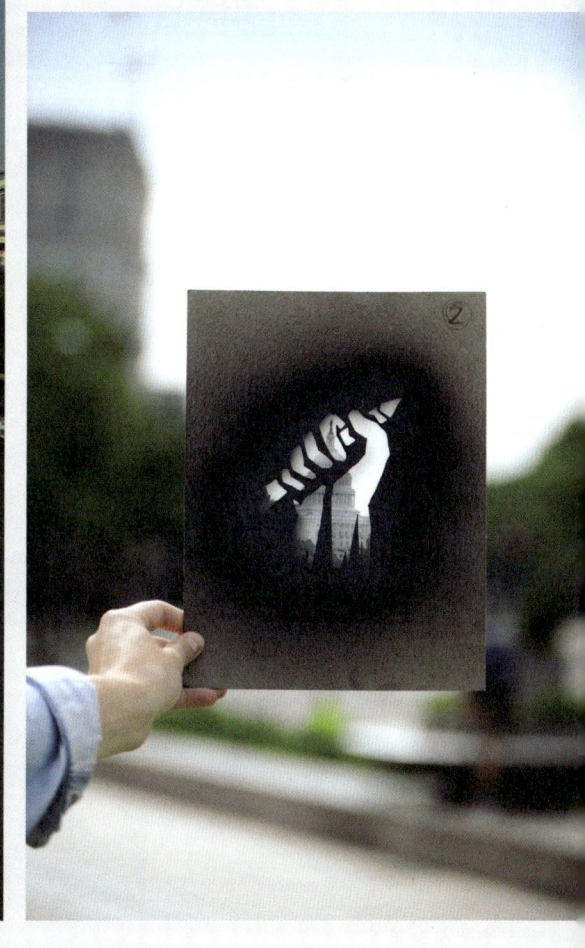

纸模喷绘虽然事先需要花大量时间设计和裁切模板，但是在涂鸦现场的操作就格外快捷。最早开创纸模喷涂这一街头表现形式的是法国街头艺术家"老鼠布莱克"（BLEK LE RAT），他对美式涂鸦加以改良，从1981年开始在巴黎的街头进行纸模喷涂创作，从而带动了众多的纸模喷绘艺术家，著名的有班克西、提克小姐、"喷漆罐杰夫"、C215、M-CITY等等。（图30）

马赛克瓷砖（Ceramic Tile），像点彩派绘画一样，用彩色的马赛克进行组合

47

使命

图31."入侵者"的马赛克拼贴,巴黎6区,2023年

图32.GREGOS创作的3D脸的街头浮雕,巴黎18区,2019年

48 涂鸦城市

粘贴创作。马赛克能抵御各种坏天气，长久地保持鲜明的色彩。马赛克拼贴的代表艺术家是著名的"入侵者"（INVADER），他的马赛克拼图如病毒般蔓延至全球各大城市的建筑檐口，在巴黎有上千个"入侵者"的马赛克瓷砖作品，可谓家喻户晓。（图31）

浮雕化的图像（Relief Sculpture），是如浮雕般趋向三维表达的街头艺术形式，如固定在墙面上的小型装置作品，或者在墙面进行有凹凸肌理的创作。比如葡萄牙街头艺术家 VHILS 用凿子和电钻在建筑外墙面上进行凿刻，通过墙体斑驳脱落而形成图像。又比如法国街头艺术家 GREGOS 创作的 3D 脸的街头浮雕，这些脸有的伸着舌头，有的保持微笑，与路人互动。（图32）

视觉袭击（Visual Attack），是对街头设施、商业广告牌、橱窗等进行的涂改创作，以表达对于商业图像或者标牌的质疑和调侃，它追求思考的独立性和艺术表达的在场性。视觉袭击的代表人物有喜欢"袭击"广告牌的法国街头艺术家 ZEVS 和美国艺术家 KAWS，还有专门跟交通标牌过不去的法国艺术家 CLET。（图33）

图33. CLET对于交通标牌的艺术化篡改，巴黎5区，2019年

图34. "编织生活"（KNITS FOR LIFE）在旧金山的毛线轰炸作品，2018年

图35. 阿拉姆·巴托尔（Aram Bartholl）的USB侵入作品，巴黎艺术桥，2010年

编织涂鸦（Graffiti Knitting），或称为毛线轰炸（Yarn Bombing），用毛线编织包裹街头的植物或设施。如同涂鸦炸街一样，毛线轰炸是用最柔软的材料"轰炸"路人的感官。代表艺术家有英国的"死亡编织阴影"（DEADLY KNITSHADE）、美国的"编织生活"（KNITS FOR LIFE）团体等。（图34）

在场雕塑（Site-specific Sculpture），一种不需要依托街道墙面，用雕塑或三维装置来轰炸现场的艺术表达，艺术家会根据城市现场制作一个装置，给人们正常的城市生活带来惊喜或者惊吓。比如班克西在2006年曾用一个扭曲的红色电话亭"袭击"了伦敦街头，电话亭被一把斧子砍倒在地，红色的油漆像鲜血一样流淌到路面。再比如德国艺术家阿拉姆·巴托尔（Aram Bartholl）把USB插头样式的移动存储器嵌入城市建筑缝隙、桥梁、街道设施中的作品"死滴"（Dead Drops），路人可以把自己的笔记本电脑插到偶遇的USB装置上，分享自己的文件，或对USB里面的内容一探究竟。（图35）

50

涂鸦城市

数字时代

进入数字化时代，涂鸦与街头艺术的呈现方式和观者的体验方式也增加了更多的可能性，新型的电子设备提供了更加丰富的展映方式，互联网和网络社交平台的普及也为街头作品跨地域传播推波助澜。更多新颖的街头创作形式出现了。

定格动画（Stop Motion），艺术家连续绘制一系列墙绘，与此同时拍摄制作成定格动画。这种动画工程浩大，通常需要有连续的巨大墙面，比如工业厂房，然后需要反复绘制图像，再一遍遍盖掉重画。定格动画最早始于延时视频（Time-lapse Video），即跟踪拍摄整个墙绘的过程并以快放的形式展示。延时视频仅拍摄一幅墙绘从无到有的过程，而定格动画要形成前后有关联的情节，就需要绘制成百上千幅墙绘，并加以剪辑制作。从事定格动画的街头创作者有美国艺术家大卫·艾里斯（David Ellis）领导的艺术团体"特技飞行员"（BARNSTORMERS），他们在各种废旧工业厂房中绘制和制作墙绘的定格动画。意大利街头艺术家BLU在2010年推出的定格动画作品"大爆炸"（*Big Bang Boom*）也大获好评，为拍摄这个短片，BLU在当地艺术家的协助下在阿根廷和乌拉圭的旧工业厂房中绘制了无数巨型墙绘。

动图涂鸦（GIF Graffiti），创作者须绘制多幅涂鸦制作成GIF格式的动图，观赏者通过对现场涂鸦进行手机扫描，就可看到动图的效果，使原本静态的涂鸦形成闪烁、视觉联动等不同的动态效果。绘制动图涂鸦的先锋人物是英国的街头艺术家INSA，他自创了所谓的GIF-ITI动图涂鸦的形式，观赏者下载INSA GIF-ITI Viewer的手机软件，就可以在屏幕上看到安静的图形变成动态的画面。

投影映射（Projection Mapping），即把图像和视频通过投影的方式投射到建筑立面上或公共空间的垂直墙面上。这一灯光的盛宴在夜晚显得格外璀璨，同时对背景建筑没有任何破坏，适用于一些保护建筑和历史遗迹之上，在短暂的、具有仪式感的图像展映之后，一切归于平静。（图36）

互动装置（Interactive Installation），通过互联网和手机软件的加持，观赏者可以与街头艺术建立更深层次的互动。比如2014年FAITH XLVII在开普敦的一座建筑上绘制了墙绘"收获"（*Harvest*），并在图像中内置了LED灯泡，利用这

图36. 柏林的投影映射项目，建筑右侧塔楼上呈现的是最早开始柏林墙涂鸦的艺术家NOIR的标志性图像，2022年

52

涂鸦城市

使 命

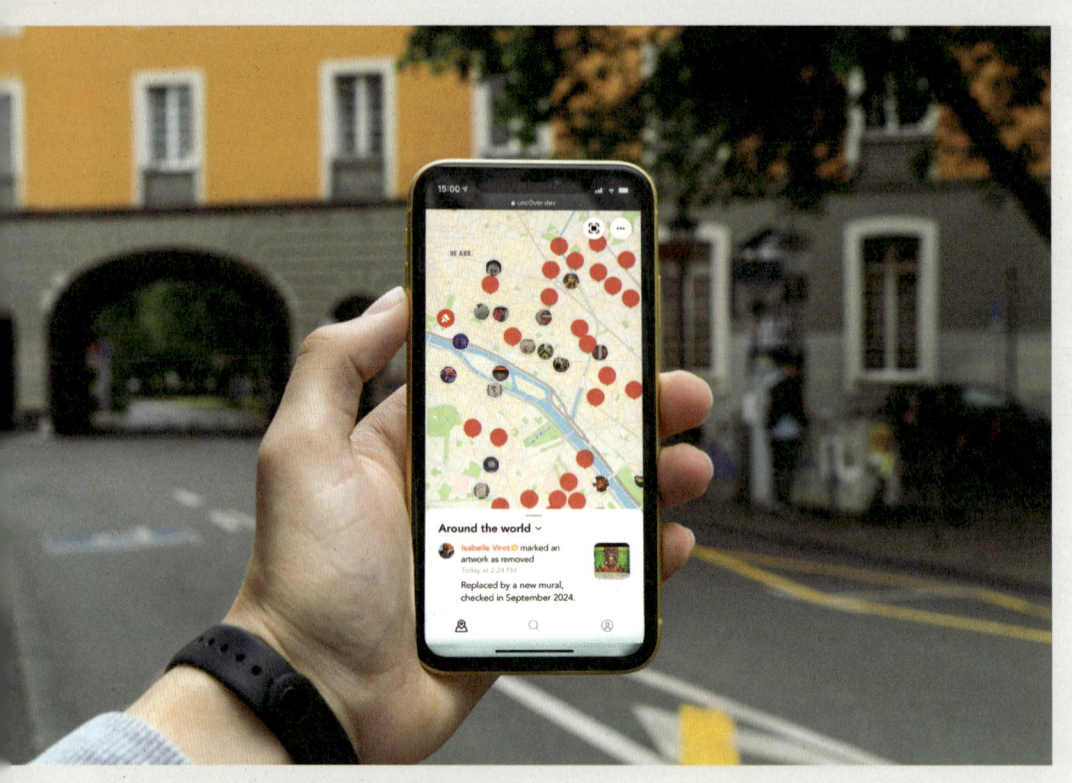

图37. Street Art Cities 手机软件的交互性界面

个街头的互动装置为该城市公园内的非正式定居点募集资金，用以资助定居点路灯安装项目。当路人向推特发推文并标记"#anotherlightup"时，墙绘上的灯光就会被激活而闪亮。当募集到足以安装一台新路灯的资金时，墙绘灯光会在这一天彻夜长明。艺术家通过公共空间中的墙绘装置唤起众筹的力量以弥合阶层的差异，为那些没有被光照到的角落带来光明。再如德国柏林的街头艺术家 SWEZA 创作的老式卡带录音机形式的街头海报，在海报中加入了 QR 二维码，观众只要扫描这个二维码就可以听到卡带中的音乐。

智能手机的普及也改变了观者对街头艺术的常规观赏模式，从不期而遇到有准备地慕名前往，打卡上传。比如"太空入侵者"的手机应用软件"闪光入侵"（FlashInvaders）让观者通过拍摄并上传"太空入侵者"在世界各地创作的马赛克作品而获取积分，系统平均每 5 秒就会收到一个来自世界某个角落的照片。再如手机软件"班克西宝藏地图"（Banksy Street Art Treasure Map）就定位

涂鸦城市

了班克西在世界范围内所有作品的位置和作品信息，供追随者前往膜拜。手机应用软件"街头艺术城市"（Street Art Cities）令观者充当猎手的职责，对实时出现在街头的艺术作品拍照上传，实现作品捕捉（Artwork Capture）。人们只须点击地图就可以看到全世界实时出现的街头艺术作品，来自全世界的留言也使在线观赏更具交互性（图 37）。今天很多街头艺术盛行的城市如纽约、巴黎、柏林等都推出了各自城市的街头艺术漫步 APP，指导旅行者按照一定路线漫步街头的美术馆。

第三次浪潮

如果说 70 年代纽约涂鸦兴盛，80 年代涂鸦在欧洲落地生根，那么进入 90 年代后，随着上述多元化的街头表达的出现，街头艺术日益蓬勃。伴随着街头艺术的发展壮大，城市艺术（Urban Art）作为一种新浪潮被引入这一当代的创作语境之中，并在千禧年之后逐渐壮大。涂鸦、街头艺术、城市艺术呈现出和而不同的特质，又经常被裹挟在同一艺术现场之中。（图 38）

涂鸦主要是以喷漆罐为工具，以字体书写辅以图像为创作语言，追求自我宣叙，引人瞩目并获得亚文化圈层内其他写手和组团的敬重。他们抢占天堂之所，挑战高度和风险，不畏法律和禁忌，他们的创作动机单纯、炫酷而直接。

街头艺术是艺术家自发创作于公共场域的两维、三维甚至数字化的艺术品，表现形式更加多元。创作者在乎艺术表达的品质和内涵，通过传播美、观念、诗意以获得观者的共鸣。相比涂鸦，街头艺术的形式更为多元，更加注重思想性和艺术表现力。在某些国家，街头艺术特指获得产权人准许的自发艺术表达，即获得了合法性身份，不能像涂鸦一样被市政随意清除。相比博物馆和画廊，街头艺术可以获得更大的阅读效率，观者无须预约、无需门票就能见证艺术的惊喜。正如凯斯·哈林所说的："我在地铁里的画一天的观众比蒙娜丽莎一年的都要多。"而班克西把《戴珍珠耳环的少女》带到街头，用建筑的燃气报警器代替少女的耳环而创作的所谓的"刺穿耳膜的少女"（Girl with a Pierced Eardrum）（图 39），其作品的观众数量也一定不输深藏在荷兰海牙莫瑞泰斯皇家美术馆（Mauritshuis）中的维米尔原作的参观者人数。

城市艺术是街头艺术发展到当下变得更加城市化、精英化，更加以城市为

图38.巴黎涂鸦墙上各种形式的涂鸦和街头艺术的层层叠加覆盖，巴黎20区美丽城，2023年

尺度，也考虑了更多市民利益和感受的艺术形式。在艺术表现形式上主要沿用街头艺术的多元化形式，但其材料相对坚固耐久，尺幅也可以更大。相比涂鸦和街头艺术的完全自发性，城市艺术表现出了更多的组织性，比如一些由政府自上而下发起的大型建筑墙绘项目、墙绘艺术节等。这些经由政府组织而设置的城市艺术作品不但不会被清除，有些还会由政府出资进行维护。今天，城市艺术也逐渐成为一个包容了涂鸦、街头艺术、公共艺术的集合性名词，广义地泛指所有户外的街头创作和相关的室内展览。

然而，我们很难用孤立的定义和标签去界定一个多元的文化或复杂的人格。一个街头创作者可能同时在准备市政委托的墙绘项目，并计划着深夜非法"炸街"，他的墙绘可能高悬于建筑之上，他的贴纸却贴在城市某个肮脏的角落。多重身份的并置，在合法和非法、艺术和反艺术的边界游走，看似纠结实则有趣

图39.班克西（BANKSY）创作的"刺穿耳膜的少女"，英国布里斯托，2019年

涂鸦城市

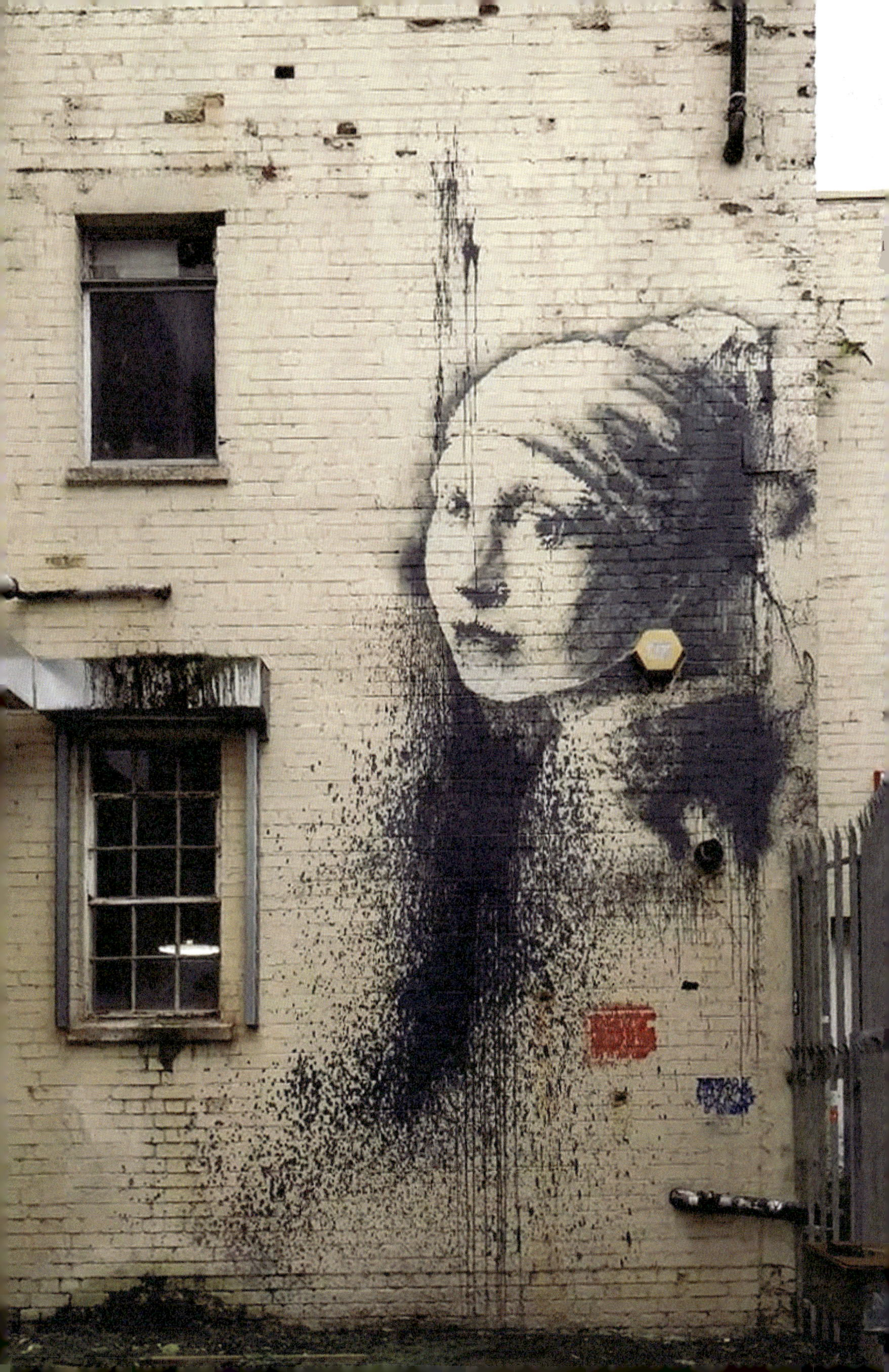

图40.澳大利亚墨尔本著名涂鸦圣地霍西尔巷（Hosier Lane）内的涂鸦局部。有人写下：这是艺术（THIS IS ART），又有人在一侧添加了一个否定词NOT，2016年

而鲜活（图40）。对一个事物的品类进行归集不能摆脱其现象性关联，如同一个砖头在工地上是建筑材料，在案发现场就是凶器。在复杂属性中，我们可以选其位列第一的品类归属，或进行多层次的解释，而不必执着于一种身份的认定。今天的城市艺术图景就是如此，多重叠加、共荣共生。

商业与街头

80年代，涂鸦开始进入艺术市场，从纽约东村的画廊到荷兰的画廊和博物馆，开始成为艺术拍卖会的新宠，价格逐年水涨船高。这些本来应该随机出现在城市之中的艺术，今天成为可以被购买的商品，并衍生出丰富的产品线，使这些艺术可以依托更加多样的商业化载体进入人们的生活，被人们消费和拥有。这些相关的艺术及周边商品包括以下几种形式。

街头作品。街头作品永远是创作者的真爱,是他们留在街头的真正理由。正常情况下这些街头作品无法持久,难以被搬运,也不可被消费,无法为内容创作者带来直接的经济利益,虽然班克西的街头作品不断被人从墙上切割下来连墙面一起送去拍卖,虽然柏林墙上的涂鸦也随柏林墙一起被成块售至海外,但其中的资本利益都与班克西和柏林墙上的涂鸦写手没有关系。

画廊作品。街头艺术家通过把街头作品的相同或相似风格以架上绘画的形式呈现,使其可供展陈和售卖,从而进入画廊、博物馆和拍卖行。这些绘画一

图41.伦敦东区著名的街头艺术画廊"纯粹邪恶"画廊(Pure Evil Gallery)内部,2021年

使 命

59

图42. 巴黎班克西博物馆（Musée Banksy）里售卖的班克西街头名作的数字印刷海报，2023年

般由丙烯或油漆喷罐绘制在油画布、卡纸或板材上，方便移动和运输。画廊的展陈能够扩大创作者的艺术影响力，并在经济上对他们提供支持。（图41）

　　原作印刷品或摄影作品。一些著名街头艺术家的版画、丝网印刷作品、摄影作品也颇受欢迎。这些作品一般限量发行，价格比架上绘画低，约数百欧元，是普通藏家可以承受的价格。也有数字打印成海报的形式，相对价格低廉，是

普通大众能消费得起的日常艺术装饰品。（图42）

装置或雕塑。街头艺术家也会设计一些具有个人风格的装置或雕塑作品，在一些特定的艺术项目或在画廊和展览中呈现。

图书和影像。艺术家的画册、书籍和影像制品都是艺术家作品的延伸，特别是街头艺术的影像可以回溯作品创作的整个过程，在二维、三维的视觉呈现中加入时间维度，给人的感受更加立体。

艺术周边产品。一些街头艺术的周边产品，如马克杯、靠枕、旅行纪念品等，让街头艺术能够进入人们的日常生活。一些街头艺术网站上售卖周边产品，如班克西著名的街头艺术品商店"拉扎百货"（Laz Emporium）。一些街头艺术盛行的街区内的小店也售卖艺术周边商品。（图43、44）

联名商品。一些时尚产业或游戏产业的公司与街头艺术家共同设计开发部分联名产品，使其品牌更具潮流性。从80年代起，涂鸦文化就渗透到时尚领域，纽约著名的服装设计师斯蒂芬·斯普劳斯（Stephen Sprouse）将高级定制时装与街头时尚相结合，在服装设计中加入涂鸦元素，使服装既具有上城区的精致，又具有下城区的不羁，这种风格获得了市场的青睐。2001年路易·威登的春夏

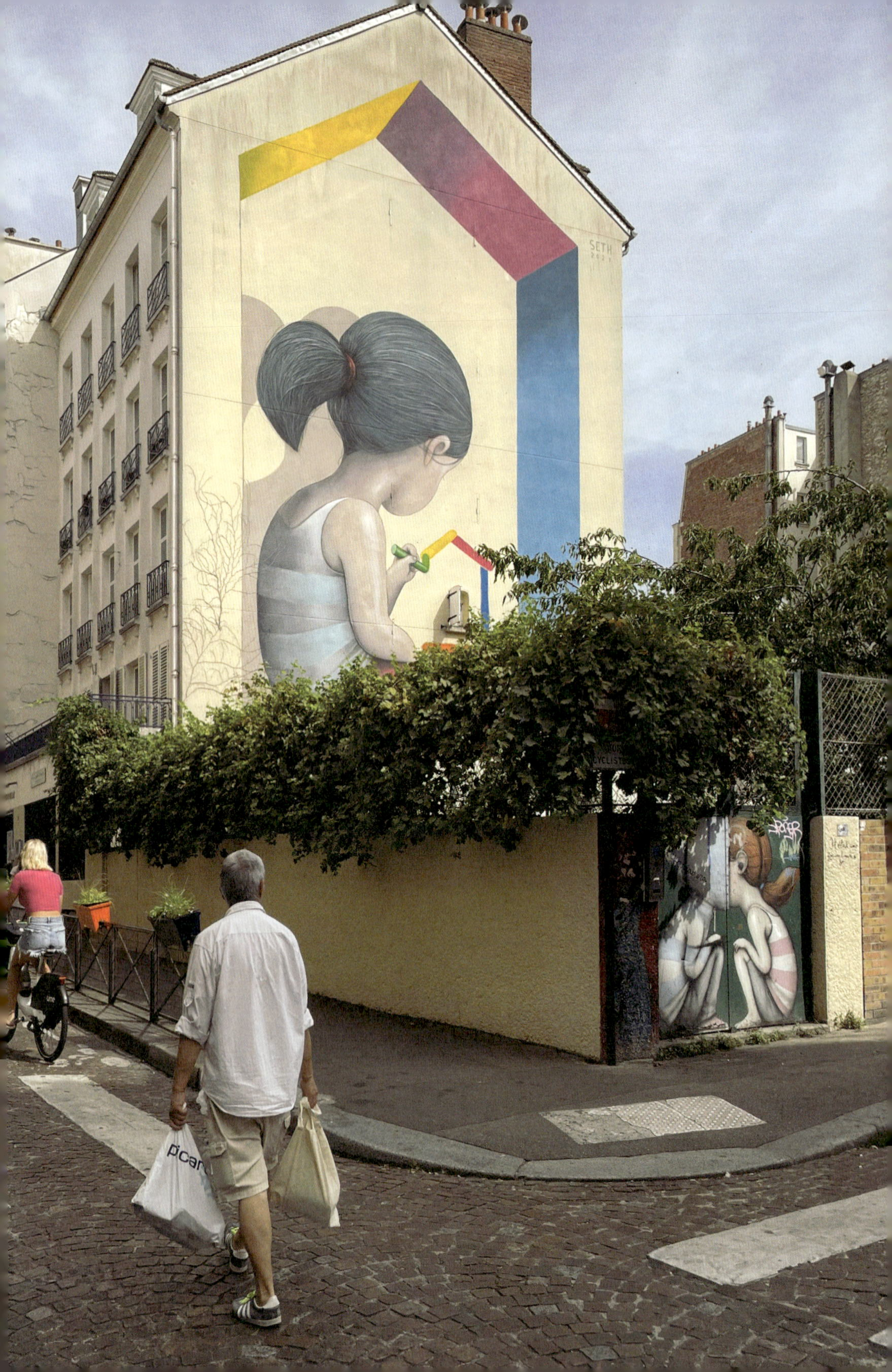

图43、44. 柒先生的墙绘作品"塞西尔之家"（*Cecile's House*），以及墙绘对面的小店里出售的同款马克杯，巴黎5区，2023年

系列箱包以涂鸦为装饰，也大获成功。曾经的街头艺术家KAWS因与日本玩具公司联名设计制作了公仔COMPANION而一举成名，成为潮流先锋。如优衣库、耐克、极度干燥等服饰品牌也不断与街头艺术家联名，推出季度单品。商业刺激使涂鸦作品被反复复制，更加频繁地占据我们的视野。

加密艺术品。今天的街头艺术不再局限于街头和画廊、博物馆的物理空间，还延伸到了网络的虚拟世界中，加密艺术品也以NFT的形式活跃于网络终端，比如2021年VHILS的人像爆破就以NFT的形式推出。

街头艺术在今天呈现出更多样的发生方式，今天的涂鸦写手和街头艺术家也面临着更加复杂的环境、多元的挑战和资本的诱惑。究竟是留在街头，还是走入白立方，已经成为一个无解的问题。一些地下圈层的写手们仍然坚守字体书写，在传统字体的基础上做着新的探索，如荷兰的DOES，德国的CAN 2、SPOARE 153，瑞士的BATEN等，他们的名字在地下涂鸦圈如雷贯耳，受无数涂鸦晚辈敬仰；一些早期的涂鸦写手今天已经成为著名的街头艺术家或潮流先锋，他们忙碌于奢侈品的联名创作和博物馆的展览，已经无暇顾及街头创作；还有些艺术家在街头和画廊之间游弋，以寻找精神和经济上的平衡。街头艺术创作者们怀着不同的信仰，涂写着各自的艺术发展路径。

使命

事件

自20世纪六七十年代涂鸦从纽约布朗克斯街头扩散开去，到80年代逐渐席卷全球，从欧洲到南美，都对涂鸦的呐喊给予了迅速回应。一个个城市举起大旗，投入这场跨世纪的亚文化饕餮之中。在这场洪流中，各个国家和地区又因为各自的历史、政治、文化的不同，对涂鸦的基因进行了再编辑。伴随着特定时间和事件对它的影响，涂鸦在不同的城市落地，形成了有差异性的样貌。

　　80年代，纽约以东村为根据地的波普文化把涂鸦推至当代艺术领域；在美国西海岸的旧金山，涂鸦迎面撞上嬉皮文化和中美洲文化；在柏林，随着柏林墙的倒塌，涂鸦开始在城市中扎根；在伦敦，涂鸦遇到了英伦摇滚的反叛与明媚；在巴黎，涂鸦与"五月风暴"和战后的墙绘艺术交织在一起……很多城市的面貌因涂鸦而发生了改变。

事件

纽约东村画廊的地下信仰

50年代诞生于英国的波普文化在美国找到了生存的土壤，得以壮大、发展，并随着美国经济的崛起在国际舞台上掌握了话语权。作为一种抽象的表现主义艺术，波普艺术脱离了传统艺术的束缚，打破了艺术与生活的界限。它通俗，可复制，诙谐，面向大众，迎合消费主义。"二战"后"垮掉的一代"（Beat Generation）为美国社会带来了自由不羁，质疑传统的理念，形成纵欲、嗑药、放浪形骸的生活态度，它与波普文化相互碰撞，形成美国社会独特的后现代艺术文化氛围。安迪·沃霍尔是这场文化的灵魂人物，他所处的纽约东村成为当时先锋艺术家的大本营。在六七十年代的美国街头，涂鸦在"东村文化"浪潮的助推下，上升到了一个新高度。

安迪·沃霍尔与纽约东村

东村，位于纽约曼哈顿岛的下东部，曾经是欧洲移民的聚居地，文化较为多元。20世纪中叶，纽约大规模的白人迁移（White Flight）现象导致东村大量房屋空置。低廉的租金和独特的文化包容性，吸引了画廊、文身店、酒吧、艺术工作室的进驻。当时东村著名的CBGB酒吧曾被认为是朋克音乐的诞生地，著名的金发女郎乐队（Blondie）和传声头乐队（Talking Heads）都曾在这里驻唱。涂鸦、昏暗的灯光、汗液、呐喊融进了朋克音乐的黑色血液。东村57号俱乐部（Club 57）里永远聚集着前卫的歌手、乐队、街头艺术家和诗人。1979年《东村眼》（East Village Eye）月刊创刊，把东村的实验性艺术、嘻哈文化和朋克音乐介绍给世人。1980年，东村举办的"时代广场秀"，联合展出了数百名街头创作者的作品，很多涂鸦写手从此进入了画廊。

1964年，安迪·沃霍尔把他的艺术工作室搬到纽约东村47大道的一个车间里。他把这个车间用镜子和银箔装饰一新，摆放上激光灯、皮质沙发和丝网印刷机，命名为"银色工厂"（The Silver Factory）。他和一帮年轻人在这里印刷艺术作品，拍摄实验电影，到了晚上这里就成了地下乐队的排练场，派对彻夜狂欢。这时的安迪·沃霍尔已经不再是50年代那个郁郁不得志的广告平面设计师了，他在1962年以32幅"坎贝尔浓汤罐"系列画作举办了自己的首个波普艺术展。罐头图像被他重复并置，画作用丝网印刷的形式批量复制，不但赚足了钞票，还把传统架上油画拉下神坛，刷新了人们对艺术的传统认知，在世界艺术史上占据了一席之地。东村工厂的派对也是名流政客和先锋艺术家的据点，鲍勃·迪伦、约翰·列侬、麦当娜、达利、杜尚（Marcel Duchamp）都曾经是工厂派对的座上宾。安迪·沃霍尔的到来使纽约东村成为波普艺术和时尚产业

图45.表现安迪·沃霍尔的街头海报，巴黎6区，2023年

事 件

69

的聚集地。（图45）

1981年，帕蒂·阿斯特在东村的趣画廊开业。1983年，电影《狂野风格》的热播令趣画廊成为涂鸦和街头艺术进入主流艺术圈和艺术市场的门户，这里高手云集，展览不断。涂鸦和街头艺术与安迪·沃霍尔所引领的波普艺术在东村相遇，二者共同的普世的艺术观令它们毫不违和地相互交融。此时一些年轻的艺术家，在涂鸦和当代艺术的滋养下，在街头和画廊中都展现了各自独有的艺术才华，比如让-米歇尔·巴斯奎特和凯斯·哈林。

让-米歇尔·巴斯奎特

让-米歇尔·巴斯奎特虽然被世人称为史上最有才华的涂鸦天才，但是他从不承认自己是"涂鸦艺术家"。他出生在一个优越的中产家庭，父亲是海地人，母亲是波多黎各人。不同于那些来自底层社会的黑人孩子，巴斯奎特受过良好的教育，精通四国语言。父母的离异使他敏感叛逆，多次离家出走，并染上毒品。17岁时，他曾用SAMO（Same Old Shit）的标签在纽约街头涂鸦，后来一边组建"灰色"乐队（Gray），在乐队中吹奏单簧管，一边进行绘画创作。他的绘画作品既狂野又富于孩子气，将非洲伏都教的图腾与后现代符号化的信息叠加。

我们可以在导演埃多·贝尔托利奥（Edo Bertoglio）拍摄于1981年的电影纪录片《市区81年》（*Downtown 81*）中，看到巴斯奎特19岁时的本色出演，看到后朋克时代的曼哈顿的地下艺术世界。镜头中，巴斯奎特在曼哈顿的墙面上涂鸦并以SAMO签名，我们也可以看到他早年的"灰色"乐队等艺术与生活的真实痕迹。

1980年，巴斯奎特首次参加纽约东村的"时代广场秀"艺术家联展而初露锋芒，至此他告别乐队，开始潜心绘画。他与纽约涂鸦圈擅长绘制抽象表现主义的RAMMELLZEE和A-ONE关系甚密，他们的创作风格也相互影响。80年代初，巴斯奎特迎来了其艺术最辉煌的时代，从东村的趣画廊开始，在三年内参加了17个群展，举办了4个大型个人展览，足迹遍及洛杉矶、鹿特丹、牙买加、苏黎世等，巴斯奎特也一度成为当时还是三流小歌手的麦当娜的男友。

1982年，巴斯奎特结识了安迪·沃霍尔，并受到了沃霍尔的赏识与推崇。他们形影不离地一起工作、旅行、办画展。沃霍尔的波普艺术风格和艺术圈的人脉助推了巴斯奎特的崛起，巴斯奎特混杂着纽约街头和非洲原始气息的表达也影响了沃霍尔，令沃霍尔放下从事了 20 年的丝网印刷，重新拿起画笔。他们二人的合影曾登上 1985 年《纽约时报》杂志的封面。两人的关系扑朔迷离，成为艺术史上永恒的话题。1987 年，沃霍尔意外地在手术台上离世，这对巴斯奎特是一个沉重的打击。在沃霍尔去世后第二年，巴斯奎特就因吸食毒品过量而结束了 27 岁的生命。

人们用"流星"来形容巴斯奎特短暂而绚烂的一生。他的艺术开始于街头涂鸦，但涂鸦只是他生命中的一个片段，或一种语汇。他的艺术不同于涂鸦写手的字体涂绘，而是从生活、事件、文化中抽离图形和符号并以爵士乐般即兴的姿态加以组织和再现。他是美国新表现主义（Neo-expressionism）的领军人物，其画作被欧美各大博物馆收藏，在拍卖会上以千万美元落槌，是纽约东村艺术的瑰宝。(图 46、47)

凯斯·哈林

凯斯·哈林的艺术生涯也开始于纽约街头。1978 年他来到纽约，在纽约视觉艺术学院学习，结识了喜欢在学院四处边游荡边绘制涂鸦的巴斯奎特。一天，凯斯·哈林在地铁站的告示栏看到一处裸露的黑色看板，他觉得那是个很适合画画的地方，就买了白色的粉笔在上面勾勒图案。之后他每次看到这种黑色看板就用粉笔图案去填满它，再躲到暗处观察人们观看这些作品时的表情。这些图案多为用粗阔的轮廓线勾勒出的抽象人物和动物、抽象图形，没有透视和肌理，带有简约戏谑的波普艺术风格，一时间广为传颂。

和巴斯奎特一样，哈林的职业艺术家生涯也开始于 1980 年纽约东区的"时代广场秀"，之后他奔赴米兰、圣保罗等地参展，也曾经与巴斯奎特和安迪·沃霍尔一起参加卡塞尔的联展，1983 年他在趣画廊办了个展，声名鹊起。1984 年哈林与时尚教母薇薇安·韦斯特伍德（Vivienne Westwood）合作设计、发布了时装。还为好友麦当娜设计了一件皮夹克，麦当娜穿着这件战袍在著名的音乐节目《流行之巅》(Top of the Pops) 上唱了那首著名的《宛如处女》(Like a Virgin)。在 1980—1985 年的五年间，哈林举办了 22 场个人展览。1986 年，他具有先锋精神地在纽约开了一个艺术品周边商店 Pop Shop，出售印有自己绘画

OR BIZ-NIS AS USUAL...SAMO©
4 NOWHERE POLITICS
SAMO© 4 THE ENLIGHTENED
FEARFUL, THE MEDICATED MANY
WINNERS, LOSERS, PRETENDERS
WITH OR WITHOUT YOUR APPROVAL
SAMO© AS AN END 2 MEDIOCRITY

CARTOONNEROS
CARTOONNEROS

图46（左页上）.表现巴斯奎特的墙绘作品，纽约布鲁克林，2021年
图47（左页下）.表现巴斯奎特的纸模喷绘作品，伦敦砖石巷，2023年

主题的T恤衫、明信片等，把他个人的艺术作品推向大众消费市场。

凯斯·哈林的街头创作也异常活跃，街头的一切设施像栅栏、垃圾桶、灯柱等都是他的画布，有时他一天就能在街头画40多幅作品。在1982—1989年间，哈林还受邀绘制了大量的墙绘作品，如1984年威尼斯双年展的临时墙绘、1986年在柏林墙上绘制的反隔离的300米墙绘（详见p112）、1987年巴黎内克尔儿童医院（Hôpital Necker-Enfants Malades）墙绘（图48）、纽约手球场"毒品是怪兽"（*Crack is Wack*）墙绘（图49）、1989年巴塞罗那"反艾滋"墙绘和比萨

图48.哈林1987年绘于巴黎内克尔儿童医院外科大楼上的墙绘，2016年原建筑拆除，但保留了原建筑的楼梯塔楼部分只为保存哈林的墙绘，并对墙绘进行了保护性修复。该墙绘13米宽，27米高，是哈林创作的现存于世最大的墙绘，2023年

事 件

73

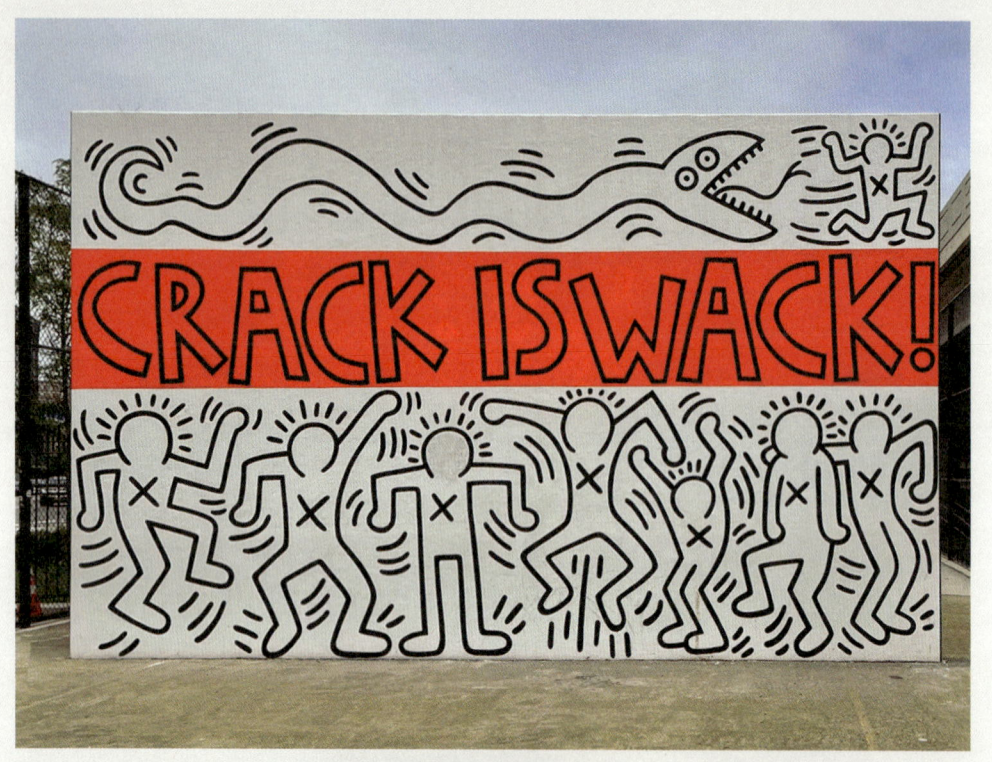

图49."毒品是怪兽"墙绘，纽约，2022年

图50.班克西致敬哈林的墙绘，名为"凯斯哈林狗"（*Keith Haring Dog*），巴黎班克西博物馆，2023年

74

涂鸦城市

的图托莫多（Tuttomondo）墙绘。

凯斯·哈林在纽约手球场的"毒品是怪兽"墙绘背后还有一段往事。1986年，哈林的助理本尼（Benny）染上了毒瘾，但是由于没有保险，医院和政府的戒毒机构都不肯接收他。束手无策的哈林就开着车满载着橙色的颜料，用一天的时间在手球场附近墙面上画了这幅作品，以告诫人们远离毒品，随后哈林因绘制这幅违法涂鸦被警察拘留。这时恰逢里根总统发起"向毒品宣战"运动，美国 NBC 广播公司和《纽约时报》都争相报道这则涂鸦，却发现涂鸦创作者本人竟然被关在拘留所。在舆论的支持下，法庭最终判决罚款 100 美元了事。这幅涂鸦后来遭人破坏，公园管理局干脆就把这堵墙面涂成灰色，但遭到了群众的抗议，管理局只得邀请哈林重新绘制，于是这幅作品就从违法涂鸦转变成合法墙绘。至今这个墙绘作品作为纽约艺术遗产的一部分仍保留在位于纽约东哈莱姆区 128 街手球场内的墙面上，连同这个手球场也以这个画作命名。非法涂鸦就这样变成了艺术遗产。

凯斯·哈林正是从街头开始，逐渐建构起自己的艺术体系。他的作品有着迪士尼动画般的童真，画面构图饱满。光芒四射的婴儿、狂吠的狗（图 50）、舞蹈的众人、飞碟、心脏等都是他绘画中反复出现的元素，并被赋予不同的寓意，流畅的线条勾勒使这些图案更加具有叙事性。他的作品大多涉及反种族主义、反对毒品、保护妇女儿童权益、对抗艾滋病等人类共同命运的深刻主题，用童趣和想象承载深厚的社会学反思。他的大部分墙绘作品都是作为志愿者为公益组织、学校、医疗机构而创作。1989 年在他查出患有艾滋病后，成立凯斯·哈林基金会，旨在支持艾滋病研究和发展青年教育。1990 年，哈林因艾滋并发症病逝，年仅 32 岁。

纽约零涂鸦

当东村文化被视为纽约的城市文化而获得资本的青睐之后，城市开发、精英集聚导致了地价上涨。房租的持续上涨迫使贫穷的艺术家、朋克歌手和游吟诗人陆续搬离东村。1985 年，趣画廊关闭，1987 年，《东村眼》停刊，截至 1988 年，一百多个东村画廊相继关闭，或迁至 SoHo 区或切尔西区。随着 80 年代末，随着沃霍尔、巴斯奎特和哈林相继离世，一个时代行将落幕。

事 件

此时纽约市政府与涂鸦的战斗并未结束。80年代末，纽约交通管理局大力整肃地铁涂鸦，涂鸦青年们在失去了地铁线的阵地后，把目标转向城市中的建筑和街道墙面。1994年上任的纽约市市长鲁道夫·朱利安尼（Rudolph Giuliani）提出了"破窗理论"（Broken Window Theory），他认为街道上任何一扇被打破的窗子都有可能助长犯罪。他把涂鸦视为导致城市衰败的原因，于是展开有史以来规模最大的涂鸦整治项目"反涂鸦任务"（Anti-Graffiti Task Force）。当局修改了《纽约行政法》第10—117条，要求禁止向18岁以下未成年人出售喷漆罐，责令销售喷漆罐的商人把漆罐锁在箱子里或陈列在柜台后，以免被偷窃。

1999年，纽约正式推出了著名的"纽约零涂鸦"政策（Graffiti-Free NYC），由纽约经济发展合作部负责，旨在打造一个没有涂鸦的洁净城市。市民只要发现涂鸦就可以拨打311或发起投诉，就会有专业团队赶赴现场清洁一新。

然而在这种强硬的规定下，纽约的涂鸦并没有销声匿迹。在拍摄于2002年的电影《轰炸体制》中，我们可以看到写手们趁夜色"轰炸"街道，用撬棍撬开超市上锁的货柜偷取喷漆罐，被警察追逐奔逃的画面。可见作为涂鸦的大本营，"纽约零涂鸦"的政策预期难以彻底实现。

后涂鸦时代

在经历了布朗克斯涂鸦的亚文化狂欢、地铁涂鸦的盛世、东村文化的兴衰、炸街与"零涂鸦"政策的对抗之后，今天纽约的街头创作依然活跃，从布朗克斯的涂鸦诞生地到曼哈顿岛乃至整个城区，街头艺术已经成为都市景观的一部分，很多合法的涂鸦基地的存在使涂鸦与反涂鸦政策得以共存。

今天纽约最著名的合法涂鸦基地是位于曼哈顿的东哈莱姆区（East Harlem）的涂鸦名人堂（The Graffiti Hall of Fame）。东哈莱姆区是曼哈顿岛上哈莱姆河、96街与繁华的第五大道之间的三角区域，居民以拉丁裔和非裔为主，建筑多为市政廉租房，一直以来都是涂鸦的聚集地。涂鸦名人堂位于公园大道（Park Avenues）东106街和东107街之间。它于1980年建立，旨在给涂鸦写手们提供一个合法的自由表达空间。从90年代初，这里每年都会举行涂鸦比拼的盛会，届时高手云集，所有墙面都被覆盖一新，盛况空前。今天，涂鸦名人堂作为纽约涂鸦精神尚存的堡垒，每日接纳来自世界各地的游客前来探访。

曼哈顿另一块合法涂鸦基地是东村的一街绿色文化公园（First Street Green Cultural Park），位于曼哈顿东一街33号。这里曾经是一个废弃的建筑地块，2008年一些艺术家把它清理出来作为街头艺术的场地。2010年在宝马古根海姆（BMW Guggenheim Lab）艺术资金的支持下，定期举办各种街头艺术展览、露天雕塑展、爵士表演等文化活动。

曼哈顿的自由隧道（Freedom Tunnel）也是纽约地下涂鸦的聚集地。这是一个位于河滨公园（Riverside Park）地下的神秘废弃隧道，里面至今还留存着20世纪80年代的涂鸦作品，可谓纽约老派涂鸦的天堂。

曼哈顿下东区的"包厘墙"是纽约街头艺术的灵魂，国际著名街头大咖的墙绘作品也在这里轮番上演。它位于包厘街（Bowery）和休斯敦（Houston）大街的转角。（图51）这堵墙来头可不小，1982年凯斯·哈林曾在这面墙上绘制了大幅墙绘，令这面墙名声大噪，后来这面墙归地产公司持有，用于广告投放。鉴于这面墙特殊的历史意义，地产公司决定把它用于承载街头艺术供市民观赏。2008年，地产公司把这面墙委托给戴奇画廊（Deitch Projects）运营，每隔半年到一年更新一次墙绘作品。在戴奇画廊的策划下，很多国际著名的涂鸦写手、街头艺术家都从各地奔赴前来绘制作品，也因此诞生了很多有历史价值的墙绘作品，如2013年多位街头艺术家在著名涂鸦摄影师玛莎·库珀70岁生日时绘制的"致敬墙绘"，2018年JR质疑美国枪支问题的墙绘，2018年班克西抨击土耳其政府囚禁艺术家事件的墙绘。（详见P164，图122）

纽约的布鲁克林区今天也成为城市艺术的重要区域，这里留存了大量的工业建筑和滨水码头，成为承载大型城市艺术的绝佳场所。其中在威廉斯堡街区（Williamsburg）的贝德福大道（Bedford Avenue）上和工业遗址公园——多米诺公园（Domino Park）内部都分布着很多经典的作品。比如著名的威廉斯堡街区标志性墙绘"威廉斯堡的蒙娜丽莎"（Mona Lisa of Williamsburg）（图52），是一名17岁少年的获奖摄影作品，由墙绘公司"巨型传媒"（Colossal Media）绘制完成，巨幅黑白墙绘和远处的威廉斯堡大桥相映成趣，充满后工业风。很多著名街头艺术家，如巴西艺术家KOBRA、比利时艺术家ROA都在这个区域留下过标志性的作品。

图 51. 包厘墙，纽约曼哈顿，2023 年
图 52. "威廉斯堡的蒙娜丽莎"，纽约布鲁克林，2020 年

事 件

街头艺术博物馆与博物馆在街头

两个有趣的街头艺术博物馆也是纽约街头艺术世界的宝藏。其中之一是位于曼哈顿的街头艺术博物馆 MoSA（Museum of Street Art），它与包厘墙仅一街之隔，它的源起要从纽约著名的街头艺术圣地 5Pointz 的陨落讲起。

5Pointz 曾是位于纽约长岛的一栋工业建筑，90 年代分租给艺术家作为工作室。很多街头艺术家汇聚于此，在建筑的内部和外立面上创作了大量的墙绘作品，5Pointz 逐渐成为当时的街头艺术聚集地（图 53）。2013 年，该建筑地块拟建设商品住宅，建筑业主在没有提前告知的情况下把 5Pointz 上的墙绘在一夜之间粉刷殆尽。这个行为彻底激怒了这些艺术家，他们把业主告上法庭，官司旷日持久，虽然艺术家们最终赢得了诉讼，但是之前那些艺术作品连同建筑早已化为瓦砾，一座座精致的住宅楼在这里拔地而起。这个事件也作为城市士绅

图 53. 曾经的 5Pointz 建筑立面，2019 年

图54. 艺术街头博物馆SMoA在英国伦敦的巡回展，由艺术家BEN EINE创作，他的作品以印刷般的艺术字体而著称，2023年

化的典型案例引发了社会上的广泛探讨。后来市中心的 M 城市酒店（CitizenM Hotel）为了致敬街头艺术，留住 5Pointz 曾经的辉煌，开放了 20 层楼的楼梯间，请来了曾经驻扎在 5Pointz 的 20 名街头艺术家在酒店楼梯间和户外露台绘制了街头艺术作品，形成了今天的 MoSA。这个博物馆的参观路径也很特殊，需要先坐电梯到 20 层，然后一路向下欣赏直至回到一层大堂。

纽约另一个街头艺术主题的"博物馆"更加有趣，叫作艺术街头博物馆（Street Museum of Art，简称 SMoA），成立于 2012 年。这个所谓的博物馆其实并没有具体地址，也没有门票和保安，而是在纽约的大街上。SMoA 推崇街头艺术的在场性，所以它的一系列展览都是绘制在街道上。街道上的所有元素——气味、声音、光线、路人——都是展览的一部分，每幅墙绘的旁边设置一个作品标签，类似博物馆艺术作品旁边的展品说明。SMoA 除了在纽约举办展览外，还在伦敦、墨尔本等城市推出街头艺术"巡展"，确实是一个"挑衅"传统艺术博物馆的有趣的存在。(图 54)

今天，纽约的各种街头创作都能够在城市中获得一个栖身之所并旺盛地生长。这里是涂鸦的摇篮，承载着几辈人的热血，70 年代布朗克斯的恣意和 80 年代东村的文脉从未离开过这片热土。(图 55)

事 件

图 55. 艺术家 COBRA 绘制于纽约的墙绘，人物从左到右依次是安迪·沃霍尔、弗里达、凯斯·哈林、巴斯奎特，2021 年

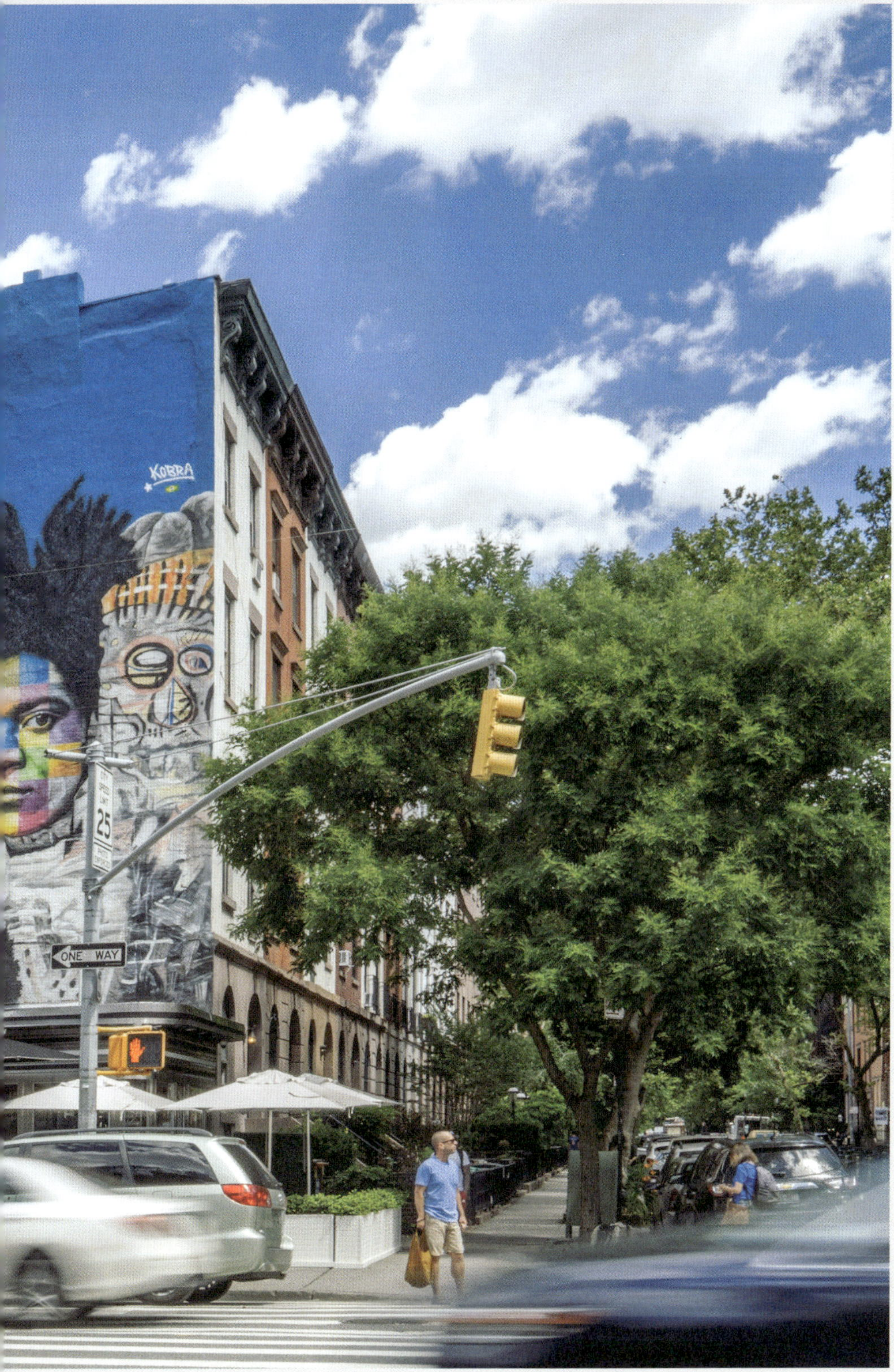
KOBRA
25
ONE WAY

巴黎墙绘浪潮后的人文主义城市艺术

大洋彼岸的法国在图像艺术的历史舞台上从未缺席过。在涂鸦到来之前，巴黎的城市街道上就随处可见经典的海报和墙绘，从新艺术运动（Art Nouveau）时期穆夏（Alphonse Maria Mucha）绘制的大幅剧院招贴，到劳特累克（Henri de Toulouse-Lautrec）画的红磨坊海报，再到巴黎地铁站内的大幅广告壁画，都是巴黎城市中曼妙的图像风景。

1842年，巴黎第一个墙绘广告公司Waché成立，掀起了建筑墙面广告绘制的浪潮，仅1847年一年间，在巴黎城区就涌现出400多面新的广告墙绘。1921年，欧仁·A.多芬（Eugène A.Dauphin）再在巴黎创办了多芬广告公司，尤其擅长在巴黎奥斯曼建筑山墙上绘制巨幅的广告墙绘，引领了巴黎建筑墙绘艺术的蓬勃发展。这些艺术成就为涂鸦的降临做足了铺垫。

战后重建与巴黎墙绘浪潮

"二战"之后，巴黎城市建筑损毁严重，本来连续的建筑界面出现了很多豁口，露出了灰暗的侧面山墙。加之为解决战后住房紧缺问题，在战后重建过程中政府投资建设了一批现代化的集合住宅，这些住宅的层高都高于传统的奥斯曼建筑，考虑到疏散，新建筑也退后于传统的建筑界面，形成了内凹的街区空间（图56），造成了很多旧有的建筑山墙裸露在城市街区之中，影响了城市的美观。

60年代初，法国文化部为了提升城市景观品质，提出对巴黎的裸露山墙进行翻新和装饰的计划。政府成立了"山墙市政委员会"，对巴黎的建筑山墙进行系统性的信息采集和分析归档，组织和邀请艺术家进行墙绘创作。据统计，当时在巴黎城内有4000余面无窗的建筑山墙，其中又选出350面可作为墙绘的基础墙面。70年代初，第一批墙绘项目相继落成（图57）。在其他国家还在忙于战后重建的时候，巴黎已经开始着手打造它的露天博物馆了。

1981年，政府又推出一个为期六年的"巴黎建筑立面整治项目"，对老建

图56. 现代建筑退后于传统建筑界面而形成的突出山墙面。墙绘作品名为"库布亲亲我"(*Kiss Me KUB*)，凯瑟琳·费夫（Catherine Feff）1990年绘制，巴黎11区，2011年

图57. 艺术家法比欧·列蒂（Fabio Rieti）1974年绘制的墙绘"视错觉"(*Trompe l'Oeil*)，建筑右侧绘制的八扇窗子足以乱真。是巴黎今日尚存的最早一批建筑墙绘作品，巴黎4区，2019年

筑进行立面翻新和墙绘装饰。有着多年广告墙绘经验的多芬广告公司在项目招标中胜出。多芬公司的建筑顾问是建筑师安德烈·梅纳德（André Ménard），他对巴黎的建筑立面和山墙进行仔细甄选，挑出老旧破败、损毁严重以及有着开敞视域的建筑山墙，作为墙绘创作的首选界面，然后通过组织竞赛和委托创作，募集了诸多经典的墙绘设计作品。6年间，多芬公司共完成了4100平方米的建

事 件

图58.艺术家弗朗索瓦·布瓦隆德（François Boisrond）1989年绘制的作品"巴黎在头上"（Paris dans la Tête），描绘一个行脱帽礼的男士，露出了布满巴黎地标建筑的脑袋。巴黎10区，2011年

图59.艺术家法比欧·列蒂1982年绘制的墙绘"阶梯"（l'Escalier），2016年92岁的艺术家本人携女儿和孙女对其进行了修复，巴黎2区，2023年

筑墙绘。1986年，巴黎市再次开展设置墙绘艺术的"环境优化行动"项目，由规划局负责筛选墙绘作品，市政每年拨款500万法郎用于该项目。如此，年复一年，裸露晦暗的建筑山墙被精美的墙绘作品装饰一新。

在这场战后城市墙绘浪潮中，涌现出了很多墙绘艺术家，如法比欧·列蒂（Fabio Rieti）、达马斯·赞克（Tamas Zanko）等等。很多高品质的墙绘作品成为道路的重要景观节点和街区标志，甚至成为社区的精神图腾（图58、59）。这批墙绘作品可谓法国早期的城市艺术。在巴黎，城市艺术的出现先于涂鸦和街头艺术的到来。

不走寻常路的法国街头先驱

对于艺术是否可以脱离美术馆走进寻常街巷，法国素来不缺质疑。早在20世纪30年代，法国摄影师乔治·布拉塞在巴黎游荡拍摄夜景照片时，就用胶片记录了街道墙面上的涂痕和符号，随后他在纽约的现代艺术博物馆展出了这些照片，把这些照片整理出书名为《涂鸦》。布拉塞最早把目光投向涂鸦，在美国费城和纽约涂鸦出现之前，是法国人最早命名了这种新艺术形式。

而早在50年代，巴黎的艺术家就对街头创作充满了热情。雅克·维勒格莱（Jacques Villeglé）与艺术家雷蒙德·海恩斯（Raymond Hains）合作，将巴黎街头的海报撕下来抬回画室，经过重新拼贴组合成为一件崭新的作品。他们把这些创作贴到正在建设的蓬皮杜艺术中心（Centre Pompidou，建设时间1972—1977年）的施工围栏上，令这座未来的现代艺术博物馆尚未成型就被前卫艺术所包裹。这些拼贴作品中充满了各种混杂的信息：路人的撕痕、天气的破坏、娱乐明星、消费社会、政治口号、阿尔及利亚战争……，街头的文化隐喻令雅

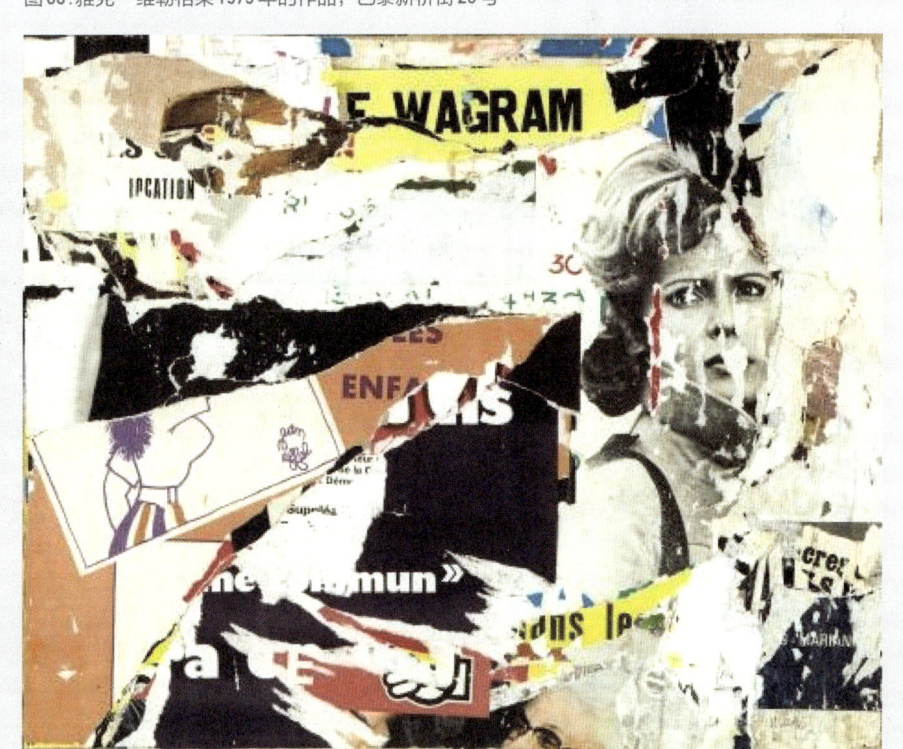

图60. 雅克·维勒格莱1973年的作品，巴黎新桥街26号

图61.ZLOTY 2019年绘制的墙绘，巴黎13区，2023年

克·维勒格莱的作品抽象而富有深度。（图60）

另一位热衷街头创作的人物叫 ZLOTY，原名热拉尔·兹洛蒂卡米（Gérard Zlotykamien）。他是老佛爷百货公司的一名高管，白天穿着西装，脚踩麂皮鞋，拎着公文包，下班之后就手持喷漆罐开始在街头的建筑和工地围栏上喷绘他的创作。他绘制的哆哆嗦嗦的线条和幽灵形状的人物图案令无数路人费解，但无关绘画品质，ZLOTY 从 1963 年就开始在巴黎街头进行创作，被认为是巴黎最早的涂鸦实践者，甚至早于费城的玉米面包和纽约的 TAKI 183。2015 年，ZLOTY 被授予法兰西艺术与文学骑士勋章。2019 年，80 岁高龄的 ZLOTY 还踩着升降机为巴黎绘制了一幅巨大的建筑墙绘，将他的"游戏"进行到底。（图61）

欧内斯特·皮尼翁-欧内斯特（Ernest Pignon-Ernest）也是当之无愧的法国城市艺术的先驱。他自 1966 年开始把他的人像画作贴到城市公共场域，这些黑白的人像像是穿过黑夜降临人类世界中，带着疲惫、恐惧、审慎的表情，出现在废墟、工地、街巷空间中。图像中的人物总是带有政治或文化的隐喻，如广岛原子弹后被摧残的人们、法国象征主义诗人阿蒂尔·兰波等，场景、人物、事件的叠置使他的街头创作具有强烈的视觉冲击力和人文情怀。他是糨糊粘贴的最早实践者，影响到后来的 JR 等街头艺术家。

今天法国著名的概念艺术家丹尼尔·布伦（Daniel Buren）在 20 世纪 60 年代也是街头实践的先锋人物。他摒弃传统绘画，以标志性的 8.7 厘米宽的垂直条纹为图形语汇进行创作，他曾经制作了数百幅条纹图案的海报，张贴在巴黎 100 多个地铁车站里，他称其为"野蛮海报"（Affichages Sauvages），一时间，这种条纹艺术吸引了人们的广泛关注。1971 年，未经场地授权的条纹艺术又出现在洛杉矶的公共汽车上，这些创作打破了传统的艺术观念，开街头艺术之先河。1986 年，丹尼尔·布伦受邀为巴黎皇家宫殿（Palais Royal）设计庭院景观，他为这一皇家庭院设计添加了带有他标志性条纹的柱子，被人们戏称为"布伦柱"（Buren's Columns），引发了有关当代艺术与历史空间对峙的广泛探讨，"布伦柱"成为最富争议的城市艺术作品。（图62）

图62. 丹尼尔·布伦为巴黎皇家宫殿设计的"布伦柱",2010年

"五月风暴"的愤怒

1968年,当美国布朗克斯的青年刚刚开始在街头签名涂鸦的时候,巴黎迎来了"五月风暴"。无数法国青年走上街头,抗议戴高乐主义,宣泄愤怒,把印有煽动性标语口号的海报张贴在巴黎的大街小巷。

游行青年们占领了巴黎美院的印刷工作室,将其更名为"大众工作室"(Atelier Populaire),开始夜以继日地印刷海报。"美在街头"(LA BEAUTÉ EST DANS LA RUE)成为海报上的著名口号。铺天盖地的海报成为未经干预的、最直接而原始的图像媒介,令人明确地感知到诉求可以通过图像在城市空间中被放大。

经过"五月风暴"的洗礼，街头海报的"官方性"在法国被拉下神坛，愤怒或质疑性的文字和诗歌成为传统，也开启了后五月时代的反束缚与多元文化并置的新精神，为涂鸦的到来做足了铺垫。

巴黎的早期涂鸦部落

巴黎真正的街头涂鸦开始于 80 年代初。随着电影《狂野风格》在欧洲公映和书籍杂志的传播、展览和嘻哈音乐在欧洲巡演，崭新的文化形态令巴黎青年血脉偾张，纷纷加入这场亚文化大军中。

塞纳河岸很快成为涂鸦的聚集点。时值 20 世纪七八十年代，巴黎迎来了新一轮的城市建设，城中工地四起，工地围栏成为这些涂鸦青年们的游乐场。蓬皮杜艺术中心、雷阿勒市场（Forum des Halles）等大型项目的建设周期都长达五六年。1984 年，巴黎最核心的皇家圣殿卢浮宫加建贝聿铭设计的金字塔，施工栅栏直至 1988 年才被拆除，昔日拿破仑的皇宫已经被涂鸦满满包围。

1982 年，涂鸦青年 ASH 发现了巴黎北部的斯大林格勒区域（Stalingrad），那里有很大的空地且不易被警察打扰。ASH 与 JAYONE、SKKI 组成的 BBC（Bad Boy Crew）涂鸦战队，以及来自美国的 BANDO 和他的"犯罪时间国王"（Crime Time Kings）团队都活跃在此。巴黎早期的涂鸦大咖 JAY、LOKISS 以及从美国来巴黎定居的 JONONE 也驻扎在此。斯大林格勒区域开启了约 10 年的巴黎涂鸦大本营时代。1986 年，涂鸦摄影师亨利·查尔凡特（Henry Chalfant）到访巴黎，用胶片记录了彼时斯大林格勒区域壮观的涂鸦，并收录在《喷罐艺术》（Spraycan Art）一书中。

1990 年，一个被称为"临时医院"（Hôpital Éphémère）的艺术家驻地项目开启。在业主的许可下，艺术家将废弃的医院改造成 50 个艺术家工作室、展厅、录音棚、戏剧工作坊等空间，在 7 年的时间里有 200 多位艺术家在此驻留、创作作品。很多街头艺术家以此为据点，创作了大量的艺术作品。

在 2004 年上映的法国电影纪录片《写手：1983—2003，20 年涂鸦在巴黎》（Writers: 1983-2003, 20 Ans de Graffiti à Paris）是一部对今天的城市艺术现场产生重要影响的纪录片。在片中我们可以看到 ASH、SEEN、BANDO、FUTURA 对巴黎涂鸦发展的回顾，他们谈到涂鸦在从纽约到达巴黎之后，风格发生了显著的变化，如字体变得更加细腻和几何化，画风也更加艺术化。

很快画廊和机构开始关注这些新兴的艺术。1983年，巴黎的伊夫兰伯特（Yvon Lambert）画廊为FUTURA举办了个人街头艺术作品展览。1984年，时尚品牌阿尼亚斯贝（Agnès b）创办了白昼画廊（Galerie du Jour-Agnès b），是欧洲最早开始支持和推广涂鸦与街头艺术的画廊之一。主理人阿尼亚斯贝向这些非主流艺术敞开大门，她随那些写手们翻越藩篱去看铁轨沿线未干的涂鸦，支持了80年代活跃在巴黎的一众街头创作者，如FUTURA、JONONE、阿特拉斯等，为他们策划艺术展览，甚至把这些艺术创作融入阿尼亚斯贝的品牌服饰中，把街头艺术引入巴黎的时尚秀场。2021年，一本记录阿尼亚斯贝与涂鸦历史的书出版，名为《在我们的墙上：阿尼亚斯贝与涂鸦40年》（*Sur nos murs: 40 ans de graffiti avec agnès b.*），书中记录了阿尼亚斯贝与巴黎涂鸦和街头艺术携手40年的过往。

1985年，第一本用法语记录法国涂鸦文化的书《涂鸦之书》（*Le Livre du Graffiti*）出版，这本书把涂鸦定义为一种艺术表达形式，书中收录了众多法国早期涂鸦的经典作品，记录了美国涂鸦是如何在法兰西的土地上扎根生长的。

纸模涂鸦的诞生

巴黎对涂鸦界的一大贡献，就是诞生了纸模涂鸦，它的开创者是巴黎的涂鸦前辈老鼠布莱克。1971年，老鼠布莱克造访纽约，他被当时纽约的涂鸦浪潮所震撼，决定投身于这场洪流之中。他不想照搬纽约那种绘制大幅面作品的做法，他想到儿时在意大利旅行时在街头看到的大幅墨索里尼的头像，那种制作纸模挡板然后再进行喷绘的传统技法，应该最适合欧洲老城凹凸不平的建筑墙面，于是他开始尝试纸模涂鸦这种新形式。

1981年，老鼠布莱克在巴黎的街巷开始了他的纸模实践。这种模板喷绘的涂鸦方式只要前期对模板的设计和切割准备充分，现场喷绘就十分快捷，也可以迅速离场。同时因为有充裕的预先设计时间，图案品质也相对较高，这种形式很快受到众多涂鸦青年的青睐和争相效仿。1982年，著名的喷漆罐杰夫在法国图尔也开始了纸模涂鸦的喷绘生涯。1986年，一本专门介绍纸模涂鸦的法文书《又快又好：模板艺术》（*Vite Fait Bien Fait: Pochoirs Stencil Art*）出版，把这一新形式和新技法介绍给更多涂鸦青年。随后不久，在伦敦、纽约、悉尼都可以看到纸模涂鸦的身影，纸模涂鸦以一种新的艺术形式从巴黎蔓延至全世界。（图63）

卢浮宫地铁事件

法国在1980年就出台了针对在公共和私有建筑上进行涂鸦破坏的惩治法案，巴黎市也有禁止涂鸦的公共管理政令，规定在公有建筑上涂鸦将被判处拘役和罚款，而在工地等临时墙面上或在获得业主许可的私有建筑上涂鸦，都不算作违法。80年代末，巴黎的大型建筑陆续完工，工棚相继拆除，涂鸦青年们不得不开辟新的"战场"。虽有法令在先，但法兰西民族素来都对艺术与自由给予充分的"宠溺"，对违法涂鸦的实际判罚起初并不严格，直到1991年的"卢浮宫地铁事件"彻底地激怒了巴黎市政当局。

1991年5月1日，卢浮宫地铁站内的高仿埃及雕像在一夜之间遭到涂鸦的破坏。艺术品惨遭亵渎，触碰到了市政当局的底线，于是肇事者OENO和STEM被逮捕入狱。这在法国是第一起涂鸦青年被捕入狱，引来媒体的广泛报道。此后政府对涂鸦开始严加惩处，并规范了喷漆罐的售卖。

巴黎市政卫生部门也加大了对涂鸦清理的力度，年清除涂鸦的面积从最初的几万平方米增加到2010年的20万平方米。后来政府把这项工作外包给专业的涂鸦清理公司，建筑物上4米高度以下的非法涂鸦都会在10个工作日内被专业团队清除。

街头艺术的殿堂

正如电影《写手》中所说的，涂鸦在到达巴黎后变得更加细腻和具有人文主义情怀。这和法国历史上精致的海报招贴、"二战"后的墙绘艺术以及六七十年代街头先锋艺术家的实践不无关系。同时，在严苛的法律框架下，街头创作

图63（下页）.伦敦利克街隧道内右侧墙面上老鼠布莱克的作品，2023年

事 件

93

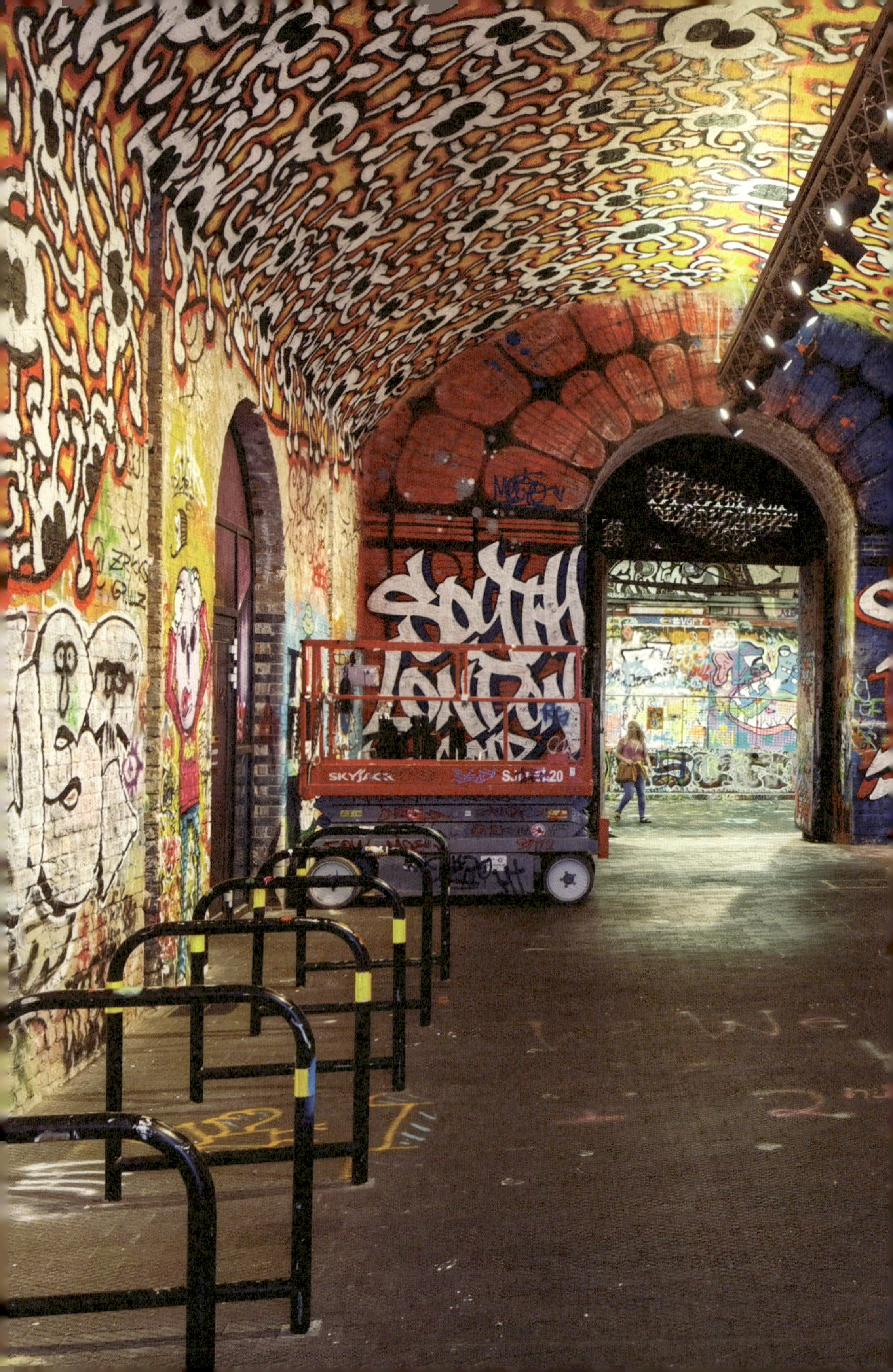

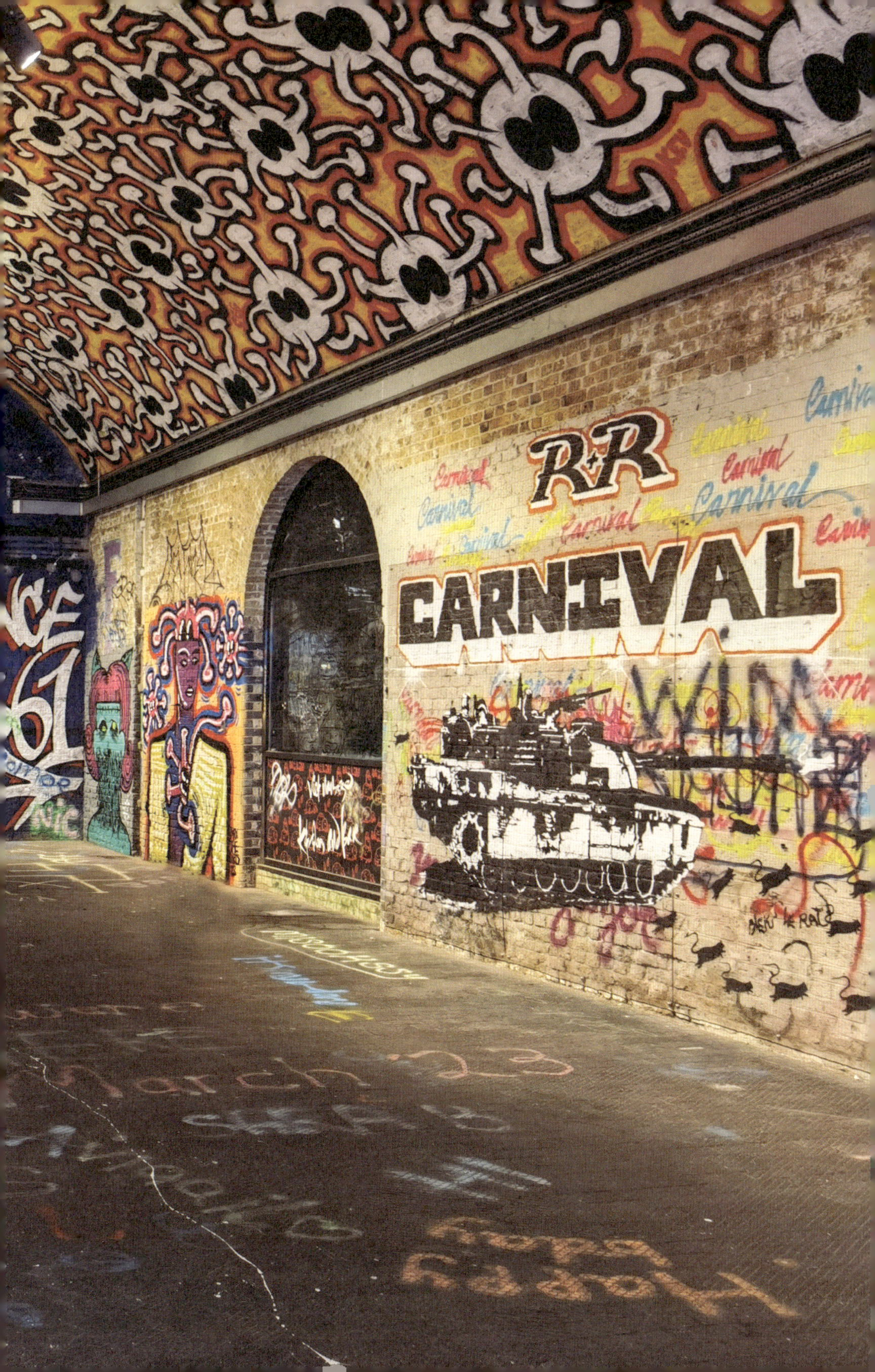
RR
Carnival
CARNIVAL

SÉLIN·TILLY
R·STYLE / H
© P.BOY -ROTE·L

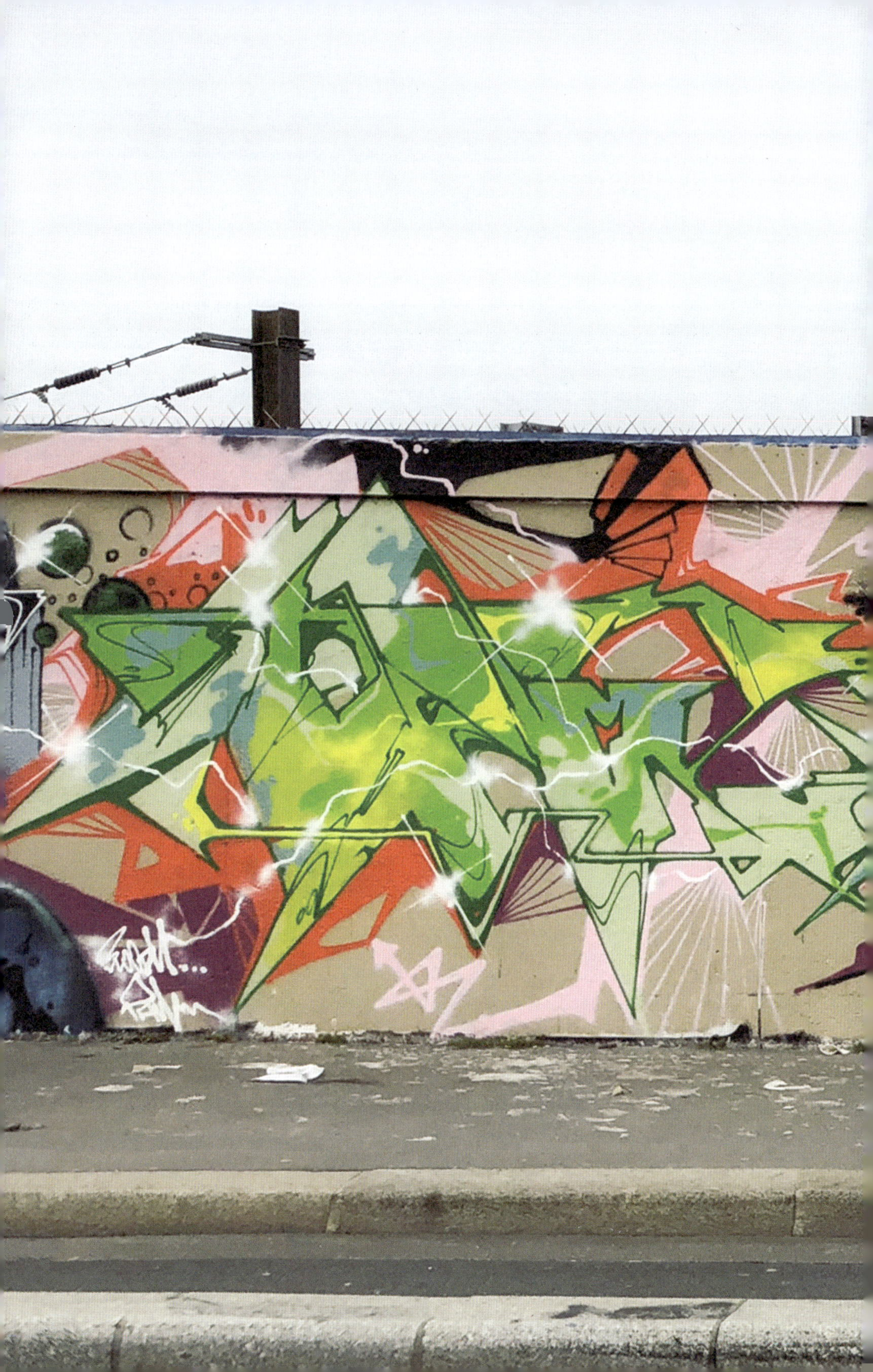

弱势群体等等，这些作品的美学价值和精神价值都被纳入了巴黎这座城市的日常生活之中。

城市艺术与区域自治

虽然市政府对于涂鸦的态度坚决明了，但是巴黎各个区的艺术策略又各不相同。巴黎各区政府与巴黎市政府并不存在从属关系，加之部分区域又推行与巴黎主流文化相背离的文化政策，表现出了一种独特的"文化自治"。

比如巴黎的 20 区，居民以阿尔及利亚、摩洛哥等北非移民为主。在独特的少数族裔文化熏陶下，这里孕育出众多知名地下乐手、小说家、黑人艺术家……出于对区域文化独特性的保护，20 区政府倡导一种"东巴黎"的反主流文化，把涂鸦和街头艺术视为区域文化的重要组成要素，不但对于辖区内的梅尼蒙当街区和美丽城街区的涂鸦管制相对宽松，而且还出手扶植来自梅尼蒙当的街头创作者。

2008 年，区政府邀请当时梅尼蒙当区最著名的街头创作者杰罗姆·梅斯纳杰（JÉRÔME MESNAGER）、"莫斯克团队"（MOSKO ET ASSOCIÉS）、NEMO 在区政府的院墙上绘制墙绘，把本来严肃冷峻的政府院墙变成了街头画卷。区政府还多次邀请这些艺术家对区域内两条主要街巷进行装饰，根据沿街建筑和商铺业主的意愿，在橱窗、卷帘门、室内外墙面上进行涂鸦创作。20 区政府还向他们订购建筑墙绘，让他们的艺术可以持久地合法地存在于城市空间中，比如擅长涂鸦白色骷髅人物的杰罗姆·梅斯纳杰绘制的墙绘作品"这就是我们来自梅尼蒙当的小伙子"（*C'est nous les gars d'Ménilmontant*），今天仿佛成为梅尼蒙当的一面旗帜（图 66）。区政府也会定期组织城市艺术展，印制街区内艺术品的观赏路线图，引导人们边散步边逐个欣赏这些风格各异的街头创作。

图 66．"这就是我们来自梅尼蒙当的小伙子"，巴黎 20 区，2023 年

事件

13区城市画廊

巴黎 13 区也是一个独具特色的区，是东亚人聚居的社区，有着巴黎为数不多的高层住宅建筑群。13 区的区长希望借城市艺术塑造街区精神，区政府自 2004 年与巡回画廊（Galerie Itinerrance）合作，联手推出 13 区城市画廊项目，先后邀请了一系列具有国际知名度的街头艺术家在政府提供的墙面上进行墙绘创作。

众多著名的墙绘作品在 13 区的高层建筑上逐一被实现：擅长拼贴组合的纽约布鲁克林艺术家二人组 FAILE 的作品"我屏住呼吸"（Et J'ai Retenu Mon Souffle）（图 67）；伦敦街头艺术元老 D*FACE 创作的"爱不会让我们分离"（Love Won't Tear Us Apart）（图 68）和"背叛者"（Turncoat）（图 69）；谢泼德·费尔雷绘制的著名墙绘"自由，平等，博爱"（Liberté, Égalité, Fraternité），用法国国旗的颜色衬托出法兰西箴言的口号，同样的一幅绘画挂在法国总统办公室（图 70），还有他为埃菲尔铁塔创作的墙绘"精致平衡"（Delicate Balance）也离此不远（图 71）；法国艺术家 MAYE 绘制的"火烈鸟池塘"（Thau Pond），用机械化的动画效果的图像呼吁对火烈鸟的保护（图 72）；"柒先生"的儿童与彩虹的墙绘，名为"进入旋涡"（Enter the Vortex）（图 73）；C215 著名的"猫"（The Cat）（图 74）；法国艺术家 BOM.K 的作品，描绘一个手持喷漆罐的孩子趁夜色推门出发（图 75）。不胜枚举。

直至今日，13 区已经陆续把 30 多幅巨型墙绘植入城市，令巴黎 13 区的露天画廊享誉海外。2016 年，巴黎 13 区区长杰罗姆·库梅（Jérôme Coumet）因对城市艺术的组织和街区文化的贡献而被授予"玛丽安娜金奖"（Marianne d'Or）。

1. 图 67. FAILE 的墙绘"我屏住呼吸"，2019 年
2. 图 68. D*FACE 的墙绘"爱不会让我们分离"，2019 年
3. 图 69. D*FACE 的墙绘"背叛者"，2019 年
4. 图 70. 谢泼德·费尔雷绘制的墙绘"自由，平等，博爱"，2019 年

1

2

3

4

图71.谢泼德·费尔雷绘制的墙绘"精致平衡",2019年
图72.MAYE绘制的"火烈鸟池塘",2019年
图73.柒先生的作品"进入旋涡",2019年
图74.C215的作品"猫",2019年
图75.BOM.K的墙绘作品,2019年

艺术项目与艺术节

在一些有趣的城市艺术项目中,也能感受到巴黎人向街头艺术致敬的情怀。

巴黎卢浮宫前的杜乐丽隧道(Tuileries Tunnel)今天成为街头艺术的殿堂。这里曾经是一个机动车隧道,后来禁止机动车辆通行后成为自行车、滑板和跑步者的通道,但是长达860米的通道显得黑暗而闭塞,于是市政府邀请了10位街头艺术家对这个隧道进行装饰,每幅作品约40米长,作品主题须围绕巴黎、卢浮宫、奥运会展开,同时还邀请了几十位艺术家在这些巨型作品的间隙墙面绘制不限主题的作品,聚光灯投射在这些街头画作上,色彩斑斓,有时空穿越

之感。这个隧道艺术项目 2023 年完工后立即成为街头艺术的聚集地,更多不请自来的作品陆续出现。(图 76)

巴黎 13 塔(Tour 13)项目虽然仅存在了一个月,但是被称为世界上最大的集体街头艺术展。项目在巴黎 13 区的一个即将拆除的住宅建筑内,这里曾经是低收入群体的改善性住房,在拆除之前已人去楼空。在巡回画廊与巴黎 13 区的组织下,105 位街头艺术家受邀在建筑内部进行创作。在 7 个月的时间里,这个拥有 36 套公寓的 10 层建筑填满了风格各异的艺术作品,甚至连外墙和入口都被街头艺术包裹,而且作品精妙,废墟般的场景赋予艺术品独特的展陈空间。该项目追求纯正的艺术,拒绝一切商业诉求,所有参与项目的艺术家不但没有任何经济资助,还需要自己购买机票和画材。艺术作品也不对外出售,即使藏家提出高价购买也被无情地拒绝了。展览在 2013 年的 9 月开幕到 10 月结束,展览是免费的,但是出于安全考虑,一次只能允许 49 名参观者进入大楼,人们需要排队数小时甚至一整天才得以参观,所以队伍漫长,盛况空前。展览结束

事 件

103

图76.杜乐丽隧道内的墙绘，巴黎1区，2023年

事　件

后，建筑如期被拆除，一切灰飞烟灭。好在我们今天仍可以通过网站（https://tour13.art）观看到整个展陈逐层的360度全景影像和13塔的纪录片，欣赏那些真正的"城市蜉蝣"作品。

丰富多彩的街头艺术节也为巴黎带来了别样的城市气氛，比如19区的乌尔克色彩街头艺术节（Ourcq Live Colors）、自上而下涂鸦艺术节（Top To Bottom Graffiti Festival），还有致力于开拓城市艺术的艺术品市场的城市艺术艺博会（Urban Art Fair）等，都令巴黎的城市艺术活动和艺术市场格外活跃。

致敬街头艺术的博物馆

在巴黎的众多博物馆中，城市艺术也占有一席之地。

漂浮在塞纳河上的浮浪艺术中心（Fluctuart Art Center），是一个致力于城市艺术推广的博物馆，这里不但永久展陈着班克西、谢泼德·费尔雷等著名艺术家的作品，而且还举办各种临时性的主题展览、报告、街头艺术电影放映、建筑投影等艺术活动。这个艺术中心是免费对公众开放的，没有门票，也不接受市政补贴，不涉及艺术品销售，全部运营资金来自中心内部的餐厅、酒吧和活动场地。就这样，城市艺术通过浮浪艺术中心的展陈成为人们日常文化生活的一部分。

巴黎以展示当代艺术为主的博物馆东京宫（Palais de Tokyo）在2012年开启了一个专门展陈城市艺术的"拉斯科"项目（Lasco Project）。就像法国的拉斯科史前洞穴壁画一样，他们把东京宫的地下空间开辟出来，让城市艺术去填满。东京宫的地下空间之前从未用于展览，在"二战"期间，这里堆放着纳粹从犹太人手里没收的数千架钢琴，后来用作布展和后勤空间。2012年，著名"废墟探索"（Urbex-Urban Exploration，即在荒废破败的城市空间中进行艺术实践）的艺术家组合LEK和SOWAT与东京宫合作，在这个地下空间展开艺术实践。之后陆陆续续有60余位国际著名的街头艺术家受邀在东京宫的地下展开创作，整个地下空间以及绵延1公里的走廊、楼梯、后勤通道内都布满了街头作品。很多著名艺术家，如FURURA、柒先生、JAYONE、VHILS、PHILIPPE BAUDELOCQUE、JR、OS GEMEOS都在此留下了重要的作品。博物馆开放了局部地下艺术空间供民众参观，而有些空间永远不会对外开放，只能通过纪录片和照片来揭示，这也是巴黎最神秘的城市艺术探索。

巴黎 42 城市艺术中心（Art 42-Urban Art Collection）是一个在 17 区计算机学校内的街头艺术博物馆，在 4000 平方米的校址上容纳了 150 余件艺术作品，包括班克西、JR、谢泼德·费尔雷、MADAME、BAULT 等艺术家的作品。

巴黎班克西博物馆（Banksy Museum）把街头艺术的神秘人物班克西在世界各地的作品喷绘在博物馆的墙面之上，虽然不是班克西的原作，但足以乱真，并且可以让人"一站式"观摩班克西的诸多名作。

巴黎的莫利托酒店（Hotel Molitor Paris），是一个容纳众多街头艺术作品的五星级奢华酒店。这里曾经是巴黎最摩登的公共泳池，于 1929 年开业，有着装饰艺术（Art Deco）风格的建筑和室内装饰，曾经是比基尼的诞生地，是电影《少年派的奇幻漂流》（*Life of Pi*）中提到的那个巴黎最美的游泳池。泳池在运营了 60 年后因设备老化而关闭。1990 年，法国文化部将其划为历史文化遗产，然后政府展开了长达 20 年的改造方案的探讨。荒废期间，这里被涂鸦占据，泳池和四周的围合式建筑全部被涂鸦覆盖，成为巴黎西部著名的涂鸦据点。2001 年，法国著名地下电音乐队 Heretik System 在这个涂鸦现场举办了一场电音派对，近 5000 人在这个颓废的场景里彻夜狂欢。新落成的莫利托酒店希望保留曾经与涂鸦共存的历史记忆，陆续邀请国际著名的街头艺术家来到莫利托酒店进行创作。游泳池的玻璃屋顶由废墟探索艺术家 LEK 和 SOWAT 绘制，酒店的大堂、餐厅、走廊的墙面上也满载了街头艺术作品，特别是曾经公共泳池的 70 个独立的小更衣隔间，由受邀的艺术家每人一间用墙绘填满，各具风情（图 77）。来此创作的艺术家从巴黎街头元老 JONONE、SKKI、老鼠布莱克、MOSKO，到千禧年后才活跃的年轻一代 MADAME、NUNCA、LEVALET、STUDIO GIFTIG 等，让莫利托酒店成为一个真正的街头艺术博物馆。（图 78—83）

不同于美国的街头艺术始于嘻哈文化的涂鸦轰炸，巴黎的街头创作最早始于战后的大规模墙绘项目和街头艺术先锋的实践，这些构建了巴黎早期城市艺术的格局；在 20 世纪 80 年代美国涂鸦融入之后，巴黎的城市艺术又叠加了嘻哈文化的风潮，嫁接出了更多元、更富人文主义的城市艺术表达和城市图景。布朗克斯涂鸦的种子落地于巴黎，在巴黎的土壤里孕育出了别具风味的果实。

图77.莫利托酒店内的游泳池和更衣隔间，巴黎16区，2024年

1. 图78.美国艺术家LOGAN HICKS绘制的更衣隔间，2024年
2. 图79.中国艺术家SATR绘制的更衣隔间，2024年
3. 图80.智利艺术家ROMMYGON绘制的更衣隔间，2024年
4. 图81.叙利亚艺术家DINA SAADI绘制的更衣隔间，2024年
5. 图82.荷兰艺术家双人组STUDIO GIFTIG绘制的更衣隔间，2024年
6. 图83.沙特阿拉伯艺术家DEYAAONE绘制的更衣隔间，2024年

1	2
3	4
5	6

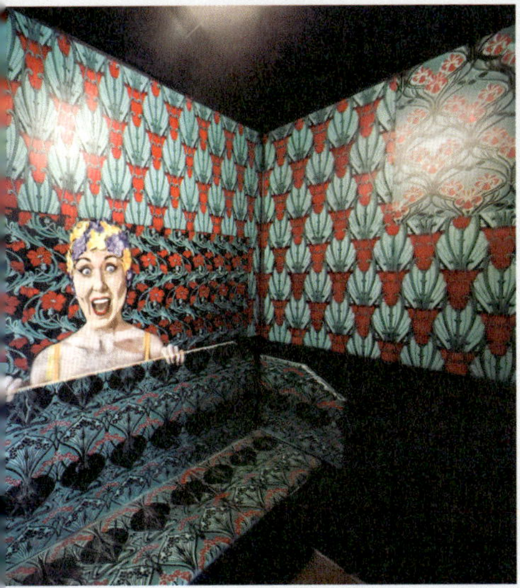
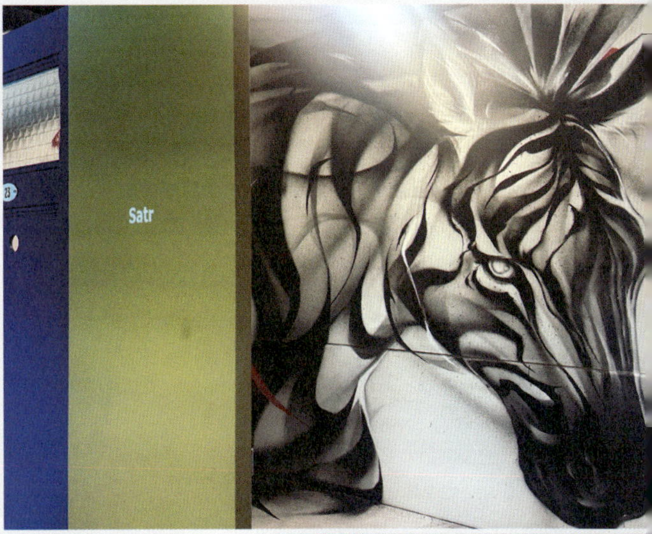
Satr
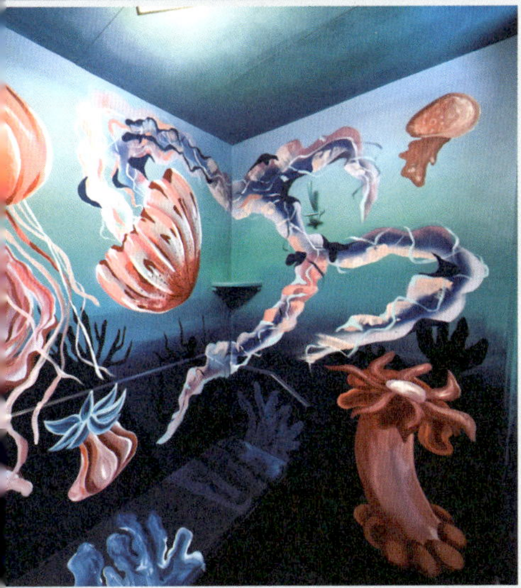
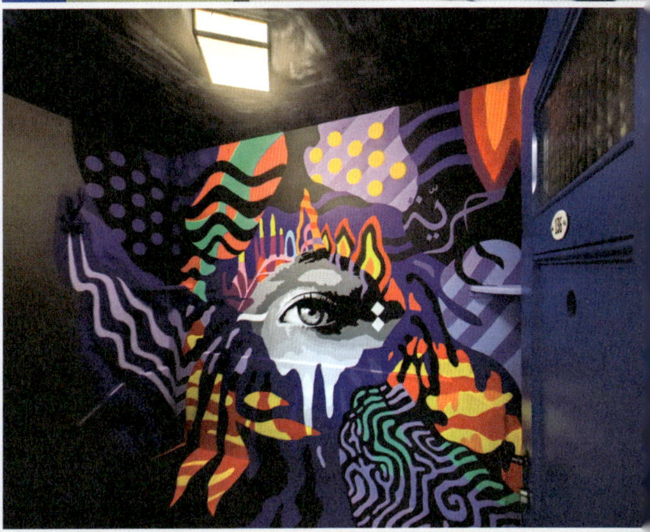
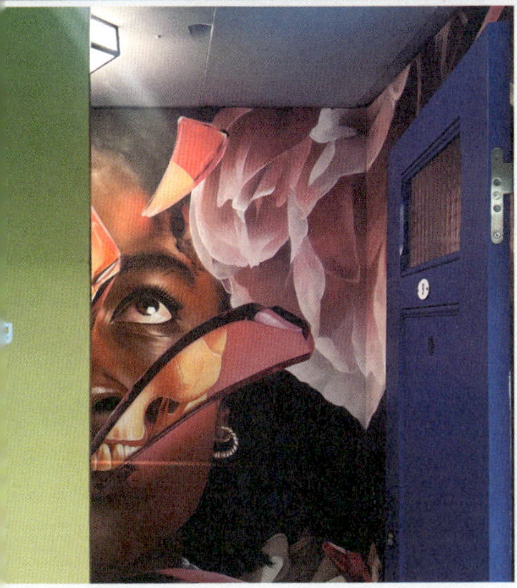
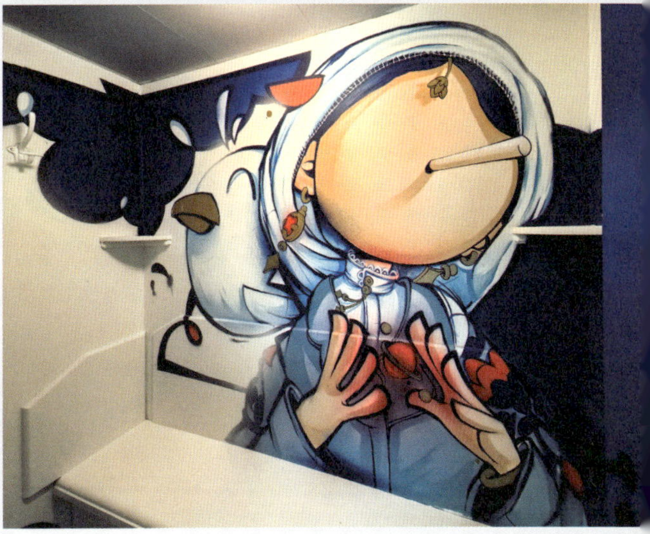

柏林墙的倒塌与涂鸦麦加

1989年11月9日,矗立了26年的柏林墙轰然倒塌,象征着自由的涂鸦连同砖墙破碎一地,人们欢呼着在残垣断壁上起舞。那些民族被撕裂的剧痛,那些为了跳出桎梏而流淌的热血和那些不顾生死在墙上绘制的图案,在这一刻都化为历史。

人们拾起小块儿的涂鸦墙残片转送亲友,或在市场上售卖,大块墙体由政府拍卖,或作为国礼赠送,英国女王就在收到德国赠送的柏林墙残片后称其为"带来美好回忆的无价之宝"。柏林墙一度成为德国涂鸦的培植皿、根据地,涂鸦也随着倒塌的灰烬蔓延开去,向城市扎根。今天的柏林是欧洲街头艺术集聚的重要城市,在厚重的历史积淀下,柏林的涂鸦和街头艺术既深刻又不失活力。

冷战涂鸦

1961年,德意志民主共和国(东德)在东柏林区域张拉铁丝网,后几经砖石加固,成为一堵绵延155公里、高3.6米的实墙,并配有瞭望塔、地堡、电网以及自动射击装置。这堵墙把柏林撕裂成两半,隔离出东西方冷战博弈的两个阵营。东德的民众设法逃脱却无法逾越这堵被严加封锁的高墙。

西柏林的人们为了表达内心的愤懑和反抗,纷纷在柏林墙西侧上书写涂鸦,这一做法无疑是十分危险的,因为柏林墙退后于分界线3米,处于东柏林的范围,所以东柏林的士兵有权对涂鸦者进行抓捕。然而这并不能阻挡涂鸦写手的步伐,他们总是迅速地完成涂鸦,当对面士兵赶来时就快速跑回西德境内。

80年代正是美国涂鸦文化繁盛之时,很多居住在西柏林的美国士兵的孩子把美式涂鸦带到柏林,开始在柏林墙西侧涂写签名。起初是文字和口号,后来叠加了图案,逐渐在柏林墙西侧形成了长约20公里的连续涂鸦,至今都堪称世界之最。在柏林墙被推倒之前,诸多街头艺术家慕名前来创作,抒发对和平以及民族统一的向往。这些层层叠叠的涂鸦是无声的呐喊、人心所向,客观上助推了柏林墙的解体。

图84.美国文德冷战博物馆用柏林墙的10个片段制作的装置,设置在洛杉矶的街头,左起第4片为NOIR的作品,右起第4片为BIMER的绿熊,2018年

柏林墙涂鸦第一人

当我们提起柏林墙涂鸦的时候无法绕过一个人,那就是第一个突发奇想在柏林墙西侧涂鸦的写手NOIR(Thierry Noir)。这个法国人1982年来到柏林居住生活,1984年4月,他绘制了柏林墙上第一幅图像涂鸦,从此开启了他在柏林墙涂鸦的生涯,直至柏林墙倒塌。

NOIR总是采用明快的颜色,绘制童真而卡通的造型,仿佛要用滑稽和明亮来掩盖柏林墙的晦暗与累累伤痕。他说:"我什么都没做,只是对它的忧伤做出了回应。"(I did nothing but react to its sadness.)(图84,也见P52,图36)

今天我们仍能从1987年维姆·文德斯(Wim Wenders)导演的电影《柏林苍穹下》(Wings of Desire)中看到NOIR在柏林墙上涂鸦的场景。电影中变成凡

事 件

111

人的天使穿行在绘满 NOIR 涂鸦的柏林墙边，他指着涂鸦问路人："这些都是什么颜色？"画面远景中，NOIR 正踩着梯子绘制涂鸦。今天电影中的这幅涂鸦连同这截柏林墙都被放置于美国纽约麦迪逊大街 520 号的一个庭院里。NOIR 当时涂鸦用的梯子被美国文德冷战博物馆（Wende Museum of the Cold War）永久馆藏。今天 NOIR 仍然投身于很多关于柏林墙主题的艺术展览，他的名字也几乎与柏林墙涂鸦画上了等号。

凯斯·哈林与柏林墙

1986 年 10 月，凯斯·哈林受到柏林查理检查站博物馆（Checkpoint Charlie Museum）馆长的邀请，在柏林墙面向查理检查站的一边绘制墙绘。于是哈林在这个东西德的重要关卡位置绘制了一幅 300 米长的作品。他运用德国国旗的色彩，黄色为底色，黑色、红色线条绘制首尾相连的人形，寓意用联合代替分裂。这个作品尺幅巨大，寓意深远，是哈林个人的一幅代表作，也是柏林墙上曾经存在过的重要作品。

这个作品绘制过程中还有一段故事。当 NOIR 得知哈林来到柏林绘制柏林墙的时候，慕名跑去围观，愕然发现自己的涂鸦被哈林的黄色颜料覆盖了，他非常生气地上前理论，哈林很诚恳地向 NOIR 道歉，说在他到来前墙面基层就被主办方准备好了，他知道覆盖别人涂鸦的下场，在纽约这样做说不定会被灭口。NOIR 虽然很生气，但是看到这幅 300 米的作品后，他不得不承认哈林是个伟大的艺术家。

虽然哈林的这幅作品很快就被其他涂鸦覆盖，但是哈林并不介意，他认为街头艺术本来就是非永久的，他希望这个作品能随着柏林墙的解体而消失。他在 1987 年的日记中写道："涂鸦是暂时的，它的永久性并不重要，它的存在已然确立了。"

东面画廊

1990 年，东西德统一，柏林墙被大规模拆除，城市中还留存几段遗迹。同年，德国政府邀请来自世界各地的 118 名艺术家在残存的 1.3 公里的柏林墙东侧墙面上创作墙绘，共绘制出 106 幅墙绘作品。在倒塌之前，柏林墙的涂鸦只出现在墙西侧，墙东侧有严格的军事封锁和大片无法快速奔跑的沙地，所以从未有过涂鸦，邀请艺术家在柏林墙东侧绘制墙绘，可谓寓意深远。这一段画满墙绘作品的柏林墙被称为"东面画廊"（East Side Gallery），至今游客络绎不绝。

　　东面画廊上最受游客青睐的一幅作品是"兄弟之吻"，题名为"我的上帝，助我在这致命之爱中存活"（My God, Help Me to Survive This Deadly Love）。它出自俄罗斯画家德米特里·弗鲁贝尔（Dmitry Vrubel）。画作的原型是 1979 年的一张照片，为纪念东德成立 30 周年，苏共领导人列昂尼德·勃列日涅夫到访东德，和东德领导人埃里希·昂纳克（Erich Honecker）会见时行接吻礼，这个历史瞬间被记者抓拍到。德米特里·弗鲁贝尔把这张颇具争议的照片以墙绘的形式搬上东面画廊，立即引来一片哗然，之后，这面墙绘几乎成了柏林墙的名片。2009 年，为纪念柏林墙倒塌 20 周年，德国政府出资 300 万美元委托艺术家修缮了东面画廊，德米特里·弗鲁贝尔受邀采用防侵蚀的彩色涂料重新绘制了这幅作品。（图 85）

图 85. 东面画廊上的墙绘作品"兄弟之吻"，德国柏林，2022 年

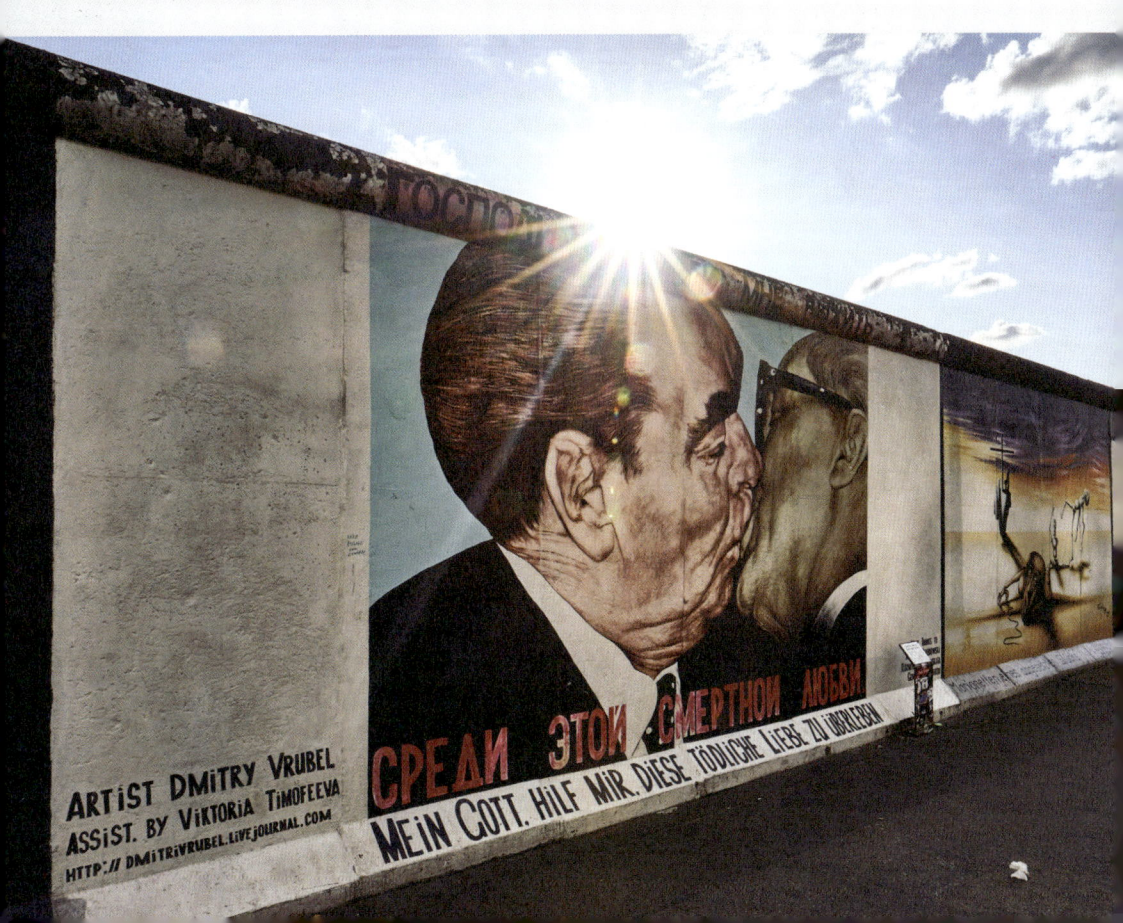

除此之外，东面画廊还有很多卓越的墙绘作品，比如来自俄罗斯的艺术家沙米尔·吉马耶夫（Shamil Gimayev）的作品"世界人民"（Wir sind ein Volk），是柏林墙上最长的一幅抽象艺术绘画；德国本土艺术家罗斯玛丽·辛斯乐（Rosmarie Schinzler）的"和平鸽"（Alles offen）与布吉特·坎德（Birgit Kinder）的"特拉比"（Trabi）等，都是重要的艺术作品。

柏林涂鸦基地

柏林墙倒塌后，曾经的东德区低廉的物价和房租吸引了大量艺术家来此定居，非主流文化在此找到了合适的土壤，各种形式的涂鸦和街头艺术在柏林遍地开花。在这些自然生长的作品中有很多被民众耳熟能详的案例，最著名的就是 BIMER 创作的绿熊的形象，据说灵感来自柏林动物园中一只患了社交恐惧症的著名的小熊，BIMER 用这个柏林熊的咆哮、沉默和悲伤来表达个人对于城市变化的反应。绿熊以涂鸦和墙绘的形式出现在柏林的大街小巷，几乎成为城市的标识（见 P111，图 84）。今天，街头作品在柏林星罗棋布，在以下几处涂鸦和街头艺术基地更为集中。

市区的柏林墙公园（Mauer park）内还保留着一段可供写手们合法涂绘的柏林墙，吸引世界各地涂鸦写手们慕名前来，完成他们"轰炸"柏林墙的梦想。这段柏林墙遗迹约 800 米，是柏林唯一一块可以合法绘制涂鸦的柏林墙，同时公园内有跳蚤市场、街头音乐表演，周末杂耍者、慢跑者、舞者、骑行者都聚集于此，形成了活力四射的街区艺术氛围。

近郊的魔鬼山（Teufelsberg）也是柏林涂鸦的圣殿。这里曾是"二战"废墟堆积成的小山，冷战时期被美军征用作为雷达站，直到 90 年代初冷战结束后美军撤出，雷达站废弃，之后长期闲置，成为涂鸦写手们施展才华的绝佳场所。这里的涂鸦作品不但数量众多，也保持着较高的水准，更新的速度非常之快。魔鬼山冬天是市民的天然滑雪场，夏季可供市民登高纳凉，人们在眺望柏林天际线的同时，还能欣赏到前卫的艺术作品（图 86）。

黑山庭院（Haus Schwarzenberg）是一处埋藏在商业街区内的街头

图86. 柏林魔鬼山涂鸦圣地，2021年

艺术聚点，它深藏在老房子后部的院落和街巷中，包括一个名为"神经泰坦"（Neurotitan Gallery）的街头艺术画廊、艺术品商店和咖啡吧。该院落属于历史保护建筑，涂鸦本应是违法的，但这里的墙面上却神奇地布满了各种街头艺术作品，有墙绘、贴纸、纸模涂鸦、马赛克拼贴等。这里不但可以找到很多蜚声海外的艺术家，如 OTTO SCHADE、C215、JUMMY C 的作品，也有很多柏林本土艺术家的作品。（图87）

腓特烈斯海因街区（Friedrichshain）分布着无数涂鸦据点，有最著名的东面

事件

115

图87. 柏林黑山庭院，2018 年

涂鸦城市

事　件

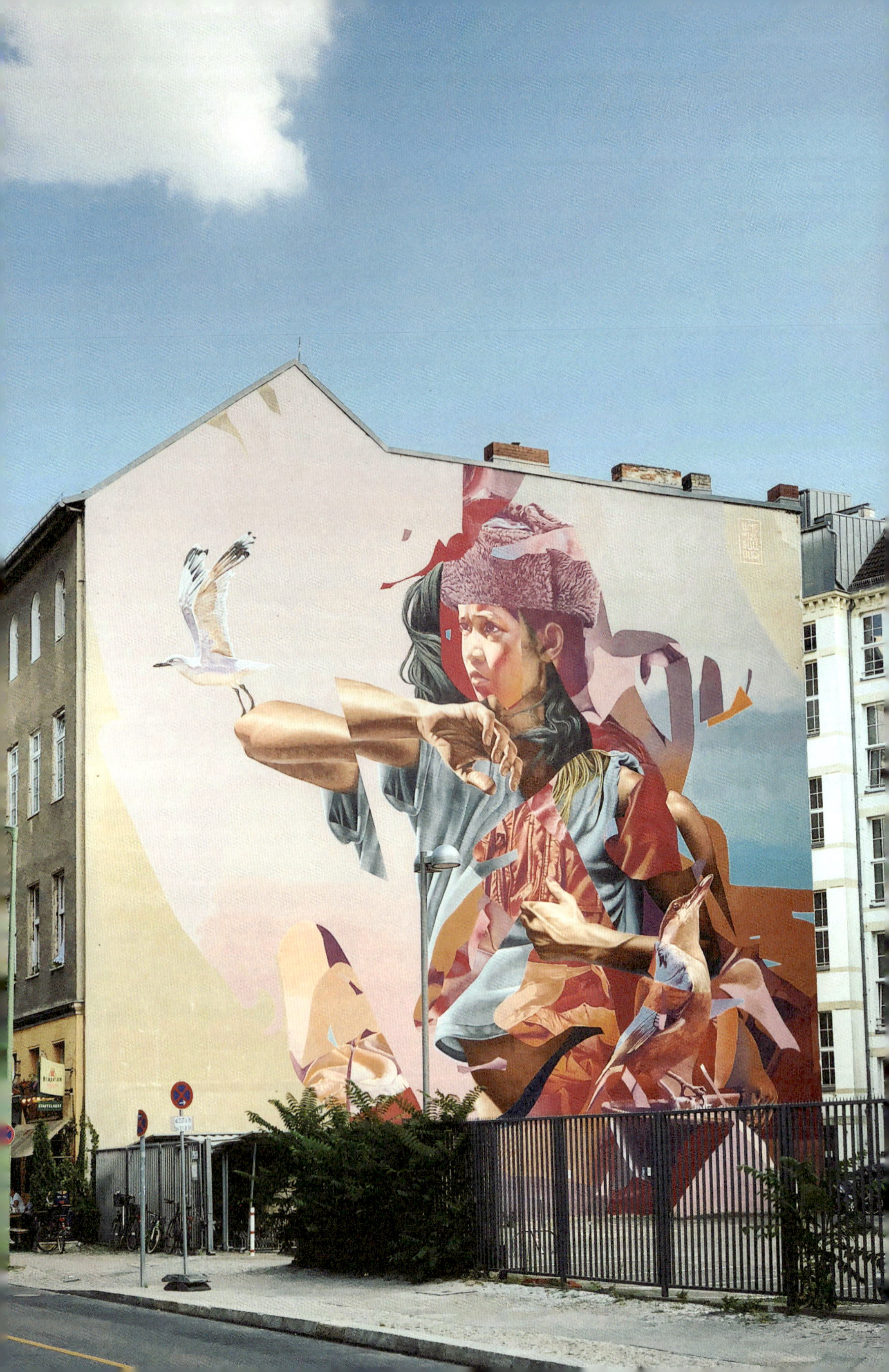

画廊，有"原始地形"（Raw Gelände）艺术空间和与之紧邻的城市狂欢艺术空间（Urban Spree）。这是一个集美术馆、书店、艺术家驻场工作室、音乐演出、涂鸦墙、啤酒花园于一体的城市艺术集群。其中的画廊主要展示街头艺术家、涂鸦写手、素人艺术家的作品。画廊外侧的一面长15米、高8米的"艺术家墙"（Artist Wall）作为开放艺术墙面，轮流邀请艺术家绘制墙绘，这面墙面向柏林繁忙的华沙大街，每日有高达10万过客能观赏到这面墙绘。很多著名的街头艺术家，如KLONE、ZEVS、TWOONE、NYCHOS、M-CITY等都曾在这面墙上绘制过作品。

城市国度与街头艺术博物馆

今天柏林城市创作现场的繁盛离不开艺术非营利性组织"城市国度"（Urban Nation）的大力推广。"城市国度"是由柏林的格瓦布市政房产开发公司（Gewobag AG）的基金会支持的，通过邀请世界著名街头艺术家来柏林进行街头创作，推广城市公共艺术，提升城市艺术品质，也因此成为连接艺术家、画廊、策展机构和市政艺术管理部门的桥梁。

"城市国度"自2013年成立以来主持过众多的公共艺术项目。2014年它组织发起了"一墙"（One Walls）项目，每年邀请国内外著名的墙绘艺术家到访柏林，在柏林的建筑立面上进行墙绘创作，如BUSTART、SNIK&NUNO、CRISTIAN BLANXER、谢泼德·费尔雷、MILLO、JULIEN DE CASABIANCA等都曾受邀来此创作。"一墙"项目数年来陆续为柏林引入了大量大型的高水准墙绘作品，给城市带来了崭新的艺术面貌。（图88）

2017年，"城市国度"组织运营的柏林城市艺术博物馆（Urban Nation Museum for Urban Contemporary Art）开幕。这是德国首个城市艺术博物馆，也是全球最大的城市艺术博物馆。相比街头艺术的非永久性、受气候影响的不稳定性、法律认可的不确定性，这个博物馆可以给街头创作提供一个长久而稳定的展陈场地。博物馆的下面两层作为展览空间，上面三层可以为11个艺术家提

图88.鹿特丹的双人艺术团体TELMO MIEL和扎根柏林的美国女艺术家
JAMES BULLOUGH为柏林"一墙"项目联合绘制的墙绘作品，2018年

供驻场工作室。鉴于该博物馆在学界的地位，美国涂鸦摄影师玛莎·库珀将自己的部分作品和藏品赠予该博物馆，博物馆为此特别设立了玛莎·库珀图书馆。

有趣的是，这个博物馆不光拥有无数室内展品，它的整个建筑立面还会定期"变脸"以展示墙绘作品，参观者每次到访，都可能"遭遇"不同的建筑立面，这也给整个街区带来了活跃的艺术氛围。（图 89 和 P257 的图 231）

涂鸦麦加

今天的柏林以其兴盛的涂鸦和街头艺术被人们誉为"涂鸦麦加"（Graffiti Mecca）、"街头艺术之都"（Street Art Capital）、"欧洲最可炸的城市"（Most Bombed City in Europe）。然而在未被授权的建筑上涂鸦，在柏林还是属于违法的，最高可判处 2000 欧元的罚金或三年监禁，贴纸涂鸦的判罚稍轻，可判处 100 欧元罚金或两年监禁。这些禁令本该令写手们望而却步，然而事实是，自 2006 年柏林被联合国教科文组织命名为"设计之都"（City of Design）后，为了保持街区活力和旅游的吸引力，政府对于街头创作的蓬勃发展可谓自蒙双眼，街头作品在管理的缝隙中得以自在生长。当然，政府批准的合法涂鸦墙，以及柏林众多的艺术基地提供的授权涂鸦空间，都助长了柏林涂鸦和街头艺术的兴盛。

柏林的各种艺术机构也联合艺术家完成了非常多的城市艺术实践项目，除了"城市国度"的"一墙"项目外，还有很多优秀的大型墙绘作品被引入城市之中，如 2007 年法国艺术家 ASH 在马瑞安娜大街的墙绘作品"宇航员"（Cosmonaut），被视为世界上最大的一幅纸模喷绘作品；比利时艺术家 ROA 受柏林斯卡利兹当代艺术博物馆（Skalitzers Contemporary Art）的委托完成的"动物尸体"墙绘，隐喻城市化正在侵占动物的家园；法国街头艺术家 JR 创作了大型糨糊拼贴作品"城市皱纹"系列。

柏林前市长沃维雷特（Klaus Wowereit）在 2003 年接受媒体采访时形容柏林"贫穷但性感"（Berlin ist arm, aber sexy）。如今涂鸦已成为柏林城市精神的写照。当年柏林墙的遗迹及其带来的反叛、质疑的精神被继承。那些鲜活的街头图像不仅给城市带来了色彩、意义和生机，也促进了人与城市的交互：图像影响了人，人再造场域，自柏林墙始，生生不息。

图89. 艺术家DALeast在德国柏林城市艺术博物馆建筑立面上绘制的墙绘作品"落叶-P"(*Defoliation-P*), 2014年

事　件

伦敦东区的复兴与英伦摇滚下的街头狂欢

伦敦的街头文化兴起于伦敦东区。不同于颇具士绅化的伦敦主城区，伦敦东区一直都是一个多元文化的交汇之处。这里曾经是伦敦的贫民窟，从加勒比、东欧、南亚次大陆来的移民在这里落脚。在维多利亚时期，这里曾是无家可归者、娼妓和犯罪的代名词，由于居住环境恶劣、道路逼仄，这里经常受到霍乱和流行疾病的侵扰。柯南·道尔笔下的伦敦东区总是浓雾笼罩、危机四伏，而真实历史中那个游荡在东区白教堂一带作案的"开膛手杰克"（Jack the Ripper）曾是一个多世纪前人们挥之不去的梦魇。

伦敦东区主要泛指位于伦敦城（City of London）东北部的区域，按照今天的区域划分，主要包括内伦敦的哈克尼区（Hackney）、塔村区（Tower Hamlets）和外伦敦东部的部分区域。这里自18世纪晚期工业革命后就聚集了大量制造业企业，19世纪时英国航海贸易大幅增加，在伦敦东区泰晤士河附近建立了一系列的新码头，催生了航海相关产业，如造船厂、修船厂、铸造厂等，港口的便利又带动了轻工业，如酿造业、炼糖业、面粉业、纺织业、家具制造业的迅猛发展。今天街头艺术盛行的砖石巷（Brick Lane）就曾经是制砖厂聚集的区域，东区的霍克思顿（Hoxton）和肖尔迪奇（Shoreditch）区域曾经聚集了数百家家具作坊，家具产品借助水运远销南非、澳大利亚和美国。

"二战"期间，伦敦遭受德军闪电战的连续轰炸，东区大量的工厂、仓库、码头惨遭毁坏，人口减半，制造业受到重创。加之战后的经济危机，很多工厂倒闭，或向伦敦城外迁徙。在六七十年代去工业化浪潮中，东区的工业逐渐走向没落。然而，工业的凋零却为艺术的发展提供了沃土，东区大量的闲置厂房、仓库和低廉的租金，为艺术家提供了廉价的创作空间，催生了伦敦东区的先锋艺术。

伦敦地铁写手

80年代中期，在美国交通局大力围剿涂鸦的时候，一些美国的地铁涂鸦写手，如BRIM、BIO、FUTURA来到伦敦，把美式涂鸦的大幅作品涂绘在伦敦大都会地铁线最西侧的几个站台间。很多曾经居住在纽约的英国青年也回到伦敦，把地铁涂鸦当作一种生活方式带到伦敦，开始在伦敦的地铁上"轰炸"（Bombing），虽然规模远远小于纽约，但也足以让伦敦地铁公司（LUL）焦头烂额，他们仿照纽约交通局的做法成立了地铁涂鸦纠察队（Vandal Squad），对地铁涂鸦进行监管和清理。

伦敦的前卫画廊受到艺术市场的鼓舞，也开始承接一些所谓的"LUL 写手"的艺术作品。1987 年，BBC 的纪录片《坏意味着好》（Bad Meaning Good）就聚焦了一群 LUL 地铁写手，收录了访谈和他们当时的作品。伦敦市区内的考文特花园、南部的布里克斯顿（Brixton）和伦敦东区都成了涂鸦写手们的竞技场。早期知名的涂鸦写手有 SNAKE、PRIDE、SCRIBLA、MODE 2 等。

东区的活力地标：霍克思顿—肖尔迪奇

80 年代末，伦敦东区的艺术阵营已经小有规模。它的建立得益于艺术家组成的房屋协会和大伦敦政府住房政策的支持。六七十年代由艺术家自发建立了"空间"（SPACE）和"顶峰"（ACME）房屋协会，负责从政府处租赁东区废弃的轻工业厂房，用政府提供的补助金加以翻新，使其成为可供艺术家工作和生活的工作室，再转租给艺术家。于是，大批设计师、音乐创作人、摄影师、街头艺术家汇聚于此，建立起艺术家聚集的街区格局。

东区最具活力的地区就是霍克思顿区域和相邻的肖尔迪奇区域，这里聚集着很多独立艺术工作室，如新霍克思顿工作室（New Hoxton Workshops）、斯皮妥菲尔德工作室（Spitalfields Studios）、砖石巷工作室（Brick Lane Studios）等。这些艺术家自成部落，他们的入驻带动了整个区域的餐饮、画廊、娱乐业的发展。其独特而活跃的街区氛围也吸引了海内外游客的到来，使其艺术品零售、创意市集、古着店、书店、唱片店、美食排档等欣欣向荣。

今天，这里是伦敦涂鸦和街头艺术最受欢迎的街区，在这里漫步，不难看到众多国际和英国本土的街头艺术家的作品：比如班克西被框裱起来的纸模喷绘作品"警卫犬"（Guard Dog）（图 90）；擅长绘制雨夜场景的英国艺术家 DANK 的街景主题墙绘（图 91）；ROA 在砖石巷绘制的著名的大鸟墙绘（见 P199，图 166）；"入侵者"的马赛克拼贴（图 92）；谢泼德·费尔雷的服从（Obey）巨人图像（图

BY ORDER
NATIONAL HIGHWAYS AGENCY
THIS WALL IS A DESIGNATED
GRAFFITI AREA
PLEASE TAKE YOUR LITTER HOME

图 90（左页上）. 班克西的作品"警卫犬", 2023 年
图 91（左页下）.DANK 的雨夜墙绘, 2023 年
图 92. "入侵者"的马赛克拼贴, 2023 年

93）；描绘末世般情景的 HICKS 的新超现实主义绘画（图 94）；追求印刷般字体效果的 BEN EINE 的字母书写；柏林墙涂鸦第一人 NOIR 的作品（图 95）。

  东区街头艺术的繁盛有力地带动了旅游业的发展。自 90 年代开始，东区逐渐成为伦敦前卫艺术和多元文化的地标，也成为到伦敦的游客必游之处。

图 93. 谢泼德·费尔雷的服从巨人墙绘, 2023 年
图 94. HICKS 的新超现实主义墙绘, 2023 年
图 95. NOIR 的墙绘, 2023 年

事　件

英伦摇滚的光辉

60年代中旬，一则"克莱普顿是神"（*Clapton is God*）的涂鸦在伦敦城四处蔓延，从街头墙面、工地围挡到酒吧卫生间，随处可见。这则涂鸦采用单线条喷绘，字迹潦草，作者不详，但可以推断，它来自英国著名布鲁斯吉他手埃里克·克莱普顿（Eric Clapton）的"粉丝"之手。这则涂鸦是英国最早期的涂鸦"轰炸"，且被音乐催生而来。

80年代初，美国涂鸦写手FUTURA跟随英国著名的朋克摇滚乐队"碰撞乐队"在欧洲巡演，他随着音乐绘制涂鸦的场景被奉为经典，摇滚乐和街头创作在这个艺术现场表现得毫无违和感。

在90年代之后，英伦摇滚（Britpop）进入了它的光辉岁月，相对于美式"垃圾摇滚"（Grunge）阴暗而冷漠的风格，英伦摇滚更加注重明亮美好的情绪和引人入胜的旋律。模糊乐队（Blur）、绿洲乐队（Oasis）等乐队组合成了英伦摇滚的代表。这些音乐与英国街头文化相结合，呈现了更加本土化的艺术气息。模糊乐队2003年的专辑"智囊团"（*Thank Tank*）封套就是由班克西操刀设计的，他用纸模涂鸦的手法绘制了一对戴着防毒面具相拥的情侣，成为永恒的经典。

东区砖石巷附近的Rough Trade East唱片店是伦敦最著名的唱片店，1976年创建，它见证了英伦摇滚的诞生。这里不但售卖唱片，还培养了诸多知名的本土独立摇滚乐队。唱片店室内的卫生间被涂鸦签名和贴纸包裹，它的店铺横梁上绘制着美国著名街头艺术家丹尼·米尼克（Danny Minnick）的独家创作。（图96）

如同英伦摇滚的明亮美好，英式的街头艺术也更加注重艺术对于生活的正向影响，相比涂鸦对城市的破坏，英伦风的街头艺术更加注重画面的视觉呈现和思想价值。如同嘻哈说唱与美式涂鸦存在于同一个文化维度一样，英伦摇滚与英国的街头艺术也共存于同一语境，并且彼此装点。

利克街隧道与班克西的城市献礼

利克街隧道（Leake Street Art Archers）是伦敦著名的合法涂鸦根据地，如今它已经成为全世界的涂鸦写手们慕名朝拜的目的地。（见P94，图63）

图 96 . 艺术家丹尼·米尼克绘制在 Rough Trade East 唱片店横梁上的墙绘，2023 年

　　利克街隧道曾经是靠近滑铁卢车站边的一条肮脏、黑暗的地下通道，2008年英国著名的街头艺术家班克西在此举办了喷罐艺术节（Can Festival），邀请来自国内外的街头艺术家用三天的时间把这个破败的通道涂鸦一新。班克西说："涂鸦并不总是破坏建筑，事实上，它正是改善这些建筑的唯一方法。"如他所预言的，这个隧道在涂鸦艺术节之后焕发了生机，成为承载街头艺术的公共画廊，后来这个隧道被政府列为伦敦的合法涂鸦点。

事件

英国著名街头艺术家班克西可谓街头艺术圈的神话，这个来自英国布里斯托（Bristol）的小子几乎改写了当代艺术的历史。他永远匿名，"轰炸"完街头后就迅速消失，他的纸模涂鸦立意深远，充满对现实世界的反讽。他的作品在拍卖会以千万美元落槌，在街头引无数游客参观。在英国未经授权的涂鸦需要被市政清除，但是同样未经授权的班克西的作品不但不会被清除，还会被政府镶嵌上有机玻璃框加以保护，这着实令人费解。然而这正是班克西的魔力，这些因班克西的涂鸦而人气大涨的街道是英国旅游业的骄傲。

班克西现存的涂鸦作品分布在伦敦城市四处，比如位于东区的肖尔迪奇的作品"警卫犬"（P124，图90），巴比肯艺术中心（Barbican Centre）地下通道内名为"巴斯奎特的肖像受大都会警察欢迎"的作品（图97）。这个作品格外有趣，2017年在巴比肯艺术中心举办了艺术家巴斯奎特的回顾展，班克西在展览馆的地下通道内绘制了这个涂鸦以示向巴斯奎特致敬，画面中一个巴斯奎特风格的人形带着他的狗正在接受一对伦敦警察的搜身盘查，以讽刺伦敦警察的"欢迎"方式。在班克西的作品完成后，又有人为了向班克西的画作致敬而添加了另一个人物——美国街头艺术家丹尼·米尼克（那个涂鸦了Rough Trade East唱片店横梁的艺术家）绘制了一个滑板男，他腾空而起为班克西的涂鸦献上了王冠，而这个山形的王冠正是巴斯奎特惯用的图形语汇，一块涂鸦叠加了两位艺术家的三重致敬。这些图像令这些灰暗的城市角落光芒四射。

图97. 班克西作品"巴斯奎特的肖像受大都会警察欢迎"，2023 年

事 件

131

图 98. 滑板练习场内的涂鸦，2023 年

街头画廊与协会

千禧年之后，东区多元艺术氛围日渐升温，更多的街头艺术画廊驻扎于此。2005 年，伦敦出生的街头艺术家 D*FACE 在东区砖石巷开了一家自有品牌的画廊"偷窃空间"（StolenSpace），展示他自己以及 C215、ROA、谢泼德·费尔雷等 50 多位著名街头艺术家的作品，成为伦敦东区街头艺术的据点。

2007 年，英国街头艺术家"纯粹邪恶"（PURE EVIL）在东区开设了一家名为纯粹邪恶的画廊，售卖他标志性的流淌黑色眼泪的波普人物绘画和其他街头艺术家的作品，成为肖尔迪奇重要的艺术地标。

2006年，班克西的经纪人史蒂夫·拉扎里德斯（Steve Lazarides）在伦敦开设了著名的街头艺术画廊"素人艺术"（The Outsider），售卖班克西的作品。2009年，画廊搬到繁华的牛津街附近的拉斯伯恩广场，并更名为"拉扎里德斯·拉斯伯恩画廊"（Lazarides Rathbone）。后来还成立了专门售卖班克西版画作品的"拉扎里德斯版本工作室"（Lazarides Editions），以及线上和线下售卖班克西艺术品及其周边的商店"拉扎百货"（Laz Emporium，https://lazemporium.com），共同助推了班克西的城市影响力。

　　随着街头艺术市场的成熟，英国最大的街头艺术组织 GSA（Global Street Art）成立。GSA 在项目方、市政部门和艺术家之间搭建了一个平台，不但组织艺术家进行墙绘艺术创作、承接广告墙绘、协助运营一些涂鸦墙面，还组织墙绘艺术节。绘满涂鸦的伦敦南岸中心旁的滑板练习场，从70年代起就是城市亚文化的地标，它就是由 GSA 负责协同管理的，今天成为涂鸦新手们练习的空间（图98）。GSA 主持的伦敦墙绘艺术节 LMF（London Mural Festival），在2020年曾邀请来自世界的100多位艺术家来到伦敦，在50个选定的城市区域中创作了精彩的城市艺术作品。

　　在 GSA 主持的众多墙绘项目中，最具地标性的要数伦敦东区的 Colt 公司大楼外墙墙绘。整个墙绘由16位艺术家共同创作，面积超过1400平方米，堪称英国墙绘之最。作品名为"连接至关重要"（Connectivity Matters），艺术家两两组合协同绘制，作品之间无缝连接，比如意大利艺术家 HUNTO 和"汤姆先生"（MR THOMS）绘制的舞动的链接器，串联着 TIZER 和"克里斯船长"（CAPTAIN KRIS）绘制的机器人与女人的舞蹈，女人的身后连接着 ED HICKS 和 ZADOK 绘制的森林中的菌丝体（图99），菌丝体转过来连接着 OLIVER SWITCH 和 BUCK 绘制的静物，静物连接着 BEST EVER 穿插在形状中的手的姿势，然后连接着"游牧部落"（NOMAD CLAN）的信鸽，再连接着"爱的推动者"（LOVEPUSHER）和 MR CENZ 绘制的托着水晶球的女人（图100）……，这些作品朝向建筑三角地带的不同方向，作品之间的连接和配合体现了 GSA 强大的组织力。

图99（下页上）."连接至关重要"局部，2023年
图100（下页下）."连接至关重要"局部，2023年

事　件

133

涂鸦城市

事　件

登陆泰特美术馆

　　2008年，伦敦著名的当代艺术美术馆泰特美术馆（Tate Modern）举办了一场名为"街头艺术"（Street Art）的展览，这是素来崇尚传统的伦敦博物馆第一次向街头艺术打开大门。展览在整个博物馆建筑的立面上设置了6位艺术家的巨大墙绘，有来自巴西的OS GEMEOS和NUNCA、意大利的BLU、美国的FAILE、法国的JR、西班牙的SIXEART。艺术家们的作品高达50米，覆盖整个泰特美术馆巨大的发电站遗址建筑，甚至可以在泰晤士河北侧看到，视觉效果震撼。展览同时还在城市中设置了一条步行路线，串联起3TTMAN、SPOK、NANO4814、EL TONO和NURLA等艺术家设置在开放场域中的城市艺术作品。这次展览具有划时代的学术意义，暗示着在时代的洪流之下，城市艺术开始被英国主流艺术博物馆接纳。

　　在这个街头艺术繁荣的当下，伦敦市政的文化策略也倾向于将其视为一种新视觉艺术的先锋，虽然政府并没有调整现行法律，但是在文化政策上采取了诸多对街头艺术的支持政策，如对东区的多元文化街区的保护，支持滑板练习场、利克街隧道等合法涂鸦场地的存在，配合GSA共同打造伦敦墙绘艺术节，等等。甚至当时时任英国外交大臣的卡梅伦曾把英国街头艺术家BEN EINE的作品作为国礼送给美国前总统奥巴马。

　　从纽约涂鸦落户伦敦，到东区引领的街头艺术的泛起，直至今天城市艺术在伦敦的兴盛，伦敦作为艺术领域的先锋城市，永远都不乏奇思妙想和经典的佳作。

旧金山杂糅拉美和嬉皮文化的后涂鸦时代

在美国如火如荼的涂鸦浪潮中，西海岸的旧金山从未缺席，它凭借其得天独厚的坐山观海的地理优势，素来吸引各类艺术家于此驻留创作，呈现出翩跹的城市艺术氛围。地处加州湾区的旧金山也因为比邻墨西哥，吸引大量拉美移民的到来，从而呈现出与美国东海岸城市截然不同的拉丁族裔文化氛围。中美洲人民惯用的鲜艳夺目的色彩融入了旧金山的墙绘之中，在加州耀眼的阳光下熠熠生辉。同时，旧金山作为嬉皮士文化的发源地，70年代的反战、反物欲的思想一直存在于城市精神之中，涂鸦和墙绘等语汇将其外化，使得旧金山的艺术现场独特而精彩。

墨西哥壁画与其卡诺涂鸦

旧金山的使命区（Mission District）是旧金山拉美涂鸦和墙绘的集中区域。[图101] 这个区域中60%的居民为拉丁美洲移民。早在1776年，圣方济修士们到达于此，建立教堂发展社区，之后大量西班牙裔墨西哥家庭来此定居，使命区也因此得名。"二战"后，更多拉丁美洲的移民涌入，成为第二波汇入此处的西班牙裔定居者。大量拉美居民的到来也带来了拉美独特的音乐、饮食文化和墨西哥壁画艺术。

墨西哥的壁画艺术历史悠久，在1920年墨西哥大革命之后，墨西哥壁画成为新政府文化革新的艺术媒介。相比架上绘画服务于少数权势阶层，壁画更具有公共性和社会主义属性，最适合承载革命之后的社会主义艺术形态。俄国十月革命的胜利也令墨西哥的壁画艺术家们群情激昂，20世纪20年代，墨西哥国宝级艺术家迭戈·里维拉（Diego Rivera）、何塞·克莱门特·奥罗斯科（José Clemente Orozco）和大卫·阿法罗·西盖罗斯（David Alfaro Siqueiros）在新上任教育部长的支持下，开始在首都的教育建筑和纪念性建筑上绘制巨型壁画，设置马赛克壁画和浮雕壁画，以讲述民族殖民历史，表达对墨西哥本土文化的民族自豪感，从此开始了长达半个世纪的墨西哥壁画运动（Muralismo

图101. 旧金山使命区墙绘，2017年

Mexicano）。（图102）我们可以从电影《弗里达》（Frida）中了解这段历史，看到弗里达的爱人迭戈·里维拉绘制壁画的场景。

20世纪30年代，壁画运动不但在墨西哥本土如火如荼，还影响到与墨西哥比邻的美国加州洛杉矶和旧金山等城市。1931年迭戈·里维拉在旧金山太平洋证券交易所餐厅（Pacific Stock Exchange）和旧金山艺术学院（San Francisco Art Institute）室内都留下了著名的壁画作品，这些作品至今都是旧金山公共艺术的重要历史遗产。

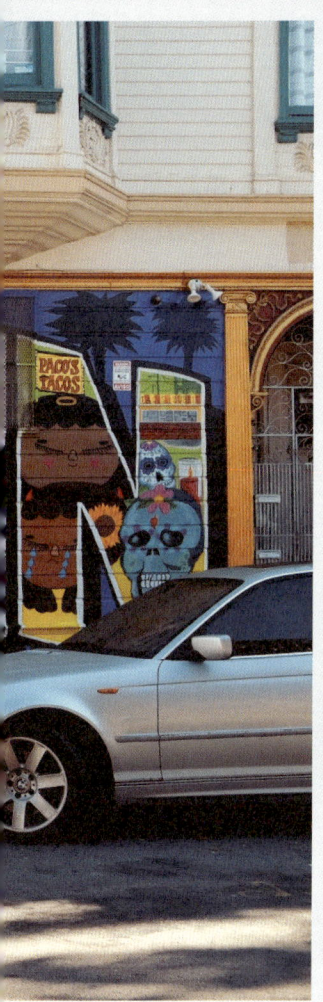

图102. 墨西哥城中央图书馆的建筑壁画，2019年

　　60年代，美国西海岸在墨西哥壁画运动的影响下诞生了其卡诺涂鸦（Chicano Graffiti）。"其卡诺"（Chicano）一词被用来指代出生于美国的墨西哥族裔，在美国主流社会中，这个族群长期被边缘化，为了争取平权，在20世纪60年代，爆发了"其卡诺运动"，拉丁族裔团结起来迫使美国联邦政府推行平权政策，反对种族隔离，扩大双语教育。在文化表现上，更多墨西哥的文化图腾被彰显。墨西哥文化中亡灵节的骷髅形象、其卡诺文身中粗重的哥特风字体和纤细缠绕的曲线、墨西哥壁画艺术中鲜艳的色彩和扁平化的人物造型等，都汇入其卡诺

事件

涂鸦之中。受到 70 年代美国东海岸涂鸦的感召，旧金山的其卡诺涂鸦迅速涌上街头，成为"其卡诺运动"无声的呐喊和拉丁族裔新时代的艺术表达。

佩西塔之眼

自 20 世纪六七十年代，旧金山使命区成为加州其卡诺运动的中心，1977 年一些绘制其卡诺涂鸦的艺术家组织在一起，在使命区的 24 街成立了佩西塔之眼墙绘协会（Precita Eyes Muralists Association）。在艺术家路易斯·塞万提斯（Luis Cervantes）和协会负责人苏珊·塞万提斯（Susan Cervantes）的带领下，协会陆续征得使命区居民和业主的同意，献出自家的墙壁和建筑的立面，让其卡诺艺术家们在使命区的 143 个街区中绘制了大量的墙绘作品，使命区的街区形象因为这些墙绘作品的融入而面目一新，凸显了墨西哥文化的街区气氛。

比如 1988 年绘制完成的位于 24 街的墙绘"十字路口的文化"（Culture of the Crossroads），是由苏珊·塞万提斯带领 16 个社区儿童和青年一起创作的，图像讲述的是生命的起源和文化的交融。图中墨西哥的诸神与四个人类赖以生存的生命元素：火、水、空气、地球相互承托，色彩鲜艳明朗，给城市街头带来了欢愉的氛围。（图 103）

1994 年，协会组织 7 位女性艺术家带领 50 多名志愿者，历时两年完成了位于 18 街的妇女大楼的建筑墙绘，作品名为"和平"（Maestra Peace）。墙绘面积约 1100 平方米，是旧金山最大的墙绘。图像讲述的是世界各地的女性在历史和文化中的贡献和影响，从西非的河流女神叶玛雅（Yemaya）到美国的灵魂女画家乔治亚·欧姬芙（Georgia O'Keeffe）的形象都融入绘画中。（图 104）千禧年到来时，这些女性艺术家们又对妇女大楼墙绘进行了一系列的修复，增加了室内楼梯间和门厅的墙绘部分，使整个建筑从内到外都被墙绘艺术包裹。（图 105）

塞萨尔·查韦斯小学（César Chávez Elementary School）建筑墙绘，名为"是的，这是可以做到的"（Si Se Puede）的墙绘作品，是"佩西塔之眼"1995 年创作的。这所位于使命区的小学教授四种语言：英语、西班牙语、汉语和手语，我们可以从墙绘中看到很多富有意义图案：手语手势、拉丁美洲的葡萄采摘者和劳工领袖塞萨尔·查韦斯的人物形象。塞萨尔·查韦斯小学以其独树一帜的建筑墙绘成为使命区一道无法错过的风景，留在无数拉丁裔美国青年的童

图103. "十字路口的文化",旧金山使命区,2018年

年记忆里。(图106)

今天,佩西塔之眼艺术中心包含了画廊、艺术家工作室、墙绘艺术用品商店等多功能空间,供艺术家们进行现场创作,承接墙绘艺术项目。作为游客中心,艺术中心还组织街区墙绘艺术作品的步行参观导览,同时致力于儿童和青年的艺术教育,为市民提供墙绘艺术课程。中心每年组织的壁画艺术节(Mural Awareness Festival)活动更是丰富多彩,包括墙绘比赛、儿童创作营、现场音乐和墨西哥美食、骑行参观、社区讨论会、颁奖典礼和舞会。在"佩西塔之眼"的组织下,使命区的其卡诺墙绘作为一种艺术信仰真正融入了这些拉丁裔美国人的生活。

事 件

图104. 旧金山妇女大楼外立面，2018年

图105. 旧金山妇女大楼内部, 2018年

图106.旧金山塞萨尔·查韦斯小学,2018年

事 件

使命区 24 街和小巷

从 70 年代开始，其卡诺墙绘陆续植入使命区，至今已经有 500 多幅墙绘落户于此。使命区的核心街区 24 街和一些狭窄小巷内都布满了创意十足的涂鸦和墙绘作品，吸引了众多游客徒步这些街巷，展开城市艺术之旅。

24 街的圣彼得教堂墙面上的其卡诺墙绘"抵抗 500 年"（500 Years of Resistance）由 1992 年教堂的神父委托萨尔瓦多著名艺术家伊萨亚斯·马塔（Isaias Mata）绘制而成，以纪念西班牙征服美洲 500 周年，画作讲述了美洲原住民作为帝国扩张的受害者的过往。画作中西班牙征服者、被绑在十字架上手持腰刀的美洲土著、美洲豹、奥尔梅克（Olmec）文化的石雕以及玛雅人的圣书《波波尔·乌》（Popol Voh）等鲜活的拉美形象的并置使整幅作品如史诗般荡气回肠。2013 年艺术家伊萨亚斯·马塔专程从萨尔瓦多回到旧金山对其进行修复，使它在 20 年后依旧光艳如新。（图 107）

位于 24 街和约克街（York Street）路口的"拉洛罗纳的圣水"（La Llorona's Sacred Waters）是艺术家胡安娜·艾丽西亚（Juana Alicia）的作品。整个墙绘用了深浅不一的蓝色，并以红色作为点缀，个性鲜明。拉洛罗纳是一个拉丁美洲的著名民间传说，讲述女子玛丽亚在绝望中在河水里溺毙了自己的孩子，自己也投河自尽，但是被天堂拦在门外，除非她能找到自己死去的孩子才能进入天堂，于是这个女人被困在生死之间，只能徘徊于河边哭泣着寻找自己的孩子。浪漫的墨西哥人把拉洛罗纳的故事谱写成歌曲，在电影《寻梦环游记》（Coco）中可以听到这首同名插曲。艺术家胡安娜·艾丽西亚借用这个故事暗示世界上因水而引发的各种不公，墙绘中可以看到玻利维亚与智利的水权之争、印度农民抗议政府大举兴建水坝而淹没乡村等现实题材的图景。整个作品沉重深邃，又不乏其卡诺艺术的装饰美感，令路人不禁驻足观赏，进而思考良久。（图 108）

香巷（Balmy Alley）是使命区墙绘作品最集中的小巷（图 109），目前约有 40 多幅墙绘作品排列在狭窄的巷子中，内容涉及中美洲土著文化、尼加拉瓜革命、危地马拉内战等主题。1983 年，艺术家们组织了一次名为"中美洲和平"（Peace in Central America）的墙绘项目，40 多位受邀艺术家在香巷创作了 26 幅墙绘。其中最著名的作品名为"原住民之瞳：战争或和平"（Indigenous Eyes

图107. 旧金山圣彼得教堂墙绘"抵抗500年",2018年

图108. "拉洛罗纳的圣水",2018年

图109.旧金山的香巷,2018年

图110."原住民之瞳:战争或和平",旧金山香巷,2018年

涂鸦城市

:War or Peace），由妮科尔·伊曼纽尔（Nicole Emmanuel）绘制，1991年由苏珊·塞万提斯修复并保留至今。画作描绘尼加拉瓜内战对儿童的摧残，在孩童左侧黑色的瞳孔中映射出隐喻战争的持枪骷髅的形象，右侧瞳孔则看到一只飞舞的和平鸽。这个墙绘成为香巷的标志，无数游客慕名前来。（图110）

号角巷（Clarion Alley）是另一条著名的墙绘小巷。1992年，号角巷成立了自己的墙绘组织号角巷墙绘项目（Clarion Alley Mural Project）。相比使命区大部分的中美洲历史墙绘，号角巷的墙绘更加新颖和犀利，关注社会包容性、女性主义和城市士绅化等主题。项目组定期邀请原作艺术家对墙绘进行修复，当艺术家无法完成修复时，原作的位置就被转让给其他艺术家。与号角巷相似，丁香街（Lilac Street）小巷也有对应的丁香街墙绘项目（Lilac Street Mural Project）。

除此之外，使命区还有一些承载其卡诺涂鸦为主的小巷，比如柏树街（Cypress Street）、奥塞奇街（Osage Street），这些街巷里的创作不作永久保留，更迭快速。而贺瑞斯巷（Horace Alley）则自2004年起逐渐成为墙绘新手的练习场，巷子里不乏生涩但充满想象力的作品。

从24街到周边的小巷，在佩西塔之眼和各个街区的墙绘艺术项目的支持下，使命区的其卡诺墙绘大都获得业主授权，具有合法的艺术身份，并逐年保持着维护、更新和修复，成为城市艺术的宝贵遗产。作为以拉美居民为主的社区，居民们团结一心对其卡诺艺术持拥护的态度，也使得其卡诺墙绘在使命区得以繁荣和兴盛。

海特区的嬉皮文化

从20世纪60年代到70年代，旧金山成为嬉皮士文化的发源地，大量嬉皮士涌入海特 - 阿什伯里（Haight-Ashbury）街区。他们留着长发或长胡须，扎着波西米亚的发带，挥舞着倡导世界和平的旗帜，享受开放的异性社交，服用廉价的致幻剂，通过公社式的集体生活和波西米亚式的流浪来表达战后一代对资本主义和消费社会的逃避和抵抗。海特 - 阿什伯里区大量的免费音乐表演和廉价甚至免租金的房子以及附近金门公园（Golden Gate Park）开敞的空间都使其成为嬉皮士的乐园。1967年的夏天，多达10万名嬉皮士汇聚在海特 - 阿什伯里区,令海特大街人满为患,露天音乐会在旧金山湾区四处上演,被称为嬉皮士的"爱之夏"(Summer of Love)运动。斯科特·麦肯齐(Scott McKenzie)的歌曲《旧金山》(*San Francisco*)被广为传唱,"如果你去旧金山,记得头上戴些花"成为20世纪60年代末反主流文化运动的赞美诗。旧金山名扬全美,成为当时不羁青年最向往的地方。

时值70年代,涂鸦正在美国各大城市陆续登场,嬉皮士的反主流文化、反资本社会的精神追求与涂鸦文化的精神内核格外契合,于是海特-阿什伯里街区也成为涂鸦爆发的区域。今天这个区域是中古服饰、唱片行、廉价酒吧、特色餐厅的聚集地,很多店面立面绘制着波西米亚风格的墙绘图案（图111）,街巷里布满了涂鸦,且不乏名家之作,街头艺术家们纷纷来此献上作品,与历史隔空对话。

图111. 海特大街店面局部, 2018年

图112. "进化彩虹", 2018年

海特-阿什伯里区最悠久的一幅墙绘是在海特大街由音乐家亚娜·泽格里（Yana Zegri）创作于1967年"爱之夏"期间的"进化彩虹"（*The Evolutionary Rainbow*）（图112）。画作随着彩虹颜色的变化描绘了从单细胞到低等生物，再到恐龙、人类和城市的进化过程。在1982年由于建筑易手，新主人粉刷掉了这个墙绘，瞬间引来市民的抗议、上访和不断的请愿活动，可见这个承载60年代反主流文化的作品在旧金山已深入人心。业主不得不邀请泽格里重新绘制了这个作品。这个作品后来又经泽格里多次修复，直至2009年泽格里去世。

　　奥地利艺术家NYCHOS于2014年在此绘制了名为"狼之X光"（*X-Ray of a Wolf*）的墙绘。NYCHOS以其解剖学教科书般的暴露动物骨骼内脏的街头

图113. "狼之X光"，2018年

图114. "冰雪女王"，2018年

创作而知名，给人带来血脉贲张的视觉冲击力（图113）。著名的创作剪纸粘贴的街头艺术家SWOON也在此留下了她的街头作品"冰雪女王"（*Ice Queen*）。（图114）

街头传奇人物班克西于2010年4月在海特大街的一栋建筑的屋顶山墙上绘制了一个手持马克笔的老鼠，并留有一行字"这就是我画线的地方"（This is where I darw the line），画作被命名为"海特街的老鼠"（*Haight Street Rat*）。这只老鼠的从天而降引发了后来一系列的故事，在纪录片《拯救班克西》（*Saving Banksy*）中可以看到这只海特大街老鼠的命运：艺术收藏家布里安·格瑞夫（Brian Grief）说服建筑业主把这幅画作连同建筑墙板一同拆除，然后打算把画作捐献给旧金山现代艺术博物馆（SFMOMA），但是博物馆要求格瑞夫出具班克西本人的授权捐赠书。显然对于格瑞夫而言，这是不可能办到的，虽然班克西在个人网站上承认这个画作是他的真迹，但无法证明班克西同意将一个街头作品送至博物馆……整个纪录片中充满了对于街头作品价值、归属、展览方式、意义的深度探讨，也把旧金山海特大街和这只身价百万却被博物馆拒收的老鼠推至舆论的风口浪尖。

2018年5月，法国的模板喷涂创始人老鼠布莱克到访旧金山，专程在海特大街班克西绘制老鼠的建筑上喷绘了一个带有自己标识性的老鼠的画作，向班克西隔空致敬。（图115）

城市艺术的市政支持

虽然旧金山市政视涂鸦为非法，且业主需要在30天内自行清除，否则就会收到政府罚单，连班克西的"海特街的老鼠"也不例外，但是经过私有业主授权的墙绘作品则可以合法存在，而且作品内容和形式不需要经过市政的审批，这也是使命区得以形成墙绘群的法律前提。旧金山管理城市公共艺术的单位是旧金山艺术委员会（San Francisco Art Commission），委员会成立于1932年，主要负责城市公共艺术的审批、资助和管理工作。所有设置在城市公有用地内，或者获得公共艺术资金资助的城市公共艺术作品都需要通过艺术委员会的审批。

艺术作品和艺术家甄选是艺术委员会最重要的工作内容，委员会通过与旧金山艺术商联合会（San Francisco Art Dealers Association，SFADA）的深入合作，

图115. 老鼠布莱克致敬班克西的作品，2018年

使 SFADA 成为连接政府与艺术家的桥梁。委员会每年甄选公共艺术供应商及艺术家作品两次，以建构"艺术品储备库"（Bi-annual Pre-qualified Pool）和艺术家库（Prequalified Artist Pool），方便公共艺术项目方挑选艺术家或艺术作品。同时委员会负责旧金山 4000 余件公共艺术作品的维护和修复工作，以及百分比艺术政策支持下的艺术品置入项目，使更多高水准的城市艺术得以置入城市。

  在旧金山艺术委员会的组织下，旧金山的城市艺术保持了高超的品质，诸多大型墙绘和各种形式的街头艺术装点着城市街区（图 116）；加之城市文化海纳百川，拉美文化和嬉皮士文化所建构的城市图景与当代城市艺术杂糅并置，形成了别具一格的异彩纷呈的城市艺术现场。

图116. 艺术家BIP（Bieve in People）在旧金山绘制的大幅墙绘，2018年

事　件

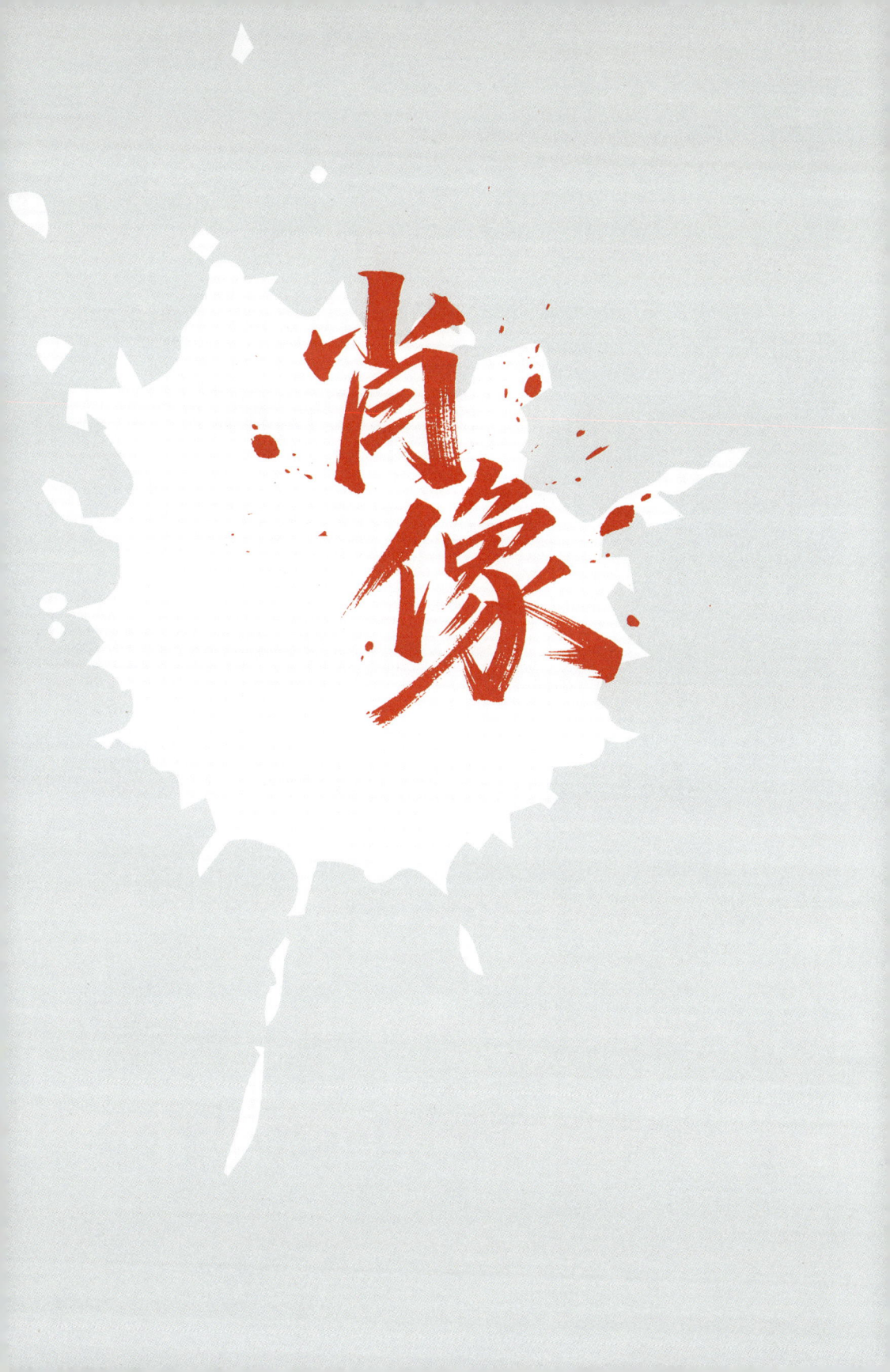

肖像

在这个城市街头的艺术世界里，每个创作者都运用他们各自的艺术语汇表达着不同的理念。很多人在这个表达的过程中收获了所谓的成功，也有很多人乐此不疲地享受着这个表达的过程。都市纷繁，无论是厚重还是轻盈、调侃还是肃穆，涂鸦都为大千世界贡献了情感。人们或多或少地从万千表达中收获了共鸣，被街头不期而遇的刹那感动。

从20世纪80年代起，世界各地涌现出优秀的街头创作者，每一个名字背后都叠加着故事和图像。因为人数众多，很难一一讲述，姑且选择若干名声斐然、作品灵动、故事有趣的艺术家进行介绍。他们每一个人都如同一张肖像画，只是这些肖像无关他们各自的面庞，而关乎他们的灵魂如何被各自的图像承载。

图117.班克西早年在故乡布里斯托的一个民宅院墙上喷绘的作品,描绘了一朵被老鼠夹子夹住的玫瑰花,2023年

160

涂鸦城市

01　"艺术恐怖分子"班克西

在涂鸦和城市艺术的世界，如果只介绍一个人，那么必须是班克西（BANKSY）。班克西是谁？没人知道。在《时代》周刊2010年评出的"全球最有影响力的100人"的照片中，班克西是个头戴牛皮纸袋的蒙面男子。他说："如果你希望别人听你想说的话，你必须戴着面具。"这个叱咤风云的人物几乎颠覆了艺术世界的规则，被人们称为"艺术恐怖分子"，他的一切一直像是一个迷局（Enigma），无人能解。

班克西出生于1974年，家乡在英国西部城市布里斯托（Bristol）。他14岁辍学，1992—1994年间，他和伙伴组成涂鸦组DRYBREADZ活跃在布里斯托的巴顿山（Barton Hill）一带（图117）。他惯用纸模喷涂的形式和黑白的色彩，以隐喻的口吻调侃政治的伪饰、消费的裹挟、体制的束缚。他将英式的黑色幽默和反讽融入涂鸦和涂鸦事件中，挑战公众的惯常认知。在他的涂鸦中经常出现老鼠、警察、猿人、小孩等图案，配以简短有力而富有哲思的文字。千禧年之后，班克西逐渐从布里斯托走进伦敦并走向世界。

艺术碎纸机

2003年，班克西的涂鸦画作"女孩与气球"（*Girl with Balloon*）出现在伦敦滑铁卢桥南岸（图118）。画中小女孩的头发在风中凌乱，手伸向飘浮在空中的红色心形气球，边上配以一行字"希望永在"（There is Always Hope），像是在暗喻随着成长而消逝的纯真，引人思考：这个气球是她放飞的，还是她试图抓住的？如果以卖出该图像复制品和T恤的数量来计的话，这幅涂鸦应该是班克西最受欢迎的一个作品。该作品荣登"英国人最爱的艺术品"排行榜第一名，击败了英国风景油画大师威廉·透纳（William Turner）。

最具颠覆性的嘲弄来自拍卖场。2018年10月，班克西的架上画作"女孩

图118. 英国滑铁卢大桥边的"女孩与气球"涂鸦早已了无踪迹。此图为巴黎班克西博物馆内的复制品，2023年

161

图119.巴黎班克西博物馆内展示的"女孩与气球"画作，2023年

与气球"在苏富比拍卖行以 104 万英镑的高价成交，随着拍卖师落槌，框内原画竟自动向下滑落，被班克西几年前安装在画框内的遥控碎纸机销毁过半，全场哗然。人们一边震惊，一边猜测事件背后的寓意是什么，是在调侃艺术资本市场的游戏，还是宣告街头艺术不可被"占有"？事件带来的惊喜是，藏家同意以成交价接受遭销毁一半的画作，因为她认为她买的不仅仅是一件作品，更是一段艺术史。画作被重命名为"爱在垃圾桶"（*Love Is in the Bin*），在随后的展览中吸引大批民众冒雨排队参观。这幅画 2021 年再次送拍，当时的指导价是 400 万至 600 万英镑，而最终以 1600 万英镑成交，令全球艺术界咋舌。（图 119）

入侵画廊和博物馆

2002 年，班克西开始把他的街头艺术搬进画廊，他的个人首展在洛杉矶开幕，名为"完全模板主义"（*Existencilism*）。2006 年，班克西又在洛杉矶组织了一场名为"勉强合法"（*Barely Legal*）的展览，这次涂鸦作品被喷绘在一只活生

生的大象身上，作品名为"房间里的大象"（Elephant in a Room），在英语俚语中，这个词用以表示众所周知却被人刻意忽视的事物，班克西以此警醒人们关注第三世界的贫困等现实的社会问题。

班克西身体力行地颠覆经典。2003年在伦敦画廊的展览中，他制作了一幅模仿莫奈睡莲的架上绘画，画中优美的池塘里堆积着废弃的超市推车和各种现代垃圾。他在天使的头上扣上油漆桶制作成雕塑，名为"油漆罐天使"（Paint Pot Angel），今天被布里斯托美术馆（Bristol Museum and Art Gallery）收藏（图120）。他把自己改编大师的画作贴在纽约大都会博物馆和当代艺术博物馆中的大师作品旁边，直到一周后才被管理人员大惊失色地发现。

图120."油漆罐天使"，布里斯托，2023年

肖 像

163

图121."你究竟在看什么？"，
伦敦，2018年

图122."泽拉·多安"，纽约
曼哈顿，2018年

164

涂鸦城市

战争、贫困、爱

反战、挑战强权一直是班克西的街头创作中最厚重的主题。他责问无处不在的监控系统"你究竟在看什么"（What Are You Looking At）（图121），他在纽约著名的"包厘墙"上用70英尺高的大幅墙绘《泽拉·多安》（Zehra Dogan）为土耳其因画作而被关押的女画家鸣不平（图122）。

班克西曾多次到访巴勒斯坦和以色列边境地区，冒着可能被以色列国防军打死的危险，在以色列西岸隔离墙上创作了多幅涂鸦，有建造沙堡的孩童、乘着气球飞翔的女孩、裂缝中的风景、搜查士兵的女孩（图123）等。2005年，他

图123."搜查士兵的女孩"，巴勒斯坦约旦河西岸，2014年

肖　像

在耶路撒冷的一个车库的墙上，喷绘了著名的涂鸦作品"掷花的人"（*Flower Thrower*）(图124)，画面中一个蒙面人摆出暴动分子投掷的姿势，将一束鲜花投掷向战场。无论是他的早期作品"温和西部"（*The Mild West*）(图125)中那个投掷燃烧瓶的温和泰迪熊，还是"掷花的人"，鲜花和燃烧瓶都是他们掷向战争和社会不公的武器。

为了支持巴勒斯坦的旅游经济，2017年，班克西在巴以争议领土伯利恒市，紧邻巴以隔离墙4米的地方开设了一个号称有着"世界最差风景"的酒店，名为"隔离酒店"（The Walled-Off Hotel），与奢华的华尔道夫酒店（The Waldorf Hotel）谐音，颇具调侃的意味。酒店里布满了班克西的涂鸦画作，在战争到来之前，这里引无数游客慕名前往。酒店收入抵消开支后全部用于伯利恒地区的发展。

班克西弘扬博爱与奉献。2020年他隔空致敬在新冠病毒肆虐期间奋战在一线的医护工作者。一幅题为"改变游戏规则"（*Game Changer*）的班克西涂鸦一夜间空降英格兰南部安普敦大学医院的墙上，画作旁附言感激的文字。画中一个小男孩手持"超人"护士造型玩具，跪坐在地上玩耍。这幅画作在伦敦佳士得拍卖会上以创纪录的1440万英镑成交，出售所得用于资助英国各地的医疗慈善机构。弘扬大爱的同时，班克西也调侃不忠贞之爱，在布里斯托的一个性病医院的外墙上，一个吊挂在窗子上的情人涂鸦成为建筑对面天桥上最好的风景。(图126)

图124. "掷花的人", 耶路撒冷, 2022年

图125."温和西部",1999年绘于布里斯托,2023年

图126."吊在窗口的裸男",2006年绘于布里斯托,后局部遭蓝色颜料破坏,2019年

涂鸦城市

"被班克西"（Get Banksy-ed）

班克西尤其善于运用网络和各种技术手段制造艺术事件，令后知后觉的人们惊呼："我们又被班克西了！"

2004年8月，班克西绘制了一批10英镑钞票，钞票上的英女王头像被换成戴安娜王妃，并用"英国班克西"（Banksy of England）字样代替了"英格兰银行"（Bank of England）。在诺丁山嘉年华中有人把大沓的"班克西纸币"抛撒向人群，引人哄抢。这些假钞足以乱真，甚至被不明就里的人们拿去消费。随后这些纸钞在eBay网站被高价炒卖。其中一张被大英博物馆收藏，成为班克西第一件被大英博物馆收藏的作品。

2006年，班克西调侃了好莱坞拜金女帕里斯·希尔顿（Paris Hilton）。他用自己制作的CD替换了伦敦十几家音像店里500张帕里斯的CD，他的CD封面设计成帕里斯的无上装照，配以标题"我为什么出名？我做了什么？我要什么？"（Why Am I Famous? What Have I Done? What Am I For?），唱片经过重新混音，加入帕里斯在综艺秀中的对白。这些CD鬼使神差地被售出300多张，不但没有一张被退回，而且剩余唱片进入拍卖市场，竟被炒出了每张1000英镑的高价。

2013年10月，班克西在纽约驻地1个月，创作了大量涂鸦作品。每天早上他会在社交媒体上发布照片并附言暗示新涂鸦的方位，引发民众寻宝一样地探寻。他甚至把自己的作品真迹拿到中央公园以60美元一张的价格售卖，结果只有三五个人购买，次日他通过网站道破真相，人们扼腕叹息错失了转手可赚10万英镑的良机。HBO拍摄了纪录片《班克西袭击纽约》（Banksy Does New York）来记录这些作品的诞生和民众狂热的追逐。

班克西还嘲弄迪士尼乐园的商业形象。2015年8月他修建了一个暗黑版乐园，叫作"郁闷乐园"（Dismaland），谐音英语"郁闷"（dismal）一词。乐园里面颓废破败的游乐装置出自他邀请的58位艺术家之手，他本人也创作了10件作品。乐园仅开放5个星期，却引发了15万人次的参观。郁闷乐园是班克西对迪士尼所倡导的消费主义和被商业化裹挟的旅游业的讽刺。有趣的是，这场反旅游业的展览反而带动了承办乐园的小镇的旅游业，令小镇赚得盆满钵满。

班克西效应

虽然班克西蔑视商业，拒绝与品牌进行艺术合作，却不断受到资本的追捧。从 2006 年起，班克西的涂鸦作品在拍卖市场水涨船高，从几万英镑到几百万英镑，直到 2020 年以千万英镑落槌，成为当今世界画作价值成长最迅速的艺术家。他的无数藏家中包含众多好莱坞明星和社会名流，而班克西自己却对此表示不屑，他说："难以置信你们这帮笨蛋真的买这堆大便。"（I can't believe you morons actually buy this shit.）

在拍卖市场上的身价倍增引发了所谓的班克西效应（BANKSY Effect）。人们期待他的涂鸦临幸自家山墙，便会如神赐般一夜暴富。他的街头涂鸦被人们连墙铲走打包送进拍卖场。本应被法律所禁止被警察所驱逐的街头涂鸦，此时被资本赋予了光环。

班克西效应引发了大量游客来到英国伦敦和布里斯托旅游，逐一前往班克西的涂鸦地点拍照打卡，旅游纪念品小店里售卖各种印有班克西涂鸦的周边产品。对旅游业的带动使政府对班克西的涂鸦施行了特殊的保护政策，即在清除其他非法涂鸦的同时保护班克西的涂鸦，甚至为班克西日趋褪色的涂鸦安装了有机玻璃护板。显然这一做法有失公允，也有违街头艺术的本质，但这就是班克西或者说是资本的神奇力量。

涂鸦之战：两个悲伤的故事

2007 年 4 月，班克西用自己的涂鸦向好莱坞电影导演昆汀·塔伦蒂诺（Quentin Tarantino）致敬。他把电影《低俗小说》（*Pulp Fiction*）中两位主人公手举双枪的经典镜头搬上伦敦交通局的外墙，只是手枪被换成香蕉，对准街头方向，以表达他对暴力与枪支的反对（图 127）。虽然这幅画在当时被估价 30 万英镑，但仍被伦敦交通局清除。面对市民的质疑，交通局发言人强调："伦敦交通局涂鸦清除队是由专业的清洁工人组成，而不是由专业的艺评家组成。"班克西对其做法的回应是，在清除后的原址上又创作了一幅涂鸦，电影中的两位主人公身穿黄色香蕉制服，手持真正的手枪对准街头。然而这件作品很快就遭到涂鸦青年 OZONE 的覆盖，并且 OZONE 还在涂鸦上附言："如果下次画得更好，我就给你保留。"覆盖前辈精心绘制的作品，在涂鸦圈已然是大为不敬，留言更加挑衅，连路人都替班克西愤愤不平。

　　带有悲剧色彩的结尾是，OZONE 和他的涂鸦同伴在伦敦东区地铁内涂鸦时被巡警追逐，仓皇中他跳下铁轨，却被呼啸而来的列车撞倒而失去了 19 岁的生命。为了悼念 OZONE，班克西又回到那片墙面，创作了"穿防弹背心的天

图127."低俗小说"在巴黎班克西博物馆的仿作，2023 年
图128."穿防弹背心的天使"的仿作，2023 年

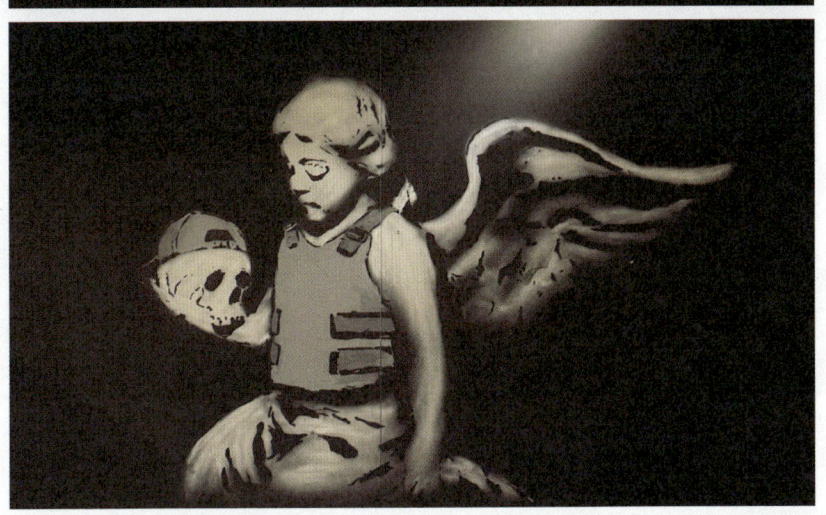

肖　像

171

图129.利克街隧道内的一个小涂鸦,盗用班克西的猩猩图案,并配以诙谐的文字"飞来英国,我干的所有事情就是拷贝班克西",伦敦,2023年

涂鸦城市

使"（Angel in Bulletproof Vest）（图128），在涂鸦圈内大家把故去的知名涂鸦写手称为"天使"（Angle）。图中一个身穿防弹背心的天使，张着翅膀，手托着戴"OZONE"字样棒球帽的骷髅头骨，像是在告慰年轻的生命。

班克西与 KING ROBBO 之间旷日持久的地盘战（Turf War）也耐人寻味。KING ROBBO 为了表达对伦敦政府清除所有涂鸦但唯独保护班克西的涂鸦政策的不满，在班克西涂鸦所到之处都用自己的名字涂鸦进行加盖。有时，在一面墙上两人涂鸦反复叠加覆盖，创意无限。关于这些涂鸦对决的片段被 KING ROBBO 预先埋伏的摄像机拍摄下来并制作成纪录片《涂鸦之战》（Graffiti War），于 2011 年在英国有线电视台播放，令无数吃瓜群众有幸目睹这场涂鸦圈的宫斗大戏。不幸的是，在纪录片上映前夕，KING ROBBO 在一次创作中从高空坠落而受伤，又在 2014 年 12 月再次受伤而辞世。班克西在自己的网站上发布信息以示悼念，涂鸦之战以悲伤结局而落幕。

班克西的艺术商业帝国

除了街头创作，班克西还策划一系列的涂鸦艺术推广和商业活动。他和他当时的经纪人史蒂夫·拉扎里德斯等人一起于 2003 年创办了 POW 画廊（Picture on Wall），专门在网络上售卖涂鸦和平面艺术的版画制品。艺术家无须额外支付平台的代理佣金，这使很多年轻的街头创作者获得了经济支持，也以较为低廉的价格使正版的涂鸦作品被民众消费。他们创办的艺术品商店"拉扎百货"（Laz Emporium），专门售卖街头艺术家的原创作品、印刷品、摄影作品，以及 T 恤、马克杯等艺术周边产品，很多限量艺术品一经推出就售罄。

2008 年，班克西发起了"喷罐艺术节"，与"戛纳电影节"（Cannes Film Festival）谐音。他召集世界各地著名的街头艺术家如老鼠布莱克、喷漆罐杰夫等在伦敦当时废弃的一个地下隧道利克街隧道内进行创作，在三天的时间内诞生了大量鲜活的街头艺术作品。这条隧道因此而声名大噪，随后这里成为伦敦为数不多的合法涂鸦点。每年无数游客慕名来此参观，涂鸦爱好者也纷纷来此膜拜（图129），废弃的黑暗隧道成了城市艺术的华彩殿堂。"喷罐艺术节"大获成功。受此启发，班克西的家乡布里斯托开始每年举办 Upfest 街头艺术节，如今它已成为欧洲规模最大的街头艺术节。

班克西还涉足电影创作。2010年,他首次执导的电影纪录片《画廊外的天赋》(*Exit Through the Gift Shop*)于圣丹斯电影节上首映,次年获第83届奥斯卡金像奖最佳纪录长片提名。电影讲述一个在洛杉矶经营二手店的法国人蒂埃里·古塔(Thierry Guetta),因缘际会地结识了众多涂鸦大咖,并用摄像机记录涂鸦创作者的街头历程,他最终也在班克西的引领下走上街头艺术的道路,成为"洗脑先生"(MR BRAINWASH)。在这部87分钟的纪录片中,班克西本人也现身出镜,他身穿套头衫陷入暗黑的阴影之中,为我们讲述真实的涂鸦世界。

可以说,班克西凭借一己之力改写了当代艺术的游戏规则。他把涂鸦这个亚文化现象推向了社会风口,推向了资本市场,推向了当代主流艺术界。他是慈善家、反战人士、艺术恐怖分子,是资本追逐的符号,是警察的噩梦,是游客的地标……他是谁?他在哪里?他的下一个作品会"爆炸"于何处?迷局是班克西的护身符,并和他的涂鸦一起创造了价值。

02　"入侵者"的马赛克版图

在我们今天的世界，低像素正快速地从我们的计算机处理器和各种电子屏幕中消失，高画质带来的感官感受真实而愉悦，然而来自法国的街头创作者"入侵者"（INVADER）却与主流趋势相背离，他努力回归简单的像素化美学，把马赛克拼贴成矩阵图像，置入人们日常生活的城市街道空间之中，身体力行地用马赛克图像入侵世界，攻城略地。如同一场马赛克席卷城市的病毒，用"入侵"来挑战人们对物理空间的常规认知。

空间入侵者

"入侵者"毕业于巴黎美术学院和索邦大学，他隐姓埋名，总是戴着面具，深夜出来工作，自诩为UFA，即"身份不明的自由艺术家"（Unidentified Free Artist）。他的艺术项目被称为"空间入侵者"（Space Invaders），而他的每一次出街创作都被称为一次"入侵"（Invasion）。他把马赛克拼贴成图形，然后用一种混合了水泥的特殊胶水粘贴到城市中富有活力的街区，在人们视线能及却触摸不到的高度，比如建筑的山墙、檐口的位置。他标志性的拼贴图形是外星人形象，后来又演化出了如星球大战、蜘蛛侠、大力水手等其他形象，甚至用黑白马赛克拼贴成二维码，通过手机扫描图案获得解码信息。

"空间入侵者"这个名称来自于日本20世纪七八十年代的一款同名游戏，"入侵者"因酷爱这款游戏而从中获得创作灵感，他用马赛克拼贴模仿游戏中八位图形像素的外星人形象，从90年代起，他把这个图形贴进巴黎的街头巷尾，然后扩展到全法国、全世界甚至外太空。他认为"入侵"行为的意义在于把艺术从博物馆中解放出来，把"太空入侵者"从游戏中解放出来，并把它们带入现实的物理世界。

入侵版图

  20多年来，被"入侵者"侵入的城市越来越多，巴黎是"入侵者"的主要据点，在巴黎传统的奥斯曼建筑的檐口，在固定道路名牌的位置旁边随处可见"入侵者"的踪迹（图130）。2011年，"入侵者"在巴黎举办了名为"1000"的展览，纪念他在巴黎的第1000件作品的完成。（图131—145）

图130.完美嵌入巴黎建筑立面的"入侵者"的作品，巴黎13区，2023年
图131—145（下页）.巴黎街头形形色色的"入侵者"马赛克拼贴约1500多个，2023年

177

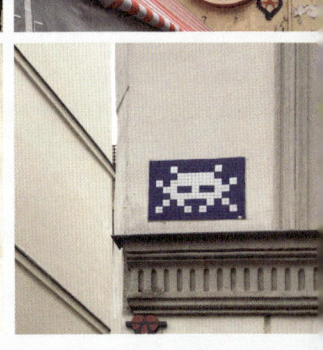

肖像

图146.日本东京代官山的"入侵者"马赛克拼贴，2021年
图147.伊斯坦布尔蓝色清真寺围墙入口处的"入侵者"拼贴，2024年

　　他曾在巴黎9区和10区的"素食街区"（Veggietown）安装了一系列以素食为主题的作品，以支持素食主义；他"入侵"过法国著名的报纸《解放报》（Liberation），在第二天的报纸上，所有标题和文字中的"a"都被太空人符号取代；他甚至"入侵"了卢浮宫，1998年，他把马赛克创作贴到卢浮宫博物馆的墙上，然后自称是唯一在卢浮宫内展览作品的活着的艺术家。

　　他的世界疆域也在逐年扩大。在东京的代官山，他的马赛克拼贴变成日元的文字形式（图146）；在伊斯坦布尔古城内的蓝色清真寺旁，他的"入侵者"拼贴出现在围墙城门之上（图147）；在洛杉矶，他把马赛克拼贴嵌入好莱坞山上的巨型字母上，以迎接千禧年的到来；在中国香港，他的马赛克形象又演变成具有东方神韵的功夫大师。2022年，他在巴黎用展览"4000"庆祝了他在全世界完成的第4000件作品。

截至2025年，"人侵者"已经"入侵"过全世界86个国家和地区，创作了4300多个马赛克图形，用了超过150万块马赛克瓷砖。他详细记录每一款马赛克拼贴的图案和位置，把他们编码并绘成地图。他不断更新他的"入侵地图"（Invasion Maps），智能手机用户可以使用应用程序"闪光入侵"（FlashInvaders）在全球范围内寻找"人侵者"的马赛克作品并上传照片分享。

飞入太空，沉入深海

除了"人侵"地球城市，"人侵者"还计划走向更遥远的太空和海洋，他尝试把马赛克设置在越来越高的地方，比如拼贴到瑞士安泽尔（Anzère）的滑雪缆车上，从而攀升到距地面2362米的山巅。2012年"入侵者"又尝试把马赛克拼贴作品"空间1号"（Space1）固定在改良的气象气球上并放飞至太空，气球上升到距地面35公里的平流层，经过四个小时的飞翔最终平安降落。在响尾蛇和鳄鱼出没的迈阿密乡村，他艰难地用定位雷达找到"空间1号"的着陆点，内置的摄像头拍摄下了它飞入平流层的全部过程，"入侵者"把这段录像制作成纪录片，名为《艺术为空间》（ART4SPACE），影片的公映意外地打动了欧洲航天局。2015年3月12日，在欧洲航天局的协助下，"入侵者"特制的一件异常坚固的马赛克拼贴作品"空间2号"（Space2）搭乘运载火箭登陆了国际空间站ISS，真正意义地侵入了太空。

而潜入水底的"入侵者"马赛克拼贴只有经验丰富的潜水员才能看到，它位于墨西哥的坎昆海湾，在水底雕塑家杰森·德凯尔斯（Jason de Caires）的帮助下，"入侵者"把马赛克作品贴在凯尔斯的一系列海底雕塑上，并随之一同潜入深海。

马赛克涂鸦

"人侵者"的城市侵入应属一种独特的街头艺术，他以马赛克拼贴为介质，代替了油漆喷罐。这一特殊介质也令他的作品更加牢固持久，虽然不合法但难以被环卫部门清除，所以他的作品基本得以幸存，但也不乏被环卫部门强力铲除的案例，比如2014年在香港的入侵作品在短时间内遭到市政部门的清除，一时间引来社会的广泛讨论。

"入侵者"的 Alias 系列（英文 Alias 有"别名""化名"之义），是他街头作品的画廊复制品，可悬挂于室内，由"入侵者"签名，并附有作品证明和原作信息。"入侵者"的每一个街头作品只有一个 Alias。因为他的每一次街头入侵的图案都不会重复，所以每一个 Alias 作品都对应某一特定地点的"入侵者"作品。这一做法把他的街头艺术成功地转化成可以展览、出售、拍卖的商品。随着他国际知名度的日益提升，很多委托墙绘向他发出邀请，比如巴黎 13 区城市画廊的马赛克拼贴墙绘和韩国大田美术馆的墙绘项目，都使他的作品得以用较大尺幅呈现并合法地存在。

虽然"入侵者"说马赛克瓷砖的重量像噩梦一样，令他每次"入侵"和出行都要承担极大的负重，但是他仍然钟情于马赛克，就像 15 世纪的著名艺术家多梅尼哥·基尔兰达约（Domenico Ghirlandaio）所言："马赛克是永恒的绘画。"（Mosaic is painting for eternity）

03　嘘！看喷漆罐杰夫表演

喷漆罐杰夫（JEF AÉROSOL）（图148）和老鼠布莱克都是法国纸模喷绘的缔造者。1981 年，老鼠布莱克在巴黎开始了他的纸模喷绘实践，1982 年喷漆罐杰夫在法国图尔开始了他的纸模喷绘生涯，两人在各自的城市，素不相识，几乎平行地进行着各自的冒险。1986 年，喷漆罐杰夫为一本专门介绍纸模喷绘的法文书籍《又快又好：模板艺术》绘制了封面，这本书把纸模喷绘作为一种新的街头艺术形式介绍给全世界。此后提克小姐、C215 和班克西等人都成为这一技法的追随者。

被涂鸦耽误了的朋克乐手

喷漆罐杰夫的本名叫让 - 弗朗索瓦·佩罗伊（Jean-François Perroy），1957 年出生于法国南特。在他 12 岁随父母去安达卢西亚度假的时候，父母送了他一把吉他，于是开启了他的音乐生涯，他组建乐队，录制专辑，搭便车去欧洲各

图149.巴黎5区，2019年

肖　像

181

地参加音乐节（图149）。他醉心于布鲁斯摇滚和70年代的朋克音乐，曾在爱尔兰的酒吧里驻场表演，海报和唱片封面是他生活中频繁接触的图形元素，黑白、光影、图像的正负分形成为最吸引他的视觉要素。1979年，他开始从这些图形素材中研究模板的原理，摆弄复印机、照片放大器材等辅助工具，制作拼贴画和模板。

  1981年，英国著名的朋克乐队"碰撞乐队"在巴黎莫加多剧院举行巡演时，喷漆罐杰夫被FUTURA激情四射的涂鸦征服，他的人生从此被改写。1982年，他来到图尔工作，并制作出了第一块模板，在凌晨三点，他把涂鸦喷涂到这个陌生的城市，孤独而兴奋。

红箭头示警

  喷漆罐杰夫的街头创作总是呈现各种姿态的人物，这些人物或是明星显贵，或是普通民众，从鲍勃·迪伦、约翰·列侬、猫王、甘地、巴斯奎特到捉迷藏的孩子、乞丐、老人等等。这些图形一般真人大小，黑白灰三色叠加，在街头与你对视或者自顾自地嬉戏。（图150—153）从1985年开始，喷漆罐杰夫尝试在黑白灰的基础上加上红色的箭头，使画面更加生动。90年代之后，这个做法成为他独特的标识。（图154、155）

  今天，喷漆罐杰夫的人物肖像遍布世界各地，从北京到乌斯怀亚，从伦敦到纽约。红色箭头提醒人们把目光投向这些鲜活的二维人物。通过这些黑白的人物图形，喷漆罐杰夫传达出一种人文主义情怀和近在咫尺的诗意。

图148.斯特拉文斯基广场墙绘"嘘！！！"，巴黎4区，2019年

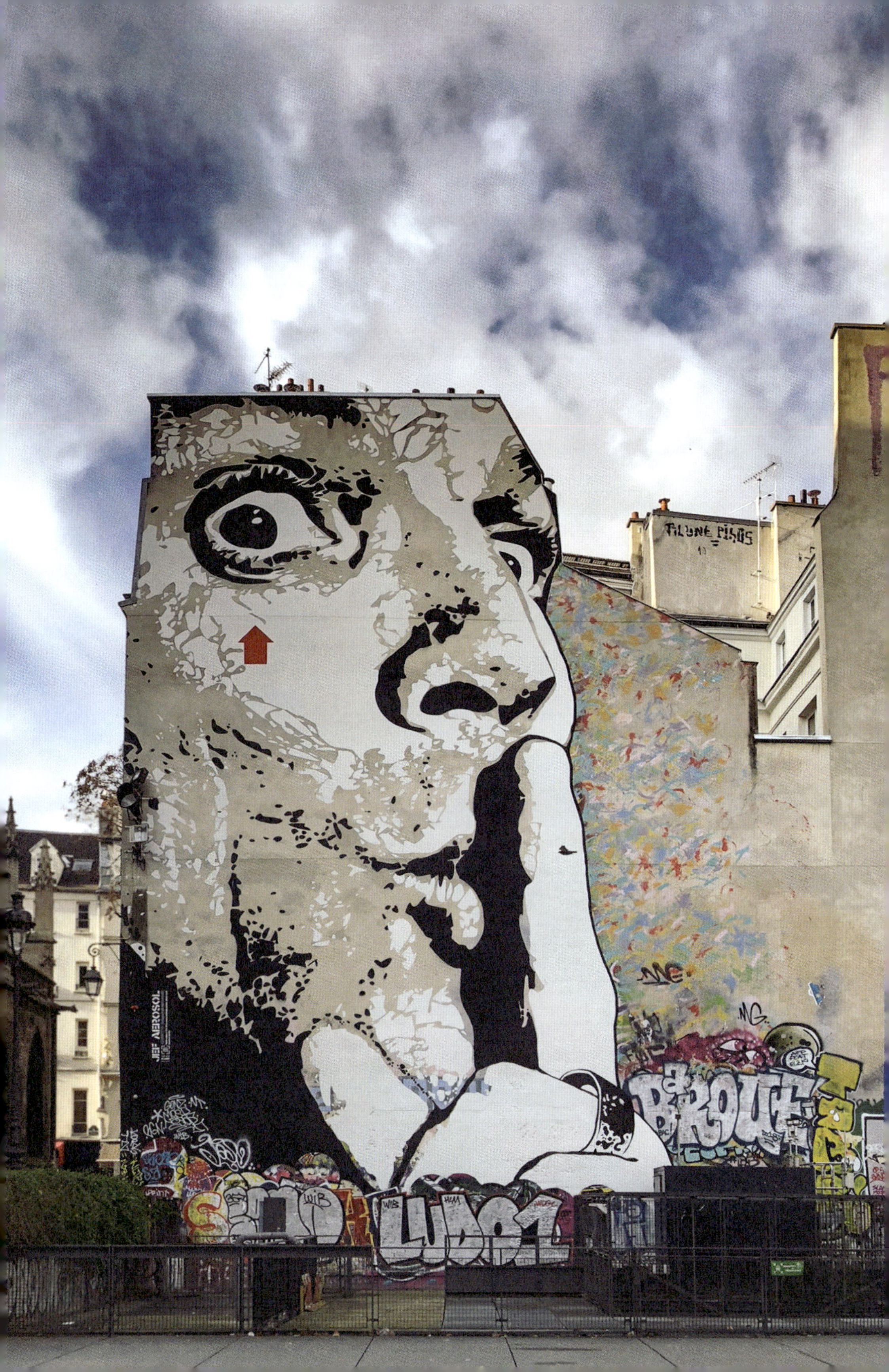

图 150. 巴黎 13 区，2010 年
图 151. 巴黎 13 区鹌鹑丘，2019 年

涂鸦城市

图152.巴黎13区鹌鹑丘，2023年　　　　　　　　　图153.巴黎13区鹌鹑丘，2019年

嘘！！！

  2011年，在巴黎4区区长的批复下，喷漆罐杰夫在巴黎市中心蓬皮杜艺术中心一侧的斯特拉文斯基广场（Igor-Stravinsky Square）墙面上实现了一面高22米、宽15米，面积约350平方米的巨幅墙绘作品，名为"嘘！！！"（*Chuuuttt!!!*）（见P182，图148）。在这个永远被喧闹的游客包围的巴黎中心城区，这幅让大家噤声的画作仿佛在提醒人们放下浮躁，用心去感知并创造一个安静祥和的城市。

  受制于纸模喷绘的技术局限，模板的尺度无法太大，所以这类作品通常尺幅不过真人大小，但是这个巨幅的纸模喷绘画作打破了模板的局限，不但尺幅巨大，而且细节丰富。喷漆罐杰夫用自画像本色出演，红色箭头在他的脸颊上跳动，指向巴黎的天空。

肖　像　　　　　　　　　　　　　　　　　　　　　　　　　　　　　　　185

图154.巴黎13区鹌鹑丘,2019年
图155.巴黎13区,2010年

肖　像

04　"柒先生"的彩虹脑洞

生长于巴黎的 SETH，原名叫朱利安·马兰德（Julien Maland）。SETH 的读音在法语中和数字七（Sept）的读音一样，在中文世界中人们习惯称呼他"柒先生"。柒先生毕业于巴黎国立装饰艺术学院，从 90 年代初他就开始在巴黎的街头作画，随着他笔下的孩童出现在世界的角角落落，他的名字也变得家喻户晓。

孩童与彩虹

柒先生的绘画是五彩斑斓的，充满了孩童般纯真的色彩和彩虹的明媚。他的创作以孩童为画面的主角。无论在怎样宏大的叙事语境中，这个幼小的身体都能灵巧、轻盈、心怀憧憬、以游戏般的姿态出现。柒先生说："孩子们对世界有一种天真无邪的态度。通过创造这种与现实的对抗，我能够间接地接近一些话题，孩童的形象可以软化我的意图，这些画面经常与我绘画的环境形成对比。画孩子们在一个充满矛盾的成人的世界中玩得如此开心，这具有非凡的唤起力量。"

这些孩子有时钻入虫洞般的彩虹之中（图 156），有时穿梭隐遁在墙面之上（图 157），有时玩弄着可爱的恶作剧（图 158），像是总有一个精彩的不为你我所知的奇妙世界在不同的维度为他们开启（图 159）。而他们的存在又与这个现实空间存在着物理的或精神的关联，好像孩子就是这个空间必然的一分子。

在柒先生的画作中，这些孩子的脸庞通常背向观众或者隐于面具之后，我们看不到他们的表情是喜悦还是悲伤，是希望还是绝望，但我们知道，这些孩子正在面对前方的未知，而且他们知道正在发生的事。（图 160）

环球画家

自 2003 年以来，柒先生一直在世界各地巡回创作，他自称为"环球画家柒先生"（SETH Globepainter）。他陆续到访了近 50 个国家，路遇形形色色的风景和民俗，与各地的街头艺术家、路人、孩子交流攀谈，向当地工匠学习传统的

图156."洞"(Le terrier),法国勒芒(Le Mans),2022年

图157.巴黎13区鹌鹑丘,2019年

图158.上海M50艺术区,2019年

肖 像

图159. "拉拉也能飞"（Lala can fly too），在颠倒时空和正常时空相遇的两个孩子和两只飞鸟在路灯的阴影处汇合，巴黎13区鹌鹑丘，2023年

图161. 柒先生展览中的装置作品，一个孩子的头伸入行李箱中，探索未知的旅程，巴黎绿野博物馆（Musée en Herbe），2023年

图160（右页）. "克里奥尔人"（Créole），留尼汪岛，2015年

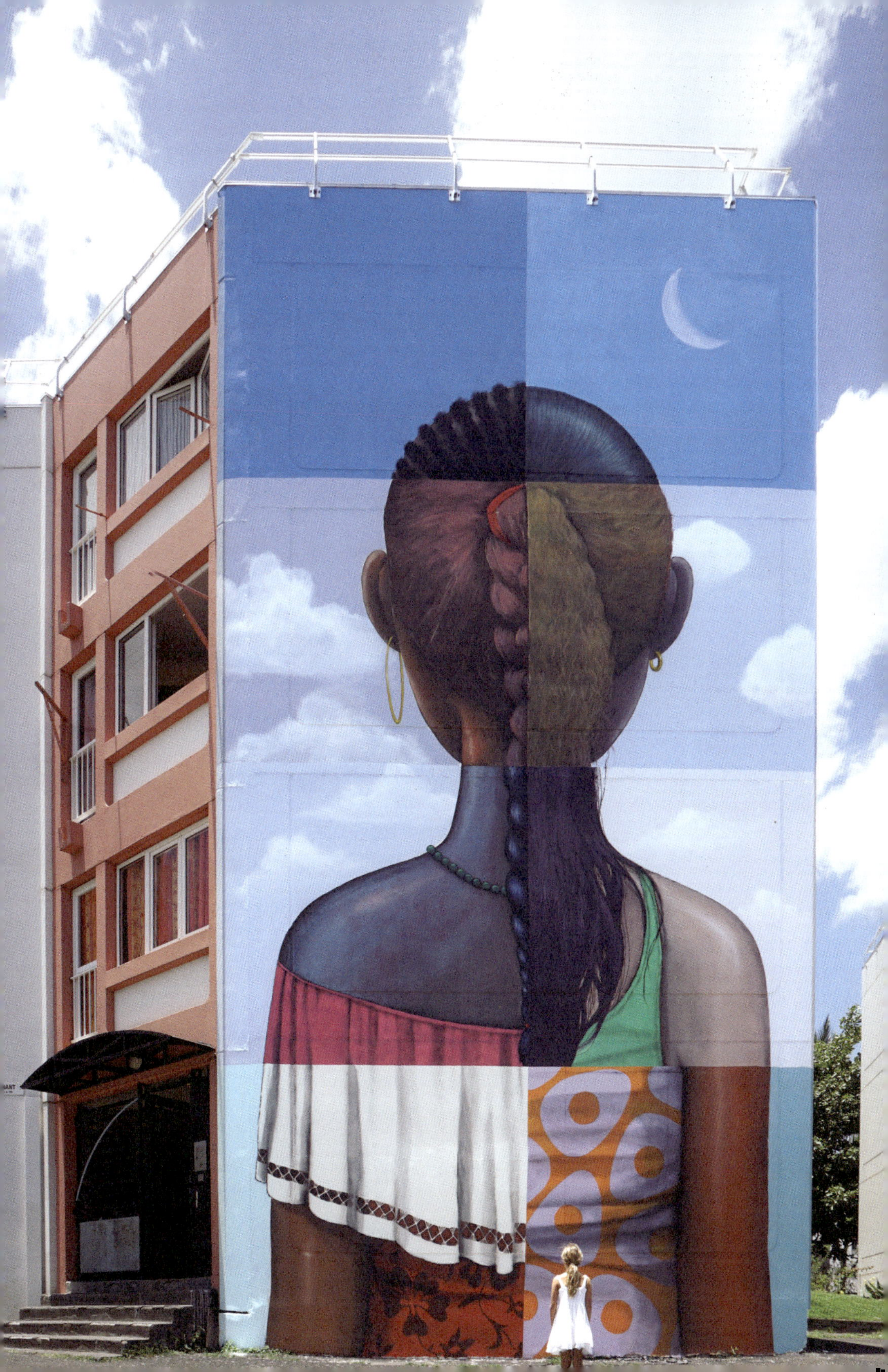

图162.柒先生在柬埔寨金边的墙绘作品，2017年

艺术技法，在现代表达和多样的地域文化中建构自己的话语体系。（图161）

　　他在印度尼西亚被火山摧毁的乡村里仅剩的几片墙上绘画，在柬埔寨金边的村落里绘画（图162），在上海拆迁房的瓦砾堆里绘画，在马达加斯加的船帆上绘画。他认为，户外创作者不是要装饰一个空间，而是要创造一个与周围环境相衬的形象，不是要掩盖一面墙，而是要发现它。

　　柒先生在他的环球旅行中不断地用图像和绘画记录，并把这些创作出版成

涂鸦城市

书籍。2007年他出版了他的旅行视觉日记《环球画家:"柒"个月的涂鸦之旅》(Globe-painter: 7 mois de voyages et de graffiti),记录了他用7个月时间在里约热内卢、圣保罗、圣地亚哥、瓦尔帕莱索、布宜诺斯艾利斯、悉尼、阿德莱德、香港、东京等地的见闻和创作。2010年,他出版了《热带喷涂:巴西腹地的涂鸦之旅》(Tropical Spray: Journey to the heart if Brazilian graffiti)一书。2012年,他又在新书《超级墙绘》(Extramuros)中介绍了他三年间在印度、中国、墨西哥、智利、越南、塞内加尔等地的旅行和街头创作经历。

鉴于柒先生游走列国的丰富经历,2009年,法国Canal+电视频道邀请他参与一档介绍世界各地风土人情的节目《新探险家》(Les nouveaux explorateurs)的录制。在这个节目中,柒先生作为环球画家带领观众把视线投向中国、以色列、秘鲁等国家的文化和多彩的城市艺术世界。

与地域的对话

环球之旅令柒先生对各地的文化充满敬畏之心,他画笔下的孩童也总是放置于当地的社会、历史、政治、文化、地理条件的当下(图163),他说:"我总是试图找到一个能与我绘画的地方产生共鸣的主题或想法。我要与一个地方的居民交谈,他们必须是与我的画作一起生活的观众。我觉得有义务画一些能与他们对话的东西,无论是从他们的文化中汲取灵感,还是从政治和社会背景中获得感召。"

所以,这些墙上玩耍和嬉戏的孩童,也许并不仅仅代表着无邪的童真,这些小小的身影同时在提醒我们这个世界真实的样子,从而推动世界走向更好的未知。

涂鸦城市

图163. "对视"（*Les yeux dans les yeux*），法国格勒诺布尔，2021年

05　蜷缩进皮毛里的 ROA

出生于比利时的 ROA 以其擅长绘制的黑白两色的巨大动物图案而知名。他选择匿去真实姓名，仅用代号 ROA 行走江湖，将他的"动物世界"带向各大洲。ROA 从孩童时代就渴望成为一名考古学家或动物学家，他喜爱绘画和收藏鸟类的头骨，这使得他对动物的身体结构有敏锐的感知。在 13 岁时他被街头的字体涂鸦所吸引，他和伙伴一起在夜晚"炸街"，学习涂鸦的规则和技巧，后来他开始摒弃字体，在街道的角落里绘制一些小的动物图案，后来这些动物变得越来越大。直至今日，当这些黑白两色的长着蓬松毛皮的动物，出现在世界各地城市的一隅时，人们都会叫出 ROA 的名字。

原生动物

当 ROA 在最初选择绘制动物的时候，他给自己制定的规则就是：努力思考那些常见的最酷的动物，如狮子、犀牛、巨鹰等，然后绕开这些动物，去选择那些少被人关注的、少被人爱的，或者被人遗忘的动物。他很少画猫和狗这样的宠物，也许因为它们并不缺爱。他会选择本土环境中的平凡动物，因为它们属于这个地域，或者选择那些已经灭亡了的动物，从而唤起人们对于世界的思考。他通过暴露动物的骨骼和内脏展现生死循环的壮观与残酷，也会把微小的动物放大绘于巨大的墙面上，视觉的反差给人们以强烈的震撼。

ROA 一边周游世界，一边绘制各个地区的原生动物。他在非洲冈比亚的沙地茅屋上绘制金龟子和穿山甲，用图像向此处过度捕捉穿山甲作为药材贩卖而致使其濒临灭绝的做法提出抗议；在澳大利亚的佩斯，他画了一条正在吞食自己尾巴的蛇，蛇是澳大利亚土著文化中掌管降雨的神；在新西兰的基督城，他绘制了一只几维鸟躺在恐鸟的骨骸之上，这两种澳大利亚特有的不会飞的鸟——一个濒临灭绝，一个已经灭绝——并置在一起，引人深思；在突尼斯的戈壁上，他画了撒哈拉的精灵——沙漠巨蜥（图 164）；在柬埔寨，他用夜光涂料画了萤火虫，每到夜晚这些萤火虫就会发出神秘的微光；在意大利，他画了一匹八层楼

图164. ROA笔下的蜥蜴，突尼斯，2014年

图165. ROA仅用一天时间绘制完成的巨幅作品"母狼"，意大利罗马，2014年

肖　像

197

高的母狼，以纪念罗马神话中哺喂了罗马城缔造者的母狼（图165）。

这些动物总是能毫无违和感地融入乡村、荒野或城市社区。ROA说："因为我们自己就是动物，所以容易与两只眼睛和两只耳朵的生物建立联系，这是我们天性的一部分。"

砖石巷的鹤与哈克尼的兔子

2010年，ROA在伦敦砖石巷的印度餐厅侧墙上绘制了一只鹤，对于这个孟加拉社区而言，鹤是他们地域文化中神圣的大鸟，这只鹤迅速赢得了社区居民的青睐。后来房屋的主人一度在这面墙上安装了店面招牌，遮挡了这只鹤的图像，遭到了500余名社区居民的强烈抗议，店主不得不移除了招牌。今天这只大鸟已经成为伦敦砖石巷的标识，伫立守望着街区的日常，成为游客伦敦之行必看一景。（图166）

2011年，在距离砖石巷不远的哈克尼街区，ROA创作的一幅3.5米高的兔子墙绘也引来不小的风波，因为伦敦当时对涂鸦和墙绘的规定是：即使获得房主的授权，也需要向政府申请，而ROA的兔子墙绘因为遗漏了政府申请环节而即将面临被政府强制清除的命运。屋主和当地居民联名上书，发起了一场保卫墙绘兔子的运动，最终说服市议会改变了决定。

独一无二的画布

寻找墙面是每一个街头创作者一直要做的事情。ROA会在城市中穿行，与人攀谈，敲门问房主：我可以在你家山墙上画一只松鼠吗？当房主说，好的你来吧，他就会采买材料，拎着油漆桶和喷漆回来作画。然而每面墙都是独一无二的，那些凹进山墙的门洞、窗棂和凸出山墙的檐口、广告牌、信报箱……所有这些都决定着画面的构图和动物的盘踞姿势。ROA说："墙面不是你从商店里买回来的四角画布，你需要围绕着问题跳舞。"所以我们可以看到那些跳跃在窗棂上的老鼠（图167）和坐在门框上的浣熊（图168）……"问题"决定了这些小

图166（右页）. ROA在英国伦敦砖石巷的标志性大鸟墙绘，2023年

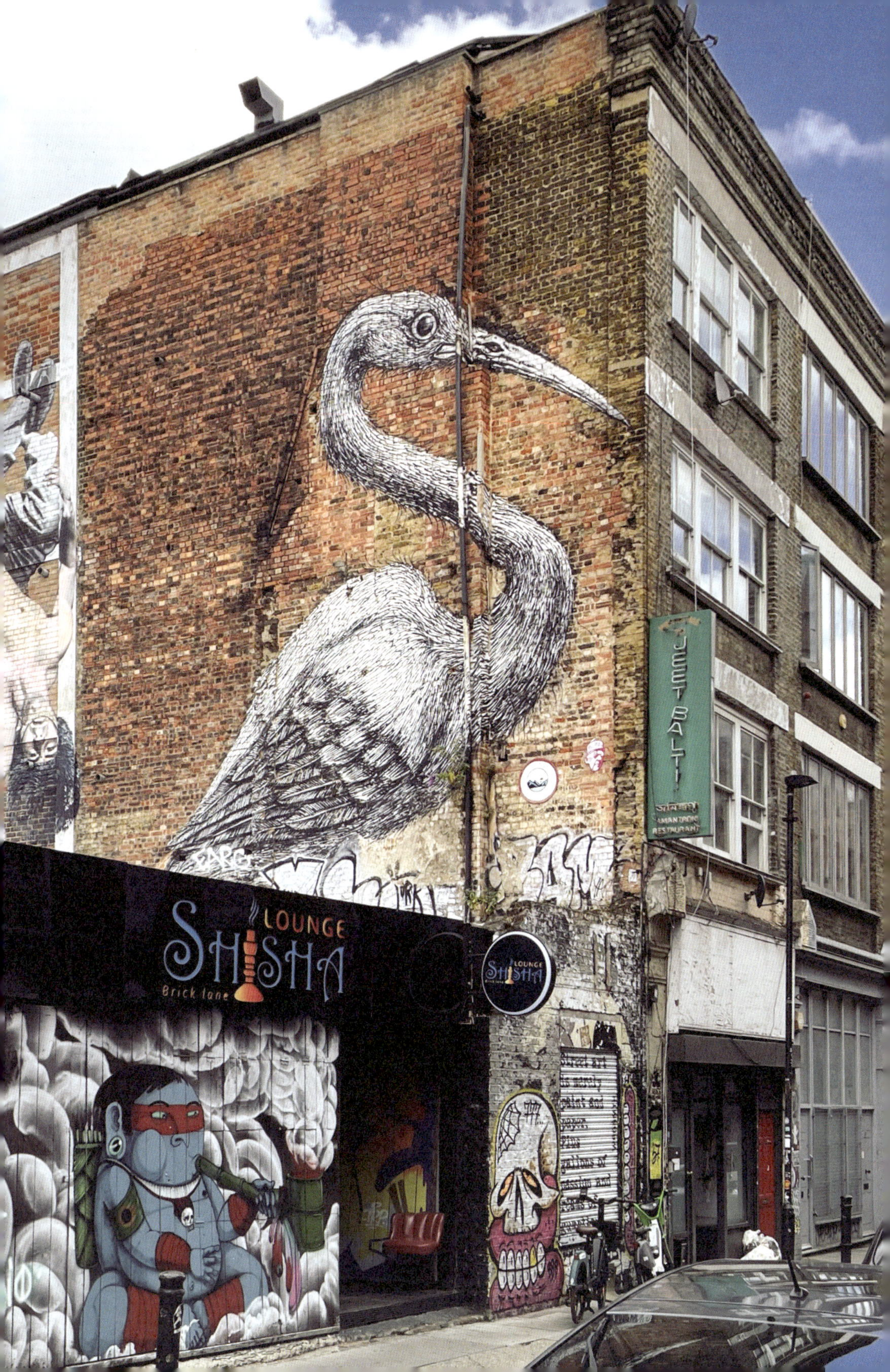
LOUNGE
SHISHA
Brick lane
JEET BALTI

图167. 跳脱在窗棂之间的老鼠、松鼠、刺猬和兔子们，丹麦哥本哈根，2021年

涂鸦城市

图168.坐在门框上的浣熊，意大利罗马，2019年　　图169.伦敦"纯粹邪恶"画廊内售卖的ROA的装置作品，2023年

动物的姿势，画面也因此而灵动。

　　ROA的墙绘没有草稿，他会根据不同的墙面临时起意，这都基于他一生的墙绘经验的大量积累。他的绘画不需要投影和网格放线的辅助作用，从动物的脊椎这条最大的曲线画起，然后确定各部分的比例关系，再到细节。对于尺幅巨大的墙绘来说，不借助任何辅助定位而徒手绘制要求艺术家具有强大的形体塑造能力。

　　ROA的画廊和展览的作品从来不是简单的架上绘画，他会去废弃的工厂捡拾废弃的木料和金属构件，把它们钉在一起，构成独一无二的画布，再把他的动物图案放进这个几何形状的框中，构成一个装置作品，这比简单的架上绘画更具质感，像是为它笔下的动物创造了不同的栖息环境（图169）。

　　ROA的画作数量惊人，作品集《手札》(Codex) 中收录了他数百幅游走于世界而留下的墙绘作品。他说："在我成为ROA之前，在我开始把动物画在墙上之前，我花了很多时间画画，但是有那么一刻，咔嚓，我找到了我内心的ROA。"

肖　像

201

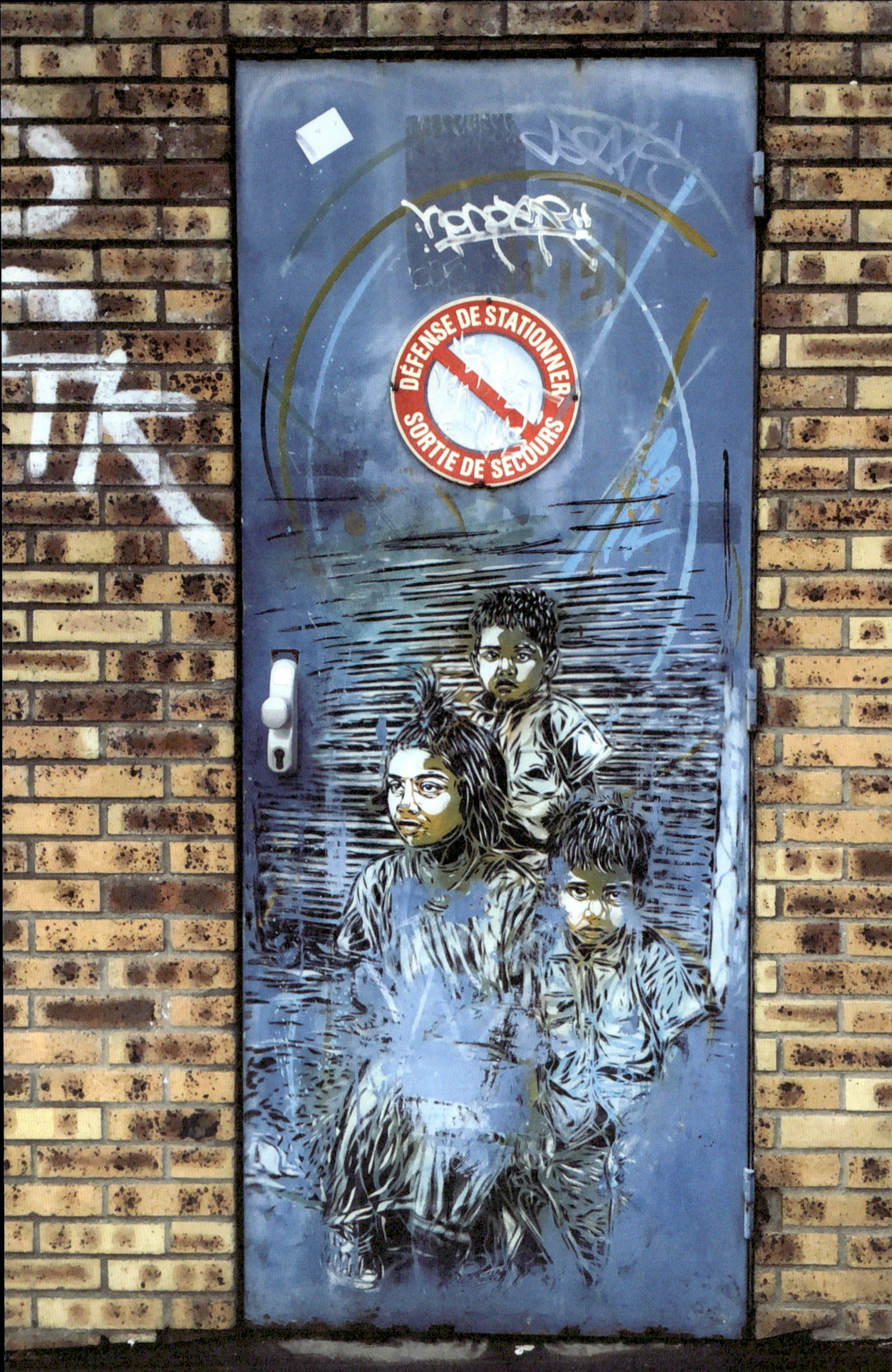
DÉFENSE DE STATIONNER
SORTIE DE SECOURS

06 代号 C215 的凝视

C215 是法国街头艺术家克里斯蒂安·盖米（Christian Guémy）的街头代号，C 来自他名字的首字母，215 是他开始涂鸦时住所的门牌号。但其实这个符号是什么并不重要，这只不过是他想让不同母语背景的人都能认识而选择的代码。2006 年，他第一次带着纸模在街上喷绘，从此一发而不可收拾了。C215 是涂鸦界少有的高学历知识分子，他主修艺术与历史，拥有巴黎索邦大学和法国科学研究中心的双硕士学位。他的涂鸦作品精致严谨，蕴含对社会、历史、哲学的深刻思考。

破碎人

C215 希望利用街头空间的公共特质，演绎社会中那些不被大众看到的小人物的面貌，他称之为"破碎人"（Broken People），他们可能是难民、无家可归者、裹着头巾的妇女、孤儿，甚至是流浪猫，这些人和物是真正属于街区的，却往往在大众的视野中被忽略。C215 在年幼时失去母亲，他从外婆的手中接过

图 170（左 页）.C215 在巴黎 94 省的作品，2019 年
图 171.美国纽约布鲁克林邮筒上的人物肖像，2008 年

母亲留下的画具开始绘画。作为孤儿，他对这些"破碎人"所面临的分裂和空虚更能感同身受（图170）。

他总能敏锐地捕捉到这些人和物的表情，在他们悠远的目光中传递的力量与无力感，令人思考在当今资本社会的日常生活中他们如何保有自由和尊严。他作品中如版画般的细节令画面丰富饱满并富有沧桑感。（图171）

不朽的精神不该被埋葬

除了小人物需要被看见，大人物的精神也应该被不断彰显。2018年，C215把巴黎先贤祠（Panthéon）里埋葬的法国历史文化先驱的肖像画到了街头。C215认为，这些伟人的精神是革命性的，他们塑造了我们今天的世界，文化也不应该只是刻在石头上，而是需要进行不断的再阅读、传递、再更新。在法国国家遗产中心和先贤祠管理部门的支持下，C215在这些被埋葬的大人物中找出首批的28个人物，把他们的肖像画在了先贤祠周围巴黎五区的街道上。那些街头的墙壁、邮筒、电话亭、变电箱，瞬间变成了承载伟人肖像的纪念碑（图

图172.法国物理学家居里夫人（Marie Curie）肖像，2019年　　图173.艾曼纽修女（Suor Emanuelle）肖像，2019年

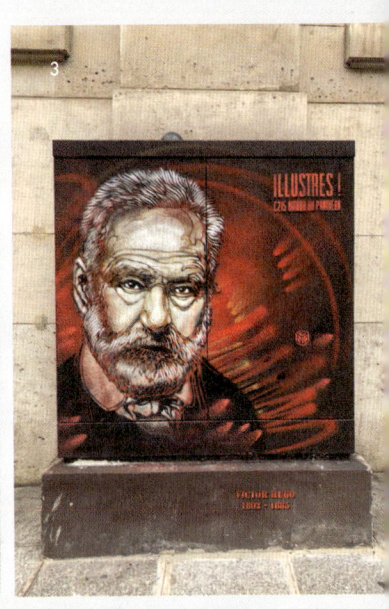

1. 图174. 法国革命家伯蒂·阿尔布雷希特（Berty Albrecht）肖像，2019年
2. 图175. 法国物理学家保罗·郎之万（Paul Langevin）肖像 2019年
3. 图176. 法国文学家维克多·雨果（Victor Hugo）肖像 2019年
4. 图177. 法国政治家让·饶勒斯（Jean Jaurès）肖像 2019年
5. 图178. 法国政治家皮埃尔·布洛罗索莱特（Pierre Brossolette）肖像，2019年

172—178）。

在这些肖像中，居里夫人略带忧思的面容浮现在棕色的山墙上，望向居里研究中心和癌症治疗中心，这个两届诺贝尔奖得主是第一个被埋葬进先贤祠的女性。法国大文豪雨果的肖像位于先贤祠入口一侧，他的目光洞彻人心，红黑的色彩也如《悲惨世界》一样带有强烈而激昂的情绪。

"非地方"与舒适区

C215说他自己从来不是破坏者，而是用涂鸦传递美和思考。他喜欢在光天化日之下在街头作画，不去躲藏，为此他需要获得授权。或者他会寻找一些他所谓的"非地方"（Non-places），那些本来就年久失修的墙面、生锈的铁门、掉色的邮筒和变电箱……，他的绘画使这些"非地方"变得有生机、有意义。

C215也喜欢在旅行中创作，他在新德里、巴塞罗那、阿姆斯特丹、伦敦、伊斯坦布尔、罗马、奥斯陆、突尼斯的德杰巴岛（Djerba Island）（图179）等很多城市都留下过印记。但是问及他的涂鸦舒适区在哪里时，答案仍然是巴黎，

图179. 突尼斯德杰巴岛上的猫，2014年

图180.巴黎13区墙绘，2019年

肖　像

尤其是巴黎13区旁边的塞纳河畔伊夫里（Ivry-Sur-Seine）区域，那里奉行"涂鸦友好"的宽松政策，他在那里创作了大量的作品，连他个人的工作室也扎根于此。同样"涂鸦友好"的巴黎13区，区政府也向他委托订制了巨幅的建筑墙绘，他的"黑猫"墙绘（见P206，图179）也成为13区城市画廊的重要作品。

当然，他也遇到过涂鸦管控非常严格的城市。2014年他去马耳他的瓦莱塔市（Valletta）旅行，在卡拉瓦乔（Caravaggio）的故地，他创作了与卡拉瓦乔相关的一系列涂鸦，以示对大师的致敬，为了不破坏建筑，C215把这些涂鸦喷涂在瓦莱塔的邮政信箱上，但马耳他邮政在几天后就清除了这些精美的作品。这一做法遭到了瓦莱塔市民甚至包括市长阿列克谢·丁利的强烈谴责。

多层纸模

在C215的作品中可以看到丰富的细节，这得益于他的多层纸模系统。他会根据不同的图案设计出1层到5层的纸模，通过搭"桥"（Bridge）把图形中的细节链接在一层纸模之上而不会散落。所以他的纸模创作与早期单层纸模喷涂的前辈的作品相比，具有更加细腻的细节和沧桑的肌理。（图180）

C215的肖像作品从未离开过街头，也遍及画廊和展览。他的小人物和大人物总会适时地出现在恰当的语境下，伫立在事件发生地凝神注视着观众，吸引人们去正视并用心解读这些人物所传达的精神内核，从而思考这些人物与社会、城市的关系。他的作品隐含着深刻的社会学思考。除了涂鸦，C215也写诗，同样使用C215这个代号，他引用西塞罗（Cicero）的话说："绘画是一种无声的诗歌。"

07　VHILS 的城市考古学

葡萄牙艺术家 VHILS 以其独树一帜的在墙面凿刻巨大的人物肖像而为世人所熟知。VHILS 原名为亚历山大·法托（Alexandre Farto），青少年时期他曾经迷恋在火车沿线涂鸦，这段经历使他熟练掌握了喷罐和纸模涂鸦的技法。他用自己最喜欢喷绘的字母组合成代号 VHILS，并一直沿用至今。2007 年，他前往伦敦学习艺术，并参加了 2008 年班克西在伦敦利克街隧道内策划的"喷罐艺术节"，从此在街头艺术界崭露头角。他另辟蹊径的艺术表达不断受到人们的瞩目。2015 年《福布斯》杂志将他归入艺术与时尚圈"30 岁以下 30 人"（30 under 30s）之列，葡萄牙政府授予他"亨利王子勋章"（Order of Infante D. Henrique），表彰了他在国际城市艺术界的成就。

城市考古学

在葡萄牙，街头海报经常因未能被及时移除而层层堆叠。一天，VHILS 意识到这些堆叠的海报可以是一面绝佳的画布。他尝试雕刻它们，随着他的雕刻，堆叠在下面的海报浮现出来并绽放出色彩。这种方法和他之前所熟练使用的纸模涂鸦正好是一对反向的操作，纸模涂鸦通过添加图层而构成复杂的图案，而这种方法则是通过去除掉图层而生成图案。这个发现令他欣喜，在这个层层遮盖的涂鸦世界，如果不再通过"添加"，而是通过"发掘"那些曾经存在的内容而构建作品，似乎是一个不错的主意。

随后，他把这个做法应用到里斯本城中的那些古老的墙面上，通过凿刻，那些埋藏在墙体表面之下的沧桑的肌理显露出来，画面瞬时被注入了时间和色彩。这个过程仿佛是一种城市考古学（Urban Archaeology），通过剥离表面而发掘那些被历史掩埋的内容和色彩，而这些色彩的"再现"（Resurface）又被图像赋予了崭新的意义。（图 181）

图181. VHILS在巴士车身上创作的多层海报雕刻，中国香港，2016年

刮擦表面

在里斯本的老工业区长大的VHILS见证了20世纪八九十年代工业区的城市化进程。他热爱那些老厂房，也惯于在那些不再被人喜欢和需要的物品中找寻美的价值。他尝试用各种工具，如钻头、锤子、凿子、酸蚀溶液等在各种媒介（如广告牌、墙壁、木门、混凝土、聚苯乙烯泡沫塑料、金属）上面做各种重塑。然而他最喜欢的媒介仍然是墙面，因为墙面不仅具有深厚的层次性，而且具有丰富的纹理，蕴含了故事。（图182—184）他的一系列墙绘作品以"刮擦表面"（Scratching the Surface）为主题展开，遍及世界诸多城市。

VHILS墙绘肖像的人物通常是生活在当地的普通人。相比那些改变历史的英雄，他更喜欢关注那些被社会边缘化的人物，通过公共空间中的艺术，为他们和社会创造更多的联结。比如2012年他在里约热内卢贫困社区的房屋废墟上创作了当地社区居民的头像（图185），同年在上海的老城厢斑驳的墙面上刻画出

涂鸦城市

图182. VHILS创作于葡萄牙里斯本的巨幅墙绘，2014年

图183、184. VHILS在现场工作的场景，葡萄牙里斯本，2014年

图185.刮擦表面系列之一,巴西里约热内卢,2012年

图186.刮擦表面系列之一,中国上海,2012年

图187.刮擦表面系列之一,明德卢市立图书馆,西非佛得角,2019年

普通人的脸庞(图186),2019年他在西非的佛得角绘制了来自贫民窟的佛得角歌手埃武拉(Cesária Évora)的肖像(图187)。

相比涂鸦,VHILS作品的存在时间更长,但是也会随着时间的流逝而被风化、脱落或被苔藓覆盖。VHILS对此表示释然,他乐于看到这些作品通过自然的力量发生进化,并生长成为墙壁的一部分。(图188)

肖 像

图188. 创作于2014年的肖像作品在经过五年风化后呈现出更具沧桑感的斑驳效果，法国巴黎15区，2019年

创造性解构

  2011年，VHILS与葡萄牙的乐队Orelha Negra合作拍摄了一段名为 *M.I.R.I.A.M.* 的音乐视频，其中展示了他用炸药爆破出的墙绘。2014年，他又为U2乐队的歌曲《带着狼的野性》(*Raised by Wolves*)的MV制作了爆炸墙绘，视频中随着歌声吟唱"I don't believe anymore"，字体believe通过爆炸而浮现，并开始燃烧，伴随着狼的奔跑，视觉张力达到极致（图189）。这种极富创意的

图189.U2乐队和VHILS合作的音乐MV《带着狼的野性》的爆炸完成现场，葡萄牙里斯本，2019年

爆破需要预先把墙绘和字体雕刻在墙面上，然后用石膏和火药填充画面的凹痕，引爆之后，石膏脱落，暴露出预先的图案。

如果说早年的涂鸦生活让VHILS学会了"创造性破坏"（Creative Vandalism），那么他后来的所有尝试都是在践行一种"创造性解构"（Creative Deconstruction）。无论是他在木门和海报上凿刻的画廊作品、在建筑山墙上钻刻的墙绘、在展览中他拆卸并重组一列火车的装置作品"解剖"（Dissection），还是在一系列爆破视频中，都可以看到他对"破坏力"的创造性组织。

他说："破坏表面和所有已经存在的图层，从而使它们成为我肖像的调色板，这令我兴奋，因为你永远不知道你最终将会得到什么，这整个过程因其随机性而美丽。"
（图190）

图190（下页）.刮擦表面系列之一，创作于海堤之上的若译·萨拉马戈（José Saramago，葡萄牙作家、诺贝尔文学奖得主）肖像，葡萄牙Paimougo海滩，2020年

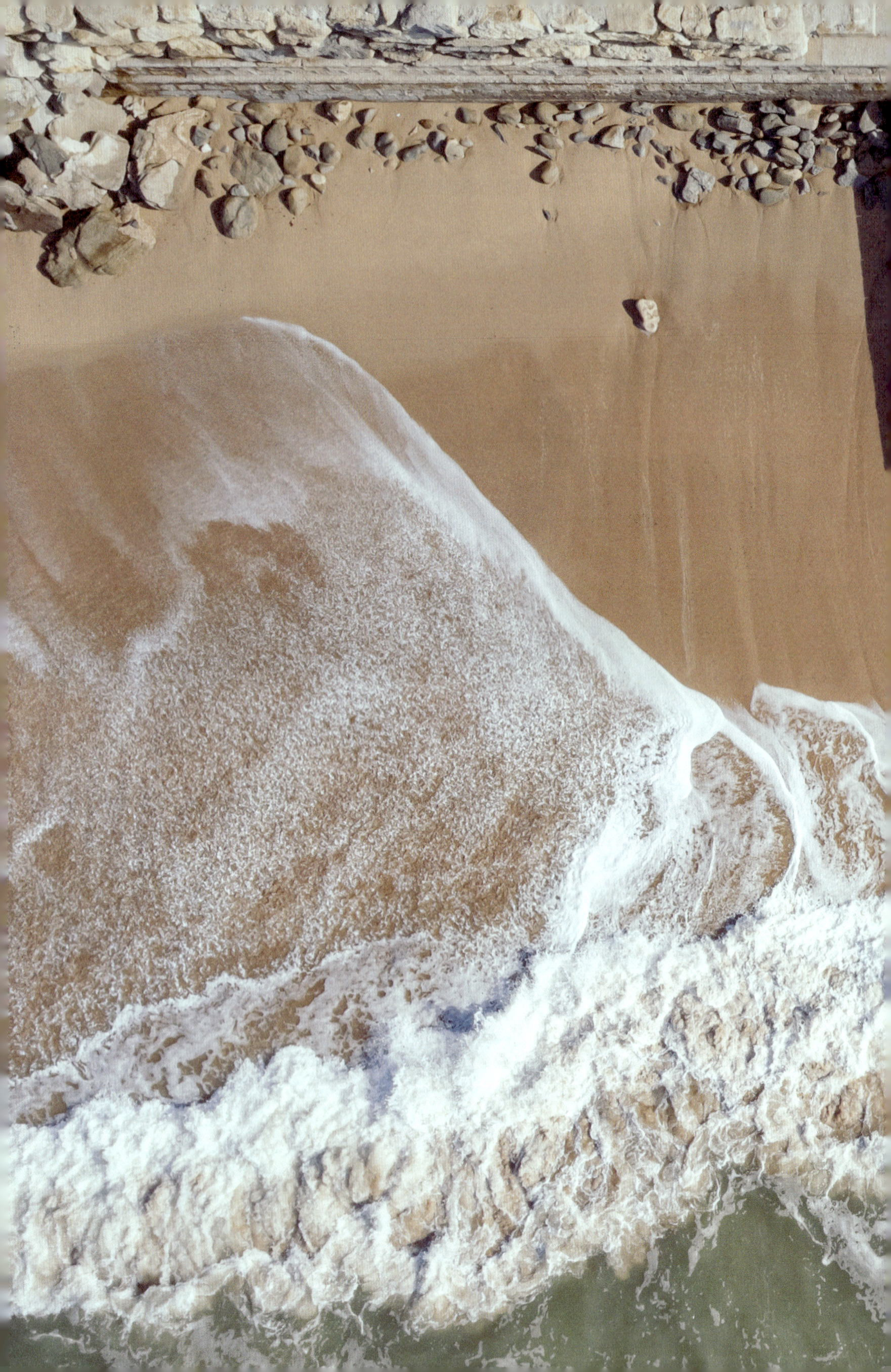

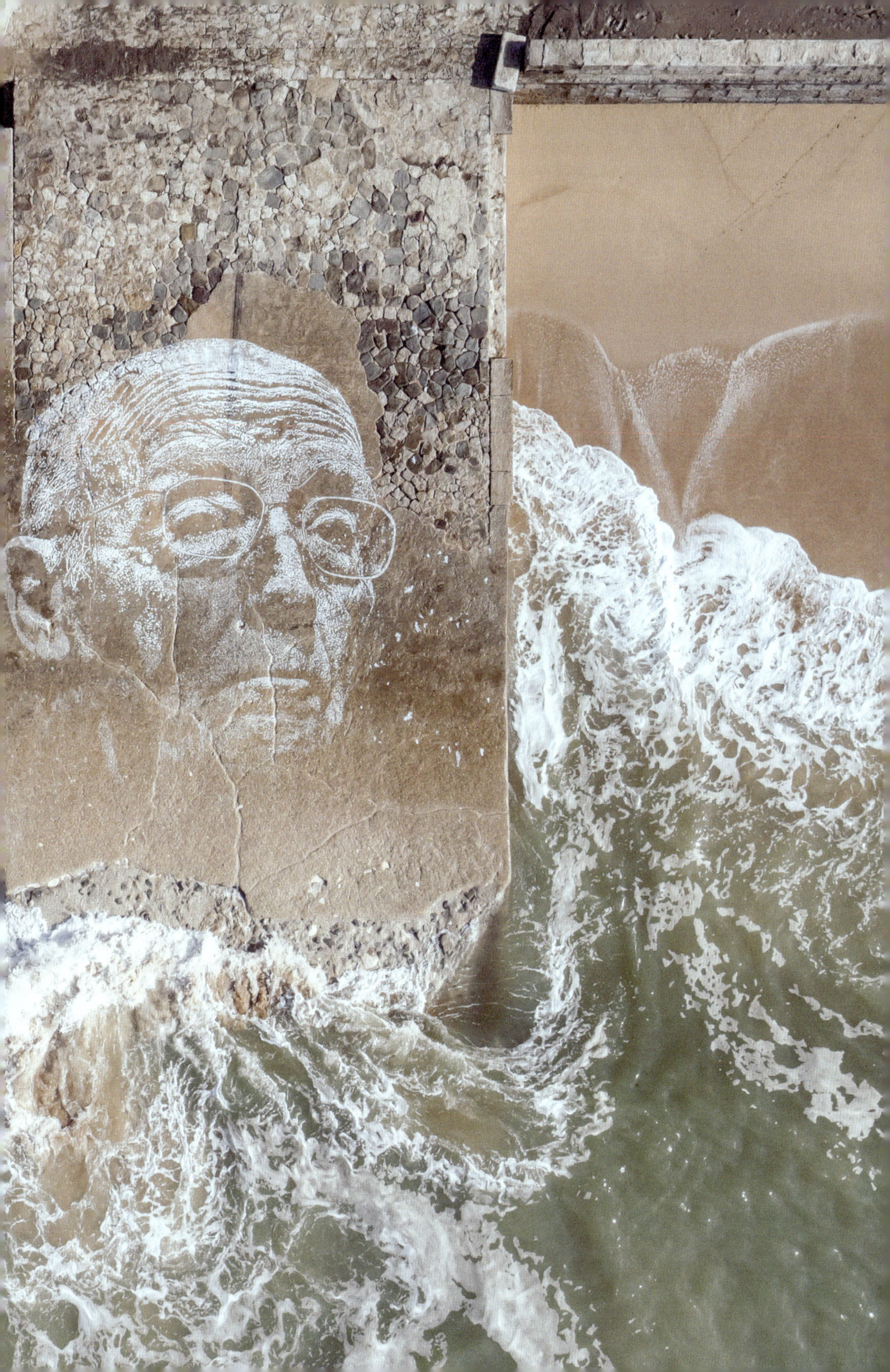

08　提克小姐的语录

2022 年 5 月，提克小姐（MISS TIC）去世了，她留在巴黎街巷中的涂鸦却依然神气活现，出于尊敬，不会有人再去覆盖那些遗留下来的真迹，而是任它们在岁月的冲刷中渐渐褪色。提克小姐画笔下的曼妙女郎几乎就是她自己的身影（图 191）。大概每一个巴黎人都对这些身影谙熟于心，她们乌发蓬松，身姿绰约，姿态不羁，总是甩出两句戏谑的带有女性主义的诗句。她们出没于巴黎城市的角角落落，总在你我不经意间出现，令人错愕、莞尔一笑，或者陷入遐想。所以，提克小姐香消玉殒，像是代表了一个时代的落幕，很多艺术家为她创作了街头作品（图 192），以纪念这位街头艺术世界中为数不多的女性艺术家。

提克小姐原名叫拉迪亚·诺瓦特（Radhia Novat），而代号"提克小姐"则是来自迪士尼动画中的女巫名字。"Tic"一词在法语中是怪癖的意思，"Miss Tic"可译为怪癖小姐，但如果把这两个词连读就变成了 Mystique，即是神秘的意思，一语双关，就和她的法语诗文一样，字字珠玑，暗含深意。

提克小姐生于 1956 年巴黎的蒙马特高地，那个曾经混杂着艺术家、舞女、酒鬼和诗人的街区。10 岁那年，她的母亲和弟弟在车祸中丧生，16 岁时，父亲又因心脏病去世。凭借自己的绘画天赋，她自学了舞台美术布景和模型搭建，凭此赚取微薄的收入。

1980 年，24 岁的提克小姐来到美国加州投奔她的表弟。80 年代的加州为她展开了一个崭新的世界：好莱坞、阳光海岸、波普艺术、说唱、涂鸦、酒精……从加州南下她又来到墨西哥和危地马拉，被那里的拉美壁画所打动。1982 年带着不羁的思想，提克小姐回到了巴黎。而此时的巴黎，涂鸦的滚滚浪潮正在袭来，她迅速加入了巴黎的涂鸦大军。她研究摸索纸模喷绘的技巧，几乎与喷漆罐杰夫和老鼠布莱克同时成为欧洲纸模涂鸦的领军者。在 80 年代中期，她开始大规模地把黑色性感女郎的形象和她叛逆而富有哲思的文字喷绘在巴黎的城市中。

图191.提克小姐的自画像，巴黎5区，2023年

图192.葡萄牙街头艺术家L'EMPREINTE JOV哀悼提克小姐所绘制的涂鸦，巴黎13区鹌鹑丘，2023年

肖像

女性主义的诗歌

提克小姐笔下的人物形象在早期几乎全部是女性，后来才逐渐加入少许男性和宠物的形象。她的诗文大都运用法语的阴性词，带有强烈的女性主义视角。她有过两次无疾而终的婚姻，她喜欢租赁物品甚于购买，这能让她保持完全的独立性。她的种种过往把她塑造成了一个十足的女权主义者。

她质疑男性在社会中的主导地位，曾在墙上喷涂"男性胜出，可是赢在哪里？"（Le Masculin l'emporte mais ou?）。她设计出一个背着男人的女人的形象，在边上附言"成衣"（Prêt-à-porter）（图193），暗指男人如衣物，穿脱来去随心。她告诫女人们"在等待幸福的过程中要保持快乐"（Soyons heureuses en attendant le bonheur.）（图194）这里"快乐"采用的是阴性的复数形式，特指"女人们"，好像根本与男性无关。她从不避讳自己的女权主义思想，甚至说"我比女权主义还要糟糕"。

她的法语诗中充满了谐音梗，借助双关和隐喻而达到耐人寻味的效果。比如她曾经喷涂"道德是内心的美学"（L'ethique, c'est l'esthetique du dedans）（图195），其中"道德"和"美学"的法语读音近似，如绕口令一般。或者"时光是诱人的连续"（Le temps est un serial qui leurre.）其中"诱人"（Qui leurre）与英语"杀手"（Killer）谐音，意思就瞬间变成"时光是个连环杀手"。她在自己喷绘的蜷缩着的女孩边上标注"我对他感到迷惘"（J'ai du vague à l'homme）（图196），此处把法语常说的"我感到迷茫"（J'ai du vague à l'âme）中的"灵魂"（l'âme）替换成"男人"（l'homme），玩起谐音梗。再比如"我在艺术墙上轰炸心语"（J'enfile l'Art-mur pour bombarder des mots-cœurs），其中"艺术墙"（Art-mur）与"盔甲"（Armure）谐音，"心语"（Mot-cœurs）与"嘲笑者"（Moqueur）谐音，所以这句话听起来就变成了"我穿起盔甲去攻击嘲笑者"，从平静到暴力的两个意思无缝切换，赋予涂鸦无限的张力。

如果说提克小姐的涂鸦引人驻足的原因是人们可以与那些迷人的女郎对望，那么真正打动路人内心的却是在对视的同时窥探到她们内心的独白。法国媒体评价提克小姐是"墙语者"（Murmurer de Mur，又是一个谐音梗），因为她是一个向墙诉说心声的人（图197—202）。

图193."成衣",巴黎13区,2010年 　　图194."在等待幸福的过程中要保持快乐",巴黎13区,2010年

图195."道德是内心的美学",巴黎13区,2010年 　　图196."我对他感到迷惘",巴黎13区,2019年

肖　像

图197. "过度享乐有益健康",巴黎13区,2019年
图198. "欲望在我们的秘密花园里生长",巴黎13区,2019年
图199. "甜蜜的时光从5点到7点",巴黎13区,2019年
图200. "色情是欲望的玩笑",巴黎13区,2019年

图201．"除了心，我不会弄碎任何东西"，巴黎13区，2019年
图202．"我寻找真理和一个公寓"，巴黎13区，2019年

提克总统小姐

除了女性主义视角，提克小姐的另一个视角是政治。当她发表政治言论时，她的签名就变成了"提克总统小姐"（Miss.Tick Présidente），从而令路人明白这个作品是关于政治的主题。

她所谓的自己比女权主义更糟糕，是暗指她的诗文不仅局限在女性主义的赛道，还有对于社会、政治等更加广泛领域的思考。比如她的涂鸦诗词"我们不是右翼，我们不是左翼，我们陷入困局（大便）"（On est ni de droite, ni de gauche. On est dans la merde），就显示出了提克总统小姐不羁的政治思想。

大额罚单

90年代后，巴黎政府开始对涂鸦进行管控。在没有征得建筑产权人同意的前提下在该建筑外墙涂鸦，被视为损害私有财产的行为，如果被控告，将被判支付罚金或拘禁。尽管过着昼伏夜出、与警察赛跑的生活，提克小姐还是未能幸免被罚。1999年，她被一纸诉状告上了法庭，被判罚支付2.2万法郎的赔偿金。如此巨额的赔偿，在当时社会轰动一时。

在此之后，提克小姐的每次涂鸦创作都需要提前获得房主的同意。为了寻找合适的创作地点，她会在她熟悉的巴黎街区漫步，慢慢观察建筑的外观、墙面材料、光照条件，选择合适的墙面，在与人视线相持平的高度位置作画，以保证涂鸦女郎的眼睛能与观众对视（图203、204）。有时她需要挨家挨户地敲门征询授权，或者在熟悉的朋友家墙上喷绘，比如在她朋友的小酒馆Chez Mamane的室内和外墙上就留存了大量她的作品。

巴黎的梅尼蒙当区、美丽城、鹌鹑丘、乌尔克运河附近都曾是提克小姐的涂鸦舒适区，她在这些地方留过大量的作品。

图203. 提克小姐与法国街头艺术家JACE TICOT于2021年联合绘制的作品，"生活就是炸弹"，巴黎13区，2023年

图 204. 书店外立面的涂鸦"人们向来都是被自己奴役",巴黎 5 区,2023 年

肖 像

LA
STREET
C'EST
CHIC

23

LE TEMPS
EST
UN SERIAL
QUI
LEURRE

Misstic

从街巷游荡到时尚圈

在提克小姐走向街头不久就受到了当时最前卫的阿尼亚斯贝白昼画廊（Galerie du Jour-Agnès b）的青睐。1986年，画廊主理人阿尼亚斯贝（Agnès b.）邀请提克小姐参加纸模涂鸦的群展，使她成为巴黎最早进入画廊的街头艺术家之一。此后她活跃在街巷的同时，展览也从未间断。2015年，为了庆祝从事街头艺术30年，提克小姐在巴黎举办了名为"闪回"（Flashback）的作品回顾展，出版了书籍《闪回，30年的创作》（Flashback, 30 Years of Creation）。她的作品甚至被著名的英国维多利亚和阿尔伯特博物馆（Victoria and Albert Museum）收藏。对于街头艺术走入画廊和美术馆，她持开放态度，认为通过画廊进入市场是街头创作的一条必经之路。

她桀骜不驯的独立女性气场也吸引了时尚界的目光，高田贤三（Kenzo）、珑骧（Longchamp）、路易·威登等奢侈品牌都曾邀请她推出联合设计款时尚单品。新浪潮名导克劳德·夏布洛尔（Claude Chabrol）邀请她为电影《双面女郎》（La Fille coupée en deux）创作了海报。2011年，法国邮政为庆祝国际妇女节，选取了提克小姐的12幅街头作品制作成邮票，邮票迅速被抢购一空。

然而正如她所喷绘的"时光是个连环杀手"（图205），这些创作截止在了2022年。她曾说："在长达数个世纪的历史中，巴黎这座城市经历了战争、革命、节日、袭击、混乱、宵禁、庆祝……但历史从未中断，城市仍在不断演变着。"提克小姐曾经用自己的创作参与了城市的演变，今日城市的庞杂也有一部分因她而形成。她活在一代巴黎人的记忆里。作为纸模喷绘的教母，提克小姐的影响在新一代街头创作者的灵感中得以延续。

图205. "时光是诱人的连续"（时光是个连环杀手），巴黎13区，2019年

09　谢泼德·费尔雷的艺术不"服从"

出生于美国的谢泼德·费尔雷，全名叫弗兰克·谢泼德·费尔雷（Frank Shepard Fairey），他用自己的真名为代号行走江湖，是当今最炙手可热的街头创作者、滑板运动的重度参与者、专业DJ、资深的社会活动家。他创作的"服从巨人"（Obey Giant）贴纸席卷欧美，他创办的街头服饰潮牌"服从"引领街头时尚，他为奥巴马总统大选创作的海报"希望"（Hope）深入人心，他创作的代言法兰西精神的"自由，平等，博爱"的海报至今都挂在法国总统办公室里。他在世界很多城市张贴海报、绘制墙绘，这些作品都引发人们关于"服从"的深入思考，以至于OBEY（服从）一词几乎成为他的个人标签。

服从巨人

1988年谢泼德·费尔雷就读于美国罗德岛艺术学院，一次在教朋友制作模板时，他在报纸上找到一张法国摔跤手安德烈·勒内·鲁西莫夫（André René Roussimof）的头像照片，并以此为素材制作了模板，之后他又把这个模板制作成贴纸。他决定把这个贴纸作为滑板玩家们的游戏贴在街头。很快他发现人们对于这些贴纸表现出了强烈的好奇，于是这个游戏转变成一种公共心理学的探索，他设计了更大的海报，展开了他的街头创作生涯。

1995年，他改良了之前的贴纸，对安德烈的脸部进行抽象，形成了"服从巨人"这个崭新的形象，这也成为他后来最具辨识度的标识（图206）。"服从巨人"中的"服从"一词的灵感来源于一部1988年上映的名为《极度空间》（They Live）的电影，在这部电影中，他找到了自己在哲学和艺术表达方面的认同，这与他同样欣赏的乔治·奥威尔（George Orwell）的反乌托邦小说和美国观念艺术家芭芭拉·克鲁格（Barbara Kruger）作品中的社会学探索如出一辙。之后他沿用了电影中的"服从"一词，为了从另一个角度去质疑服从。

从"服从巨人"开始，他的艺术创作主题围绕着各种社会性质疑而展开，如气候变化、种族平等、环境保护、性别歧视、枪支泛滥等。他用红色、黑色、

图206.巴黎街头垃圾桶上的"服从巨人"贴纸,2023年

图207.洛杉矶街头裱糊在墙面的谢泼德·费尔雷的海报,用以抗议大麻合法化,2020年

金色和奶油色构成具有视觉冲击力的色彩组合,在装饰艺术风、俄国构成主义、波普艺术和商业广告的平面风格中汲取营养,用海报的排版和构图承载质疑、讽刺、颠覆和抗议的精神内核。

艺术民主化

谢泼德·费尔雷的城市艺术实践保持着多样化的媒介形式,从巴掌大的街头贴纸、裱糊的海报(图207),到借助模板喷涂的建筑墙绘(图208),建构他独有的艺术语汇。在艺术品消费市场,他的艺术商品种类众多,有数万美元画廊画作,(图209)有几十欧元的丝网印海报,有十几美元的"服从"T恤,有只需邮寄1美元和一个空信封就可以收到他网站回邮的"服从巨人"贴纸,甚至他个人网站上还有可免费下载的贴纸和海报的电子文档以供爱好者自行下载打印

图208. 谢泼德·费尔雷在纽约曾经的朋克摇滚圣地CBGB酒吧的原址墙面上绘制的金发女郎乐队（Blondie）的墙绘，以纪念CBGB曾经的辉煌，2020年
图209. 巴黎Art Génération画廊中售卖的"自由，平等，博爱"丝网印刷签名画作，2023年

（下载地址：https://obeygiant.com）。他认为艺术不应该为少数精英阶层所独享，而应具有民主化和普适性。不同社会阶层的人都应该有资格、有能力欣赏并且消费他的艺术，而不是让人遥不可及地观望。

　　谢泼德·费尔雷这种开放而民主的艺术表达和无偿的分享最直接的结果就是，无须他自行动手，他的"服从巨人"贴纸就遍及世界各个国家的城市街头，

涂鸦城市

他的海报也被人们反复印刷用于游行集会或张贴在街头。警察也再没有理由逮捕他，因为他免费分享了这些文件，所有人都可能是谢泼德·费尔雷艺术的"肇事者"。

面对巨人

今天谢泼德·费尔雷被各个城市邀请完成了诸多的委托墙绘项目，如巴黎13区的城市画廊中的大型墙绘，密尔沃基（图210）、西雅图（图211）、悉尼（图

VOTING RIGHTS
ARE HUMAN RIGHTS
EQUALITY
WE RISE
WE ARE ALL RELATED
PARK

STATE HOTEL
THE STATE HOTEL

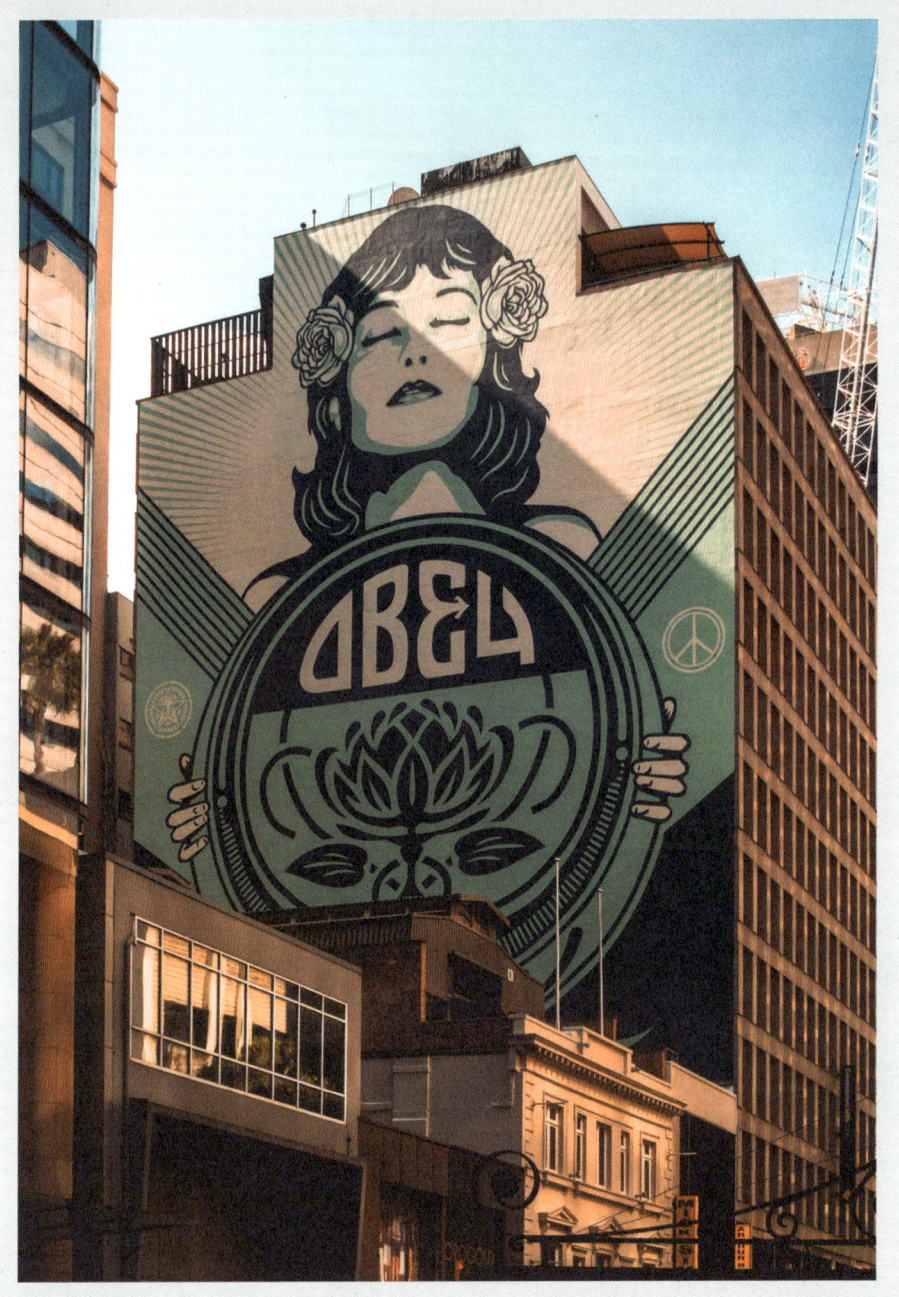

图210（左页上）. 密尔沃基街头的墙绘，2021 年
图211（左页下）. 西雅图街头的墙绘，2019 年
图212. 悉尼街头的墙绘，2017 年

肖 像

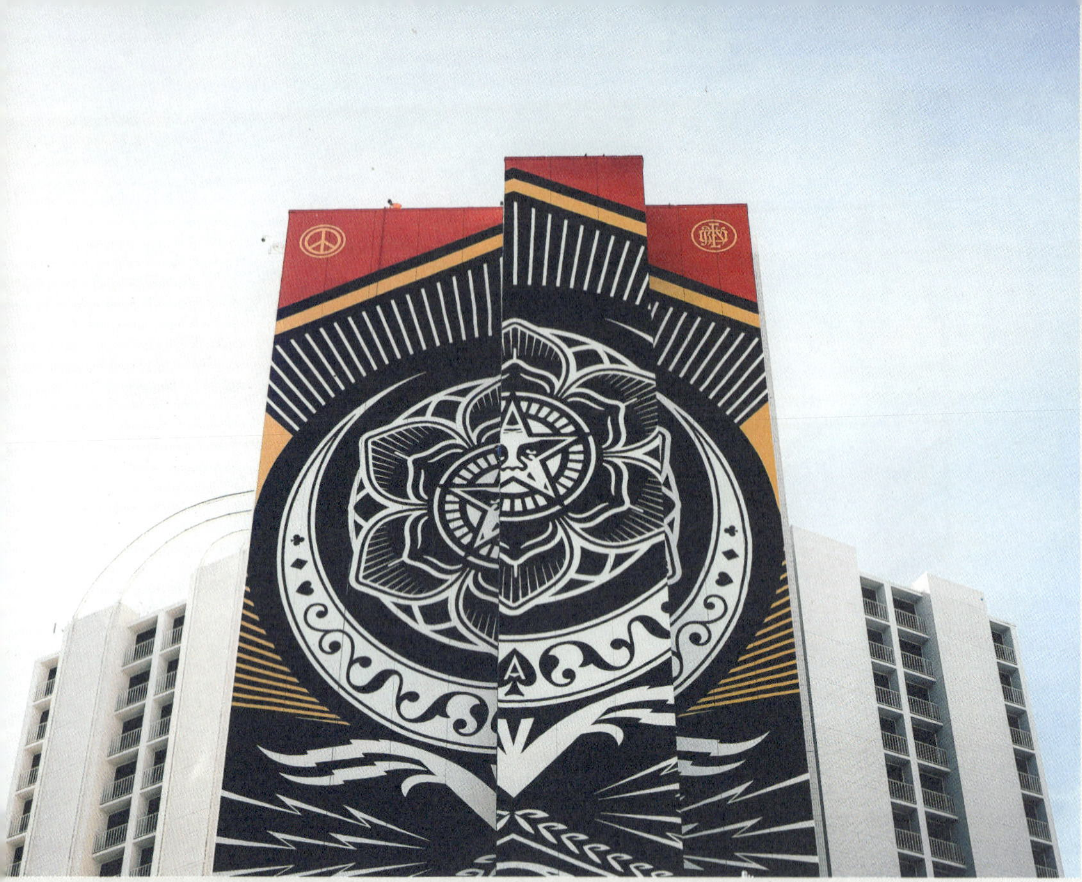

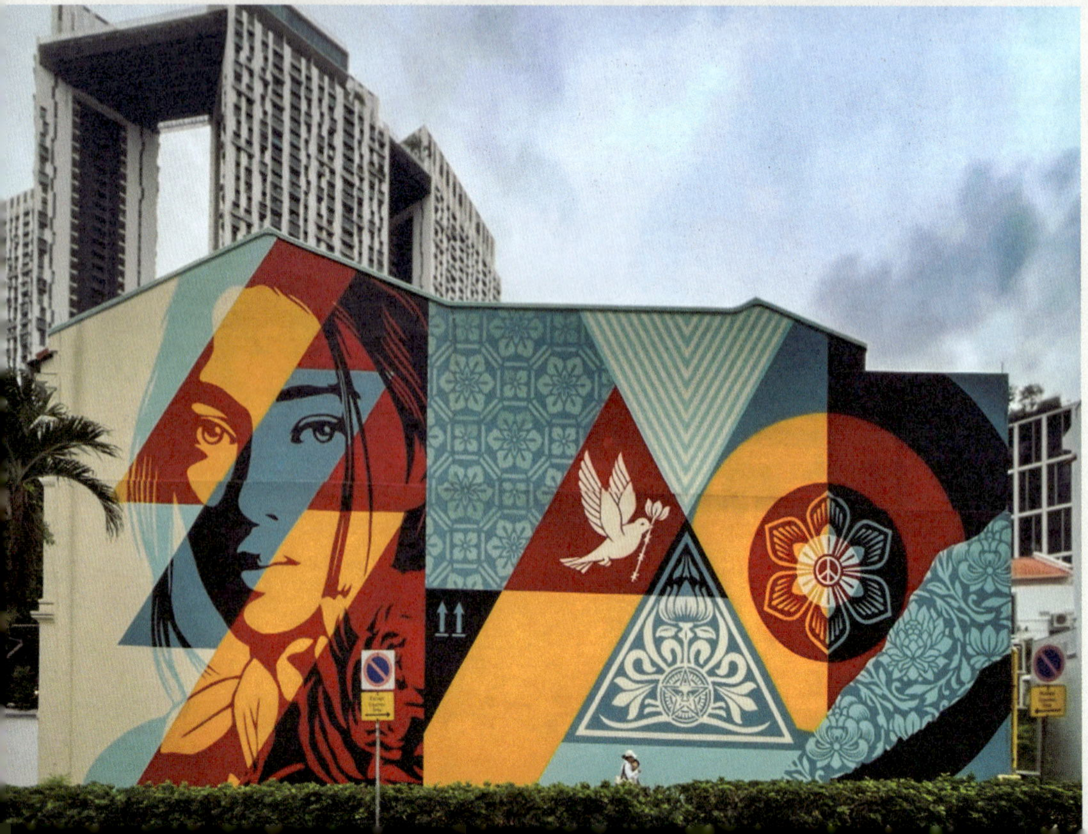

212)、拉斯维加斯（图213）、新加坡（图214）等城市的核心区域的建筑墙绘。因为他的墙绘作品具有构成主义的几何图形，所以需要依靠预先制作的模板进行辅助喷绘。谢泼德·费尔雷通常会先行绘制手绘插图，再用Illustrator软件进行排版和构图，生成数字图像，然后在工作室中制作模板。他的墙绘作品颇受青睐，曾经令美国加州的一套公寓住宅因其一侧的谢泼德·费尔雷墙绘，在2019年以市场均价的两倍售出，直接推高了房产价格。

此外，谢泼德·费尔雷还参与诸多的展览和艺术电影的拍摄，他曾参演詹姆斯·莫尔（James Moll）的电影《服从巨人》，也曾出现在班克西的电影《画廊外的天赋》中。2019年，他在洛杉矶举办了自己三十年作品回顾展"面对巨人：三十年的异议"（Facing the Giant: 3 Decades of Dissent）。他的作品被纽约现代艺术博物馆、洛杉矶艺术博物馆和华盛顿特区国家肖像画廊等众多机构收藏，被誉为"新一代的安迪·沃霍尔"（This Generation's Warhol）。他始终认为："画廊和博物馆虽然重要，但它们不应该成为人们体验艺术的唯一场所。"

图213（左页上）. 拉斯维加斯街头的墙绘，2017年
图214（左页下）. 新加坡的墙绘"和平与和谐的马赛克"（Mosaic of Peace and Harmony），2024年

10　JUDITH DE LEEUW：不只此青绿

JUDITH DE LEEUW 又名 JDL，出生于荷兰阿姆斯特丹，是当今荷兰城市艺术界一颗刚刚冉冉升起就光芒四射的新星。自 2016 年她公开绘制了第一幅墙绘画作之后，在短短数年内，她行走于 41 个国家，创作了 70 余幅高水准的墙绘作品，获得 2017 年荷兰街头艺术青年才俊奖。她的作品被 CNN、《芝加哥论坛报》等主流媒体分享。2022 年，她受荷兰国王和王后邀请，赴皇宫和王室一起迎接意大利总统，彰显出她在国际艺术合作领域的杰出贡献。

JDL 12 岁就加入了阿姆斯特丹的涂鸦战队，在街头涂鸦的经历让她逐渐清晰地认识到字体书写不是她最终的追求，她更喜欢创作图像。在 15 岁时，她离开父母，进入了荷兰青年服务体系，在这里她见证了许多问题少年的挣扎。17 岁时她被调整到一个半封闭的青年机构，和很多曾经吸毒或有自杀倾向的"问题"女孩生活在一起。她被限制在自己的房间中，几乎没有自由，只能不停地画画。直到 18 岁成年她终于离开那里，开始一边工作一边学习艺术设计，成为全职艺术家。她发现了超现实绘画（Hyperrealism）的魅力，奔赴阿姆斯特丹合法的涂鸦墙 NDSM 码头和 Flevpark 公园不断地练习，直到 2016 年她绘制了第一幅大获成功的墙绘作品。

黑白与青绿

JDL 擅长单色绘画，用黑白灰的人物肖像叠加一抹青绿，有时还伴有稍许的金色。画中人物的姿势总是如现代舞般或舒展或挣扎，人物表情静穆。在这些姿势的背后，叠加着无数情绪的纠缠，从而使画面具有更大的张力。黑白灰的基调强化了作品的力量感，一抹青绿和金色的光泽使得大尺度的作品在城市空间中不觉幽暗，带来一抹光鲜的同时也带来一点希望。

2023 年意大利街头艺术双年展（Biennale Street Art Superwalls）上，她在小城帕多瓦（Padova）绘制了作品"闭着眼睛跳舞"（Dancing with my eyes closed）

图215."闭着眼睛跳舞"，意大利威尼托帕多瓦，2023 年

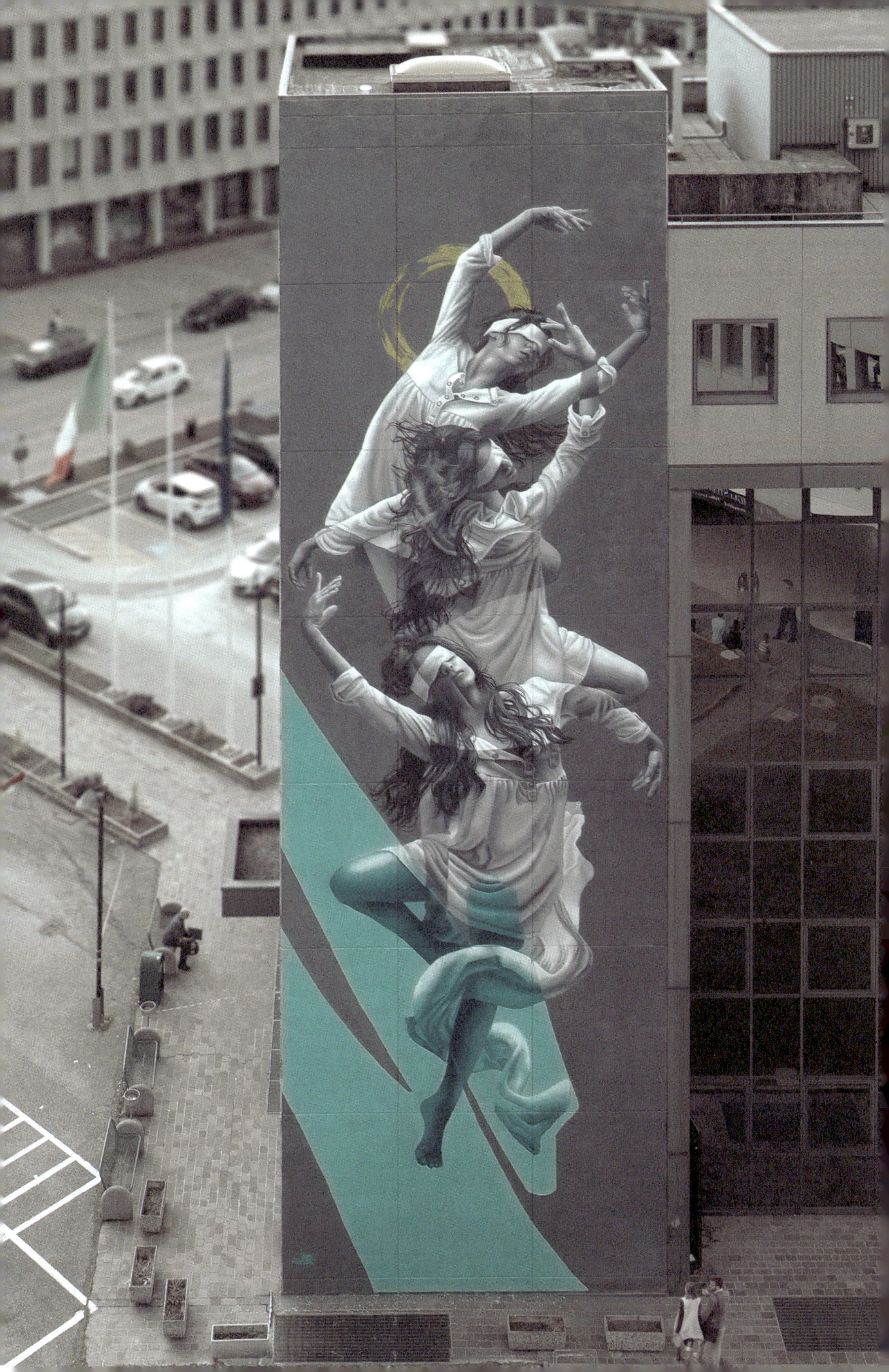

图216."明日之回声",意大利维琴察,2023年

(图215)。画中灰色的背景下,一个蒙着双眼的白衣舞者旋转腾挪,顺着观者视线的方向一直向上方旋转,像一系列幻灯片的影像叠加。青绿色在靠近地面的方向延展,一环金色悬于高处。舞者披散着的因旋转而舒展开来的长发,以及衣服的褶皱,都被细节化地加以呈现。在辽阔的城市背景下,画面显得既疏朗又凝重。JDL通过画面告诉人们:当面临人生至暗时刻,要学会抛开困苦,闭眼享受当下的舞姿,用平静的心态给自己鼓舞。值得一提的是,这幅作品绘制

在一个当地劳工安全保障机构的建筑上,该机构为工伤致残的工人提供支持,在这个语境下这幅墙绘显得更具深意。

不只此青绿

除了具有摄人心魄的美感,JDL 的作品还有深刻的社会关怀。作品的主题涵盖反对贩卖儿童、对 LGBTQ 群体的包容、癌症对人类的影响、气候危机等等,似乎要把社会上的一切不公用唯美的图像呈现出来,就如同用美妙的歌喉将愁苦吟唱出来。

"明日之回声"(Echoes of Tomorrow)(图 216)是 JDL 在意大利维琴察绘制的作品。画面中,妈妈在为怀抱中的孩子绘制一幅自然的图景。这个画作绘制在维琴察的一个名为 Faber Box 的青年发展活动中心的建筑上,中心旨在为当地青年提供健康、开放的交流,学习和技能培训的场所。作为一个从荷兰相对封闭的青年服务机构中走出来的艺术家,JDL 对青年的保护和帮助问题应该有更加切身的体会。"明日之回声"告诉公众:青年的今天就是我们社会的明天。

她的墙绘作品"伊卡洛斯:关于气候危机"(Icarus-About the climate crisis)(图 217)以 900 平方米的墙绘面积成为意大利罗马目前最大的一幅墙绘。伊卡洛斯是希腊神话中代达罗斯的儿子。父亲代达罗斯为了带伊卡洛斯逃离克里特岛,用蜡和羽毛为他制作了一双翅膀,并告诫他必须在半空飞行,如果飞得太低就会被卷入大海,如果飞得太高,太阳会把他翅膀上的蜡烤化。但是伊卡洛斯飞上天空后忘记了父亲的叮嘱,越飞越高,最终翅膀被太阳融化,他也坠海而亡。JDL 在作品中借用伊卡洛斯之翼的典故,旨在隐喻今日的世界,人们无尽地追求高效和便捷,制造了越来越多的碳排放量,给人类自身带来了一系列的气候危机。我们是否可以从人类的野心勃勃中退后一步,让自己在适度的位置飞翔?在画中,伊卡洛斯被赋予了女性的形象,她的翅膀被油污沾染,也因失去翅膀而坠落。

JDL 也践行了对于气候问题的个人努力,她尝试采用一种新型的意大利 Airlite 涂料,这种特殊涂料可以净化空气,吸收汽车排放的尾气,将污染物分解成无机盐。她绘于阿姆斯特丹市中心的一幅 150 平方米的墙绘作品一天可以分解相当于 20 辆汽车的日碳排放量,使她的大尺度墙绘成为净化碳排放的工具。

图217."伊卡洛斯：关于气候危机"，意大利罗马，2023年

涂鸦城市

"爱比死更强大"

JDW 用一组四幅的墙绘纪念她因癌症去世的父亲。她与父亲的关系一直存在着隔阂，当他们开始相互接纳的时候，父亲已年迈生病，不久就离世了。JDL 把忧思寄托在四幅纪念墙绘之上，分别绘制于意大利的福贾（Foggia）、罗马尼亚的特尔古日乌（Targu Jiu）、塞尔维亚的贝尔格莱德（Belgrado）和意大利的塔兰托（Taranto）。其中名为"爱比死更强大"（*Love is stronger than death*）（图 218）的第四幅墙绘被"街头艺术城市"（Street Art Cities）提名为 2022 年度最佳墙绘作品。甚至在意大利的一档电视节目中，某艺术史学家将她的这幅墙绘与意大利古典主义大师贝尔尼尼的画作加以比较。

"爱比死更强大"出自 JDL 父亲的话，也引起了当地居民的强烈共情，当地污染问题导致了许多人患癌症，很多居民痛失亲人。纪录片制作人德博拉跟踪拍摄了 JDL 站在升降机上绘制高达 35 米的墙绘的过程（图 219），并将此制作成纪录片，片名为《JDL：墙面背后》（*JDL—Behind the wall*）。在这幅墙绘中我们可以看到，一个女子被看不到的人在背后环抱，像是被一股隐形的力量支撑。JDL 说："我们可以从那些看不到的人身上学到很多，甚至在他们过世之后。"

JDL 的作品也歌颂生命的力量。"阿特拉斯：扛起世界的女人"（*Atlas, the woman who carried the world*）（图 220）是她绘制于意大利米兰的作品。她借用了希腊神话中用肩膀支撑苍天的擎天之神阿特拉斯的形象，然而画作中托举苍天的却是几个女子。她用这个作品致敬女性的强大力量，她说："真正强大的力量是有让别人成长的能力，真正有力量的人不是那种摘一朵花独享的人，而是浇灌花朵，让它们绵延、繁育，并开遍田野的人。"

241

图218."爱比死更强大",意大利塔兰托,2022年

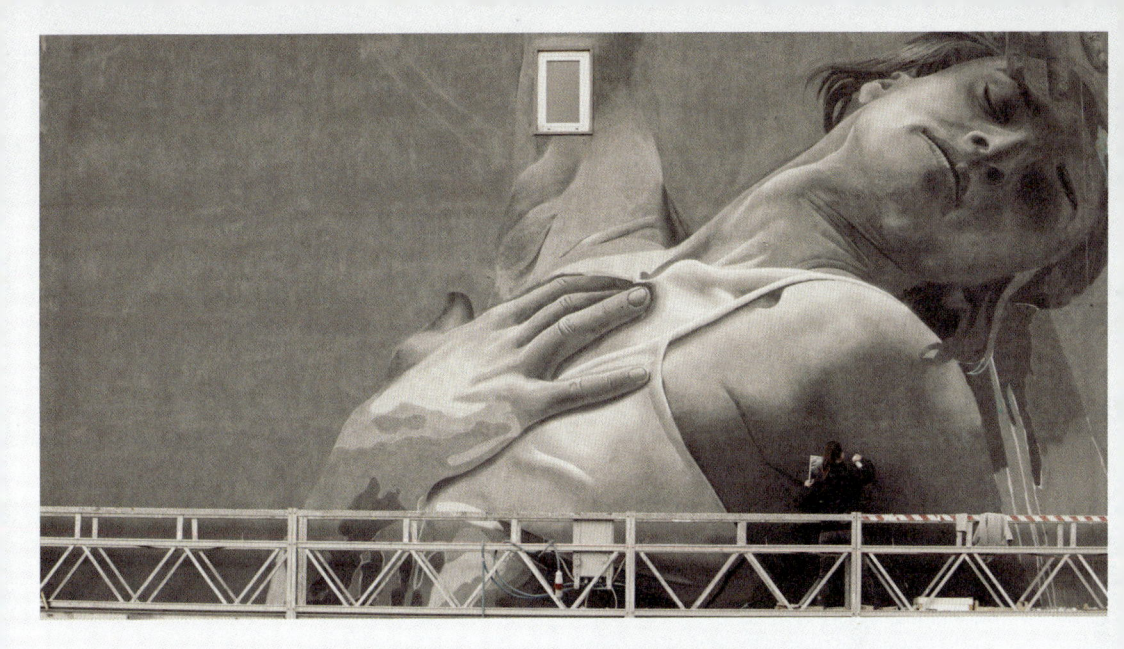

图219. 站在升降机上创作的JDL，意大利塔兰托，2022年

图220. "阿特拉斯：托起世界的女人"，意大利米兰，2023年

肖 像

11 双胞胎 OS GEMEOS 的小黄人

来自巴西的双胞胎兄弟奥塔维奥·潘多尔福（Otavio Pandolfo）和古斯塔沃·潘多尔福（Gustavo Pandolfo）是巴西街头艺术界的翘楚。他们以 OS GEMEOS（葡萄牙语"双胞胎"的意思）来命名双人组合。他们的标志是形态各异的、有着黄色皮肤的、比例失调的、穿着花花绿绿衣服的怪异人物。这些角色有些一人来高，出现在城市的街角；有些有整栋楼高，存在于建筑墙绘之上；在画廊中，他们被画在画布上或者雕刻成木偶。在温哥华双年展中，OS GEMEOS 把六个巨型工业筒仓绘制成 6 个高达 23 米的黄色巨人。2014 年世界杯期间，他们用黄色卡通人物图案覆满运送巴西国家足球队的包机机身，随着飞机冲入云霄，也把二人的艺术推向一个新高度。

圣保罗的街头嘻哈

这对街头艺术兄弟 1974 年出生于巴西圣保罗的坎布西（Cambuci）社区。在 80 年代的坎布西街头，嘻哈就是他们童年的游戏，他们跟随大孩子一起在街上跳街舞、说唱和练习打碟。13 岁就开始用乳胶漆和滚筒模仿绘制纽约风格的涂鸦，并在城里小有名气。在 80 年代末，他们搞到纽约涂鸦的两本圣经级读物《地铁艺术》和《喷漆罐艺术》，奉若至宝。

1993 年，美国街头艺术家巴里·麦吉（Barry McGee），代号 TWIST，从旧金山来到圣保罗办展，并与 OS GEMEOS 结下深厚的友谊。巴里·麦吉向他们展示纽约嘻哈电影代表作《风格之战》，教他们用喷漆罐的不同喷头的画法，并与他们一起并肩在圣保罗街头喷绘涂鸦。之后双胞胎开始在旧金山和纽约画廊办展，逐渐成为媒体的焦点。1999 年，他们第一次抵达欧洲，发现了一个崭新的街头艺术世界。此后他们旅行、绘画、"炸街"、办展、参加各种艺术节，从未停歇，也逐渐声名大噪。

80 年代的纽约嘻哈文化对他们的影响深入骨髓。他们在 2017 年绘制在纽约 14 街的墙绘作品（图 221，组画之一），真诚致敬了 80 年代的艺术先锋。在两面相

图221. 纽约14街，2017年

向的建筑山墙上，OS GEMEOS 创作了一对以 80 年代嘻哈文化为主题的墙绘。画面中几个 B-boy 和 B-girl（嘻哈男孩和女孩）扛着老式磁带录音机，戴着墨镜，以五层楼高的身形，看向路人。在一个棕皮肤男孩的墨镜中，我们尚能看到墨镜反射出的曾经屹立在纽约天际线中的世贸双子塔；一个小黄人的衣服衬衫上印着 DONDI "轰炸"纽约地铁时玛莎·库珀为他拍摄下的经典照片；老式磁带录音机中可以看到播放的磁带上印着 "James Brown"，他正是风靡整个七八十年代的美国黑人灵魂乐教父、嘻哈说唱的奠基人詹姆斯·布朗；小黄人皮带扣襻上的字母图案 Buck 4 曾是风行 70 年代的嘻哈街舞乐团 Rock Steady Crew 的成员；前排女孩子手中举着一件夹克上绘着涂鸦字体 NEWYORK（纽约）和手持喷罐的自由女神像。画中的细节不胜枚举，但所有细节都指向那个曾经席卷世界、浸染二人整个童年的嘻哈年代。

肖 像

巴西的肌理

除了嘻哈元素，OS GEMEOS 的艺术中还融合了丰富且复杂的巴西文化的底蕴。足球的激情、桑巴舞的鲜活、巨嘴鸟的色彩都是巴西文化图腾中代表简单、快乐、即兴的意象。当然，还有更加深邃的，如基于对政治不公的反抗而在 20 世纪 50 年代诞生于巴西的特有的涂鸦形式"皮插草"（Pichação）。不同于后来的美国涂鸦，皮插草是一种用焦油书写在建筑墙面上的单线条文字，文字运用一种类似日耳曼的卢恩符文（Runes）的特殊字体，出现在建筑高不可及之处（图 222）。巴西的皮插草涂鸦在美国涂鸦出现之后再度复燃，成为其街头文化中的独特形式。除此之外，巴西的民俗、神话、乡村旅行的体验等，都共同构成了 OS GEMEOS 艺术中诙谐、怪诞、乡土、梦幻、愤世嫉俗的性格。

在他们的作品中，小黄人的衣着、头巾的纹样、球鞋的图案都可以看到上述文化的积淀。在 2010 年葡萄牙里斯本的克罗诺艺术节（Festival Crono）上，OS GEMEOS 与意大利街头艺术家 BLU 合作的墙绘作品中（图 223），小黄人手持人形手柄的弹弓蓄势待发，他头裹民族图案的头巾，身穿巴西国旗颜色的绿

图 222. 巴西圣保罗建筑上的皮插草涂鸦，2022 年

图223. 葡萄牙里斯本墙绘，2010年

色黄条纹制服，头巾上的标签上写着"我喜欢破坏"。在2015年立陶宛维尔纽斯街头艺术节（Vilnius Steet Art Festival）上，OS GEMEOS 用一幅墙绘向他们母亲的故乡立陶宛致敬（图224）。画面中一个从建筑中钻出的小黄人，身穿立陶宛国旗颜色的红、绿、黄格子衬衫，手里托举着的是他们的外公，当年正是外公带着他们的母亲乘船漂洋过海来到巴西。

传心术

传心术（Telepathy）又称心电感应，是二人组工作中最令人惊叹的默契。作为同卵双胞胎，二人有着不需要言语就彼此心照不宣的能力。他们在童年时期经常会做同一个梦，也曾经在不同的班级里画出同样的画。

他们绘画时的工作方式是提前绘制一个单色的草图，之后所有绘制都是即兴的，没有分工，没有色彩的预案，也无须商量。一个人开始的部分，另一个人完全可以接着画下去，不需要交接，全凭传心术。

曾经有媒体记者问道："如果你们在艺术表达上存在分歧时该如何处理？"他们回答说："我们不知道分歧是什么样的，而且我们可能永远不会知道。"

神秘净土

OS GEMEOS 的所有人物都出自一个他们臆想的世界，这是一个叫作 Tritrez 的地方，两人儿时就设想出的奇妙国度，有着超现实的风景和淳朴的居民。这个国度承载着他们所有的梦境和幻想。

那些穿着各色图案衣服的黄色小人，或是像苏斯博士（Dr. Seuss）笔下的小怪物，或者像辛普森一家（Simpsons）的卡通造型，他们都是这个臆想世界的一部分。艺术家偶尔跳入这个世界，然后把他们看到的东西画出来分享给地球

图224. 立陶宛维尔纽斯街头艺术节上的墙绘，2015 年

图225.瑞典斯德哥尔摩墙绘，2017年

人类。人物皮肤的颜色更多是一种精神象征，黄色可以代表任何人、任何种族、任何文化，他们属于 Tritrez 世界。

  2017 年，他们在瑞典的斯德哥尔摩创作了该城市官方的第一面墙绘（图225）。瑞典首都市议会一直以来对涂鸦及其相关的街头艺术持零容忍的态度。这一态度在 2015 年发生了转变，于是有了这个精彩的项目。在作品中，OS GEMEOS 展现了来自 Tritrez 世界的人偶们。画面中主要人物手挽着右侧的小黄人，而右侧小黄人的手中又托着一个更小的小人和她膝上的小狗。艺术家通过这只小狗致敬他们心爱的名为 Pinky 的小狗。画面里各种细节：人物的衣服、裤子、袜子的肌理分明；面具一般的书包上挤着一堆小精灵的面孔；两只鞋分别讲述不同的故事：来自 Tritrez 世界的人偶正坐在森林中打开一个盒子，精灵们在粉色天空下，在满是宝藏和蘑菇的土地上生活，他们的衣着、配饰、表情又展开另一个维度的细节；右侧小黄人衬衫上的图案是关于 UFO 悬停在村庄之上的场景……这是一幅画中有画、细节中嵌套着细节的墙绘，可以让人驻足许久，反复揣摩，浮想联翩。这就是 OS GEMEOS 的魅力，当然这些都来自美妙奇幻的 Tritrez 世界。

12　朱利安·德·卡萨比安卡：古典的街头

来自法国科西嘉的朱利安·德·卡萨比安卡（Julien de Casabianca），既是一名街头艺术家，又是一名电影制作人兼作家。他生于 1970 年，早年从事写作工作，之后开始电影拍摄生涯，他用三年时间拍摄了电影《路过》（Passing by），用镜头记录了 22 个国家的 44 个城市街头，聚焦城市的简单日常：街头的涂鸦、声音、穿梭的行人……。2014 年，他开始进行街头艺术实践，发起了他的"走出（美术馆）项目"（OUTINGS project）。这个项目不但由他亲力亲为，而且得到了来自全世界各个角落的爱好者的响应，把无数当地美术馆中的古典人物带入了 21 世纪的街巷。

被"解救"的里维埃尔小姐

一次，德·卡萨比安卡在卢浮宫闲逛，他偶然发现一张安格尔的画作《卡罗琳·里维埃尔小姐》(*Mademoiselle Caroline Rivière*)，他凝视着这幅画，画中的里维埃尔小姐被囚禁在卢浮宫这座巨大城堡的画框之内，如此寂寞。他立即有了一个白马王子般的想法：把这位小姐从这里解救出来。于是他为这幅画拍照，去掉背景装饰，打印成真人大小，贴到了巴黎的大街上。从那时起，他迷恋上了这种从博物馆中解救"人质"的做法，然后把他们释放到富有活力的城市街区中去。这让更多的普通大众可以在日常生活中看到也许是少数精英阶层在闲暇时才会眷顾的严肃艺术，也为城市增添了色彩和多层次的文化气韵。

2014 年，德·卡萨比安卡发起了"走出"项目，全力投身于这一街头实践。他的工作就是去各地的博物馆中挑选画作，选中要提取的人物，进行拍摄，在 Photoshop 软件中去掉背景，然后再在城市中漫步，挑选适宜的地点，匹配合适的人物，测量墙面的尺寸，打印出需要拼接的一张张图，按顺序编号，再进行现场的拼接和粘贴工作。他采用一种独家配方的壁纸胶，由可降解的植物原料制成，可以轻松去除，不会在墙上留下任何残留物。而对于需要长期保留的艺术作品，他的制作工艺可以令图像保留十年之久。

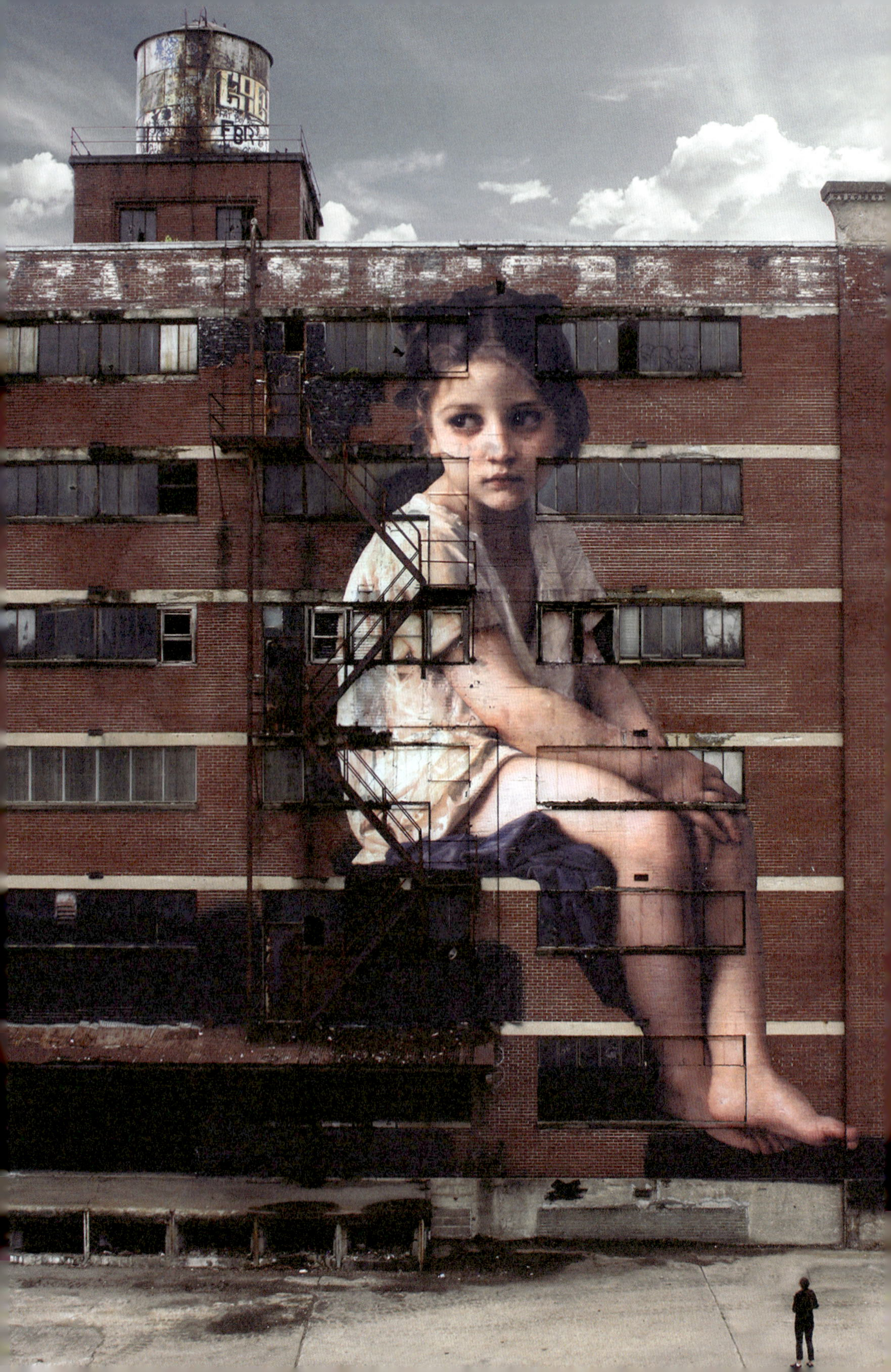

图226（左页）. 德·卡萨比安卡从博物馆"解救"的人物之一，美国孟菲斯，2018年

随着他的影响力的增加，越来越多的博物馆兴致勃勃地表示愿意加入"走出"项目，他们找到德·卡萨比安卡，邀请他把自己博物馆里的画作放大，带入城市街区。比如，2018年，美国孟菲斯市布鲁克斯艺术博物馆（Brooks Museum of Art）向他发出邀请。德·卡萨比安卡在布鲁克斯博物馆中选择人物时，被一幅由威廉-阿道夫·布格罗（William-Adolphe Bouguereau）绘于1886年的新古典主义画作《悬崖之下》（*Au pied de la falaise*）中的小姑娘的眼神打动了。他将其放大成巨幅的尺寸，贴到一个六层楼高的废弃工厂的西立面上（图226）。小女孩仿佛坐在消防平台之上，侧脸望向远方，工厂斑驳的墙面和生锈的悬梯反衬着她娇嫩的身躯。然而这幅作品只是德·卡萨比安卡和当地志愿者团队在布鲁克斯艺术博物馆选择"解救"的21个人物之一，其余的20个古典人物分布在全城四处，像是展开了一场艺术寻宝游戏。

随后，很多教堂的负责人也找到德·卡萨比安卡，请求他把宗教绘画的人物"解救"到教堂的建筑立面上，从而诞生了一系列宗教空间的拼贴作品，比

图227. 卡尔维市教堂建筑之上的作品，科西嘉岛，2018年

253

肖　像

图228. 卢里的教堂建筑之上的作品，法国科西嘉岛，2021年

如 2018 年他在科西嘉岛卡尔维（Calvi）市的教堂之上完成的作品（图 227）和 2021 年在科西嘉岛卢里（Luri）市的教堂上的作品（图 228）。德·卡萨比安卡也在"走出"项目的推动下走向世界，参加了各种城市艺术节（图 229），或者把古典人物"释放"到无人问津的角落（图 230）。

图 229. 创作于比利时奥斯坦德水晶船艺术节期间的作品，2023 年

图230.创作于巴勒斯坦拉马拉的以色列隔离墙之上的作品,2016年

走出美术馆的浪潮

然而"走出"项目并不是一个仅靠德·卡萨比安卡一人完成的项目,这个项目由他发起,但是他号召世界各个角落希望和他一样"解救"古典人物的人们参与这个项目,并独立完成各个地方的"走出"作品。他会向参与者提供详细的项目操作指导,要求人们只能在当地的博物馆中选择人物,他甚至为一些无力支付打印费用的人提供一些小额资助,并提供图片粘贴的技术和方法。

"走出"项目推出之后,在世界范围内得到了广泛的响应,不但国际化大都市的街头出现了"走出"的古典人物,甚至在一些城市艺术的不毛之地都有热情的参与者。比如在塔斯马尼亚的金斯敦(Kingston),一位原百货公司工作的女职员利用她失业的一个月的时间完成了她的"走出"计划;在巴西的贝洛奥里藏特(Bello Horizonte),一名女性造船师"解救"了当地的古典人物;在英国邓斯特布尔(Dunstable),一所小学的学生与市立博物馆联合加入了"走出"项目。

双重艺术姿态

德·卡萨比安卡称他的街头艺术为双重艺术姿态（Two-folded artistic gesture），因为他的每个艺术作品包含一个已经完成的艺术作品。他认为他的街头实践和涂鸦的区别在于，涂鸦在画作完成的一刹那而结束，而他的作品是在别人完成作品之后才开始。这种双重姿态的优势在于利用了艺术品最原始的特质，在空间中加以继承。比如街头艺术以其快速绘制的特点，比较容易制造卡通的喜感、荒诞不经，展示政治隐喻，但是较难表达深沉的忧伤，而忧伤却是艺术世界最能打动人类的气质。而油画以其细腻的表达擅长制造深邃的宗教性或深沉的忧伤感，所以将古典油画嫁接到市井空间，似乎是一条直达人类内心的捷径。

2019年，德·卡萨比安卡在柏林"城市国度"的支持下，在柏林城市艺术博物馆的建筑立面上创作了一幅拼贴作品（图231），其中，一个天使站立于黑色的建筑背景下，手托额头黯然神伤，巨幅画面瞬间触及人类内心最柔软的地方。柏林苍穹下，天使在人间，不过如是。

图231. 创作于柏林城市艺术博物馆建筑之上的作品，2019年

13　D*FACE：来自魔鬼的亲吻

　　D*FACE 原名迪恩·斯托克顿（Dean Stockton），是英国著名的街头艺术家。他 1978 年出生于伦敦，90 年代末进入英国的涂鸦现场，经历了街头艺术世界三十年的风云变幻。他创造的在城市空间中肆无忌惮亲吻的天使与魔鬼，与后波普艺术的表现风格，以及粘贴在街巷中随处可见的 D*Dog 贴纸，都是他对城市和地球居民的独特献礼。

　　D*FACE 这个名字源于英语单词 Deface，意为损坏某物的表面，而代号中的字符 * 更玩世不恭地在字母中融入了符号化的视觉语汇。他青年时期深受美国朋克音乐、滑板文化和波普艺术的影响，在波普画家罗伊·利希滕斯坦（Roy Lichtenstein）的作品中找到了最初的灵感，在美国街头涂鸦书籍《地铁艺术》和《喷漆罐艺术》中被纽约涂鸦的热情感召。在完成摄影和插画设计的专业学习后，D*FACE 成为自由插画师，并开始在街头打磨自己的作品。直到今日，他的大型墙绘已经席卷纽约、伦敦、洛杉矶、巴黎、雅典等国际大都市的街头，他主理的画廊成为承载当今城市艺术作品的国际化平台。D*FACE 的经历上演了从涂鸦到城市艺术的真实历史进程。

天使的翅膀与骷髅

　　长着天使翅膀的 D*Dog 是 D*FACE 早期的街头创作主题，也是贯穿他后来所有作品的线索。在他今日的墙绘作品中，我们可以毫不费力地从画面人物头上的一对小翅膀识别出 D*FACE 的艺术基因（图 232）。他的 D*Dog 贴纸遍布世界（图 233），几乎和 SHEPARD FAIREY 的"服从巨人"贴纸一样具有符号化的个体性和广泛的知名度。D*FACE 与 SHEPARD FAIREY 是老朋友，他们曾经互相邮寄贴纸，这些非法的艺术小品就这样横跨英美，播种到异国的街头。

　　骷髅也是 D*FACE 作品中的一个重要符号，他并不觉得骷髅预示着死亡，

图 232. "弯曲的拥抱"（*Bend Embrace*），冰岛雷克雅未克，2015 年

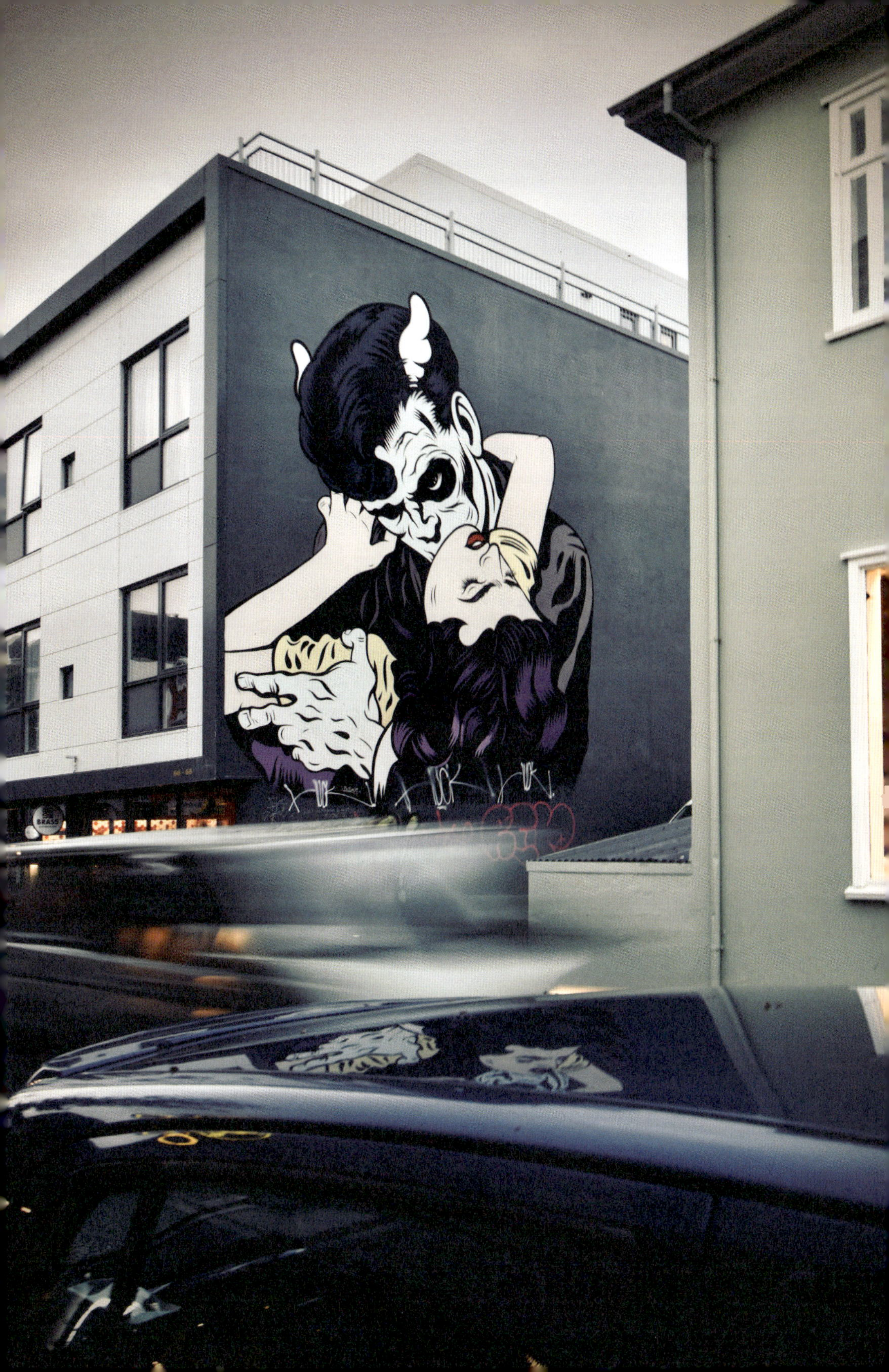
BRASS

图233.告示板背后的D*Dog贴纸，巴黎4区，2023年

而认为骷髅更像是一个隐喻，代表那些曾经逝去的但是无法被人忘怀或值得被铭记的人。他的"不死恋人"（Undead Lovers）主题就是由骷髅和美女组成的，关于拥抱、拒绝、爱、哭泣、分手、接吻等不同情境的画面，有时配以漫画般的旁白文字，引发人们对情感、消费主义、物质主义、环境保护、媒体轰炸等的思考。

比如，2016年他绘于美国加州圣莫妮卡（Santa Monica）的墙绘"热恋"（Love Struck）（图234），画面中一颗长着翅膀的子弹携着鲜花射向女孩。D*FACE借此画面倡导情人节贺卡的无纸化。这幅墙绘处于加州10号公路一侧，成为堵车途中的绝美风景。

2023年，他在美属维京群岛圣托马斯岛（St.Thomas Island）创作了作品"陷于魔鬼和深蓝之间"（Caught Between the Devil and the Deep Blue）（图235），通过被捆绑着困于鱼缸中的美人鱼和恶魔的对峙，揭示海洋和渔业资源的岌岌可危。据估算，海洋渔业资源在不可持续的捕捞方式下预计在2048年就会消耗殆尽，所以究竟是选择深蓝还是选择魔鬼，这个决定权把握在人类自己的手中。

图234（右页上）.墙绘"热恋"绘制过程中，美国圣莫妮卡，2016年
图235（右页下）."陷于魔鬼和深蓝之间"，圣托马斯岛，2023年

肖像

偷盗空间

2005 年，D*FACE 在伦敦的砖石巷创办了"偷盗空间"（Stolen Space），这是英国第一家专注于街头艺术的实体画廊，并逐渐成为业内最具知名度的街头艺术平台，代言了以 D*FACE 和 SHEPARD FAIREY 为首的诸多艺术家的作品，展览层出不穷。D*FACE 在这里的首场个展《死亡与荣耀》（Death & Glory），画作全部销售一空。

作为摩托机车发烧友，他还在伦敦东区开了"叛逆同盟机车公司"（Rebels Alliance Motorcycle Company），专门售卖摩托机车，并在凯旋（Triumph）摩托车的车身上绘制炫酷的波普图案，他说："谁说艺术不能用两个轮子跑？"

除此之外，D*FACE 还干了很多顽皮的大事。2003 年他与班克西合作制作了 10 元英镑的 D*FACE 纸钞，票面足以乱真，只是英女王的头像变成了长着卷发戴着王冠的骷髅。在这个灵感的激发下，他后来又绘制了调侃英女王的波普绘画，设计了一个如 D*Dog 一样长着翅膀吐着舌头的英女王头像，命名为"狗狗救女王"（Dog Save the Queen），还把这个形象制作成雕塑。他为美国歌手克里斯蒂娜·阿奎莱拉（Christina Aguilera）和美国"眨眼-182"乐队（Blink-182）的音乐专辑设计过封面。Zippo 打火机把他在伦敦绘制的第一幅墙绘（图 236）的图案印刷在打火机的金属外壳上（图 237）。服装品牌优衣库（Uniqlo）把他的画作印在 T 恤衫上，成为优衣库"城市墙面"（Urban Walls）系列中的经典。

城市波普

因为 D*FACE 的画面表现富有印刷质感，基本以平涂为主，所以相比其他街头艺术的表现方式，更加适合绘制成超大的尺幅。近些年，D*FACE 的墙绘尺幅越来越大，在很多高层建筑的山墙上实现了超大幅面的，几乎是城市尺度的墙绘作品。而绘制这些超大作品的过程无疑是艰辛的，需要团队协力完成，这和他早期在街头贴 D*Dog 贴纸的闲适风格完全不同，但带来的激动也完全不同。在绘制之前，团队需要在原有建筑屋顶上搭设垂直作业升降平台或者在立面上搭设脚手架，然后由 D*FACE 带领他的团队自上而下地完成绘制。比如

图236.伦敦墙绘艺术节期间的作品,2020年

图237.D*FACE和Zipper合作推出的墙绘同款图案的打火机

肖　像

图238."在关闭的门之后",美国拉斯维加斯广场酒店侧立面,2017年

涂鸦城市

2017年完成的"在关闭的门之后"（Behind Closed Doors）(图238)，是他在美国赌城拉斯维加斯（Las Vegas）的市中心完成的第五幅墙绘作品，为这座后现代城市注入了波普的艺术氛围。

2022年，他在美国纽约布鲁克林的威廉斯堡区绘制了墙绘"寂静之旅"（Silent Ride）(图239)。图像的创作灵感来源于美国说唱歌手西区布吉（Westside Boogie）的同名说唱单曲。这幅墙绘面向一条高架路，每天有数十万人乘坐地铁、开车路过，观赏到这面被城市天际线衬托着的波普画作。而这幅绘画的绘制过程也是极富挑战性，团队需要先经过培训获得美国的建筑施工所需的OSHA上岗证，然后才能踏上垂直作业平台进行绘制。最终完成之后，D*FACE在他的个人网络社交平台上感叹："布鲁克林你摇滚得厉害了。"（Brooklyn you rock hard.）

同年，D*FACE在希腊的帕特雷（Patras）完成了另一幅巨大墙绘，名为"又一个糟糕的发型日"（Another Bad Hair Day）(图240)。"糟糕的发型日"是英语的一个俚语，意思是这一天从发型不好开始办什么事情都不顺利。D*FACE用希腊神话中的美杜莎形象致敬这个历史悠久的城市。他用D*Dog的头连接蛇形的身子，形成美杜莎缠绕的头发，还有长着翅膀的白色D*Dog如小天使般飞翔在美杜莎左右。整幅巨大的墙绘是在帕特雷市的一个城市艺术非营利组织"艺术进行时"（Art In Progress）的策划下完成的，画材是捐赠的，D*FACE和团队免费绘制，在不花费纳税人一分钱的前提下完成了如此庞大的作品。在远处山海的衬托下，波普化的美杜莎凝视着城市，仿佛下一秒，一切就会被她的目光变成石头。

图239."寂静之旅",美国纽约布鲁克林,2022年

266

图240．"又一个糟糕的发型日"，希腊帕特雷，2022年

14　FAITH XLVII：沉默地尖叫

出生于南非开普敦的城市艺术家 FAITH XLVII，从 16 岁开始就在街头涂鸦。她的绘画技巧来自自学和实践，街头就是她的大学。她的代号 FAITH 是信仰的意思，罗马数字 XLVII 即 47，是她的幸运数字，写成罗马数字更显神秘和厚重。她的故乡南非对她的艺术风格有着深远的影响，草原、大海、野生动物、阳光给予了她对自然的热爱与敬畏，南非社会长年的种族矛盾和阶层固化也使她具有独特的政治敏感性和强烈的人文关怀。

虽然我们不想用"女性艺术家"这个带有明显性别标识的称号来定义她，但又不得不承认她的作品带有强烈的源于女性的强大和脆弱特质，并显示出女性的朦胧、诗意、恋旧、敏感的特质。她承认自己作品中的脆弱性，但无须隐藏或故作坚强，因为这是她真正的内在。

FAITH XLVII 的墙绘作品或是如素描般的黑白，或是如氤氲的水彩，总让人感到像是褪色的、历尽沧桑的绘画，在城市空间中从不突兀。她认为墙绘艺术不应该是"占据"空间的，而是需要成为城市肌理的一部分。在她灰色的基调中，偶尔也会加入一点点金色，但是金色通常是最快褪色的颜色，不出两年就会完全剥落。可这就是时间的局限，光芒总是一闪即逝的，人们没必要也无力抗拒。

舒曼共振

"7.83 赫兹"是 FAITH XLVII 作品的一个系列，她通过丝网印刷、视频装置、摄影以及一系列在废墟中的墙绘等不同的媒介来呈现这个主题。7.83 赫兹是舒曼共振的一个数值：我们的地球每秒都会因各处的雷暴而产生约 50 次闪电，累积了大量的电磁波，这些游离的电磁波结合在一起构成电离层，电离层包裹地球产生一个腔体，并产生一种谐振，类似一种地球的心跳，强度为 7.83 赫兹，这就是所谓的舒曼共振（Schumann Resonance）。虽然人类感知不到舒曼共振，但是我们人类都在以这个频率协同共振。FAITH XLVII 用"7.83 赫兹"来比喻

图241."公元前315—前307年","7.83赫兹"系列之一,美国底特律,2016年

人性的整体回响。那些最原始的亲密关系、苦难和挣扎都被以艺术的形式加以呈现,并以古代战争的日期加以命名。

2016年,FAITH XLVII在几处废墟中绘制了"7.83赫兹"系列的几个墙绘作品,如在美国底特律(Detroit)一座废弃教堂内绘制的"公元前315—前307年"(*315-307BC*)(图241)、美国列克星敦(Lexington)一座废弃建筑内绘制的"公元前410—前340年"(*410-340 BC*)(图242)和绘制于希腊雅典(Athens)的"公元前580—前265年"(*580-265 BC*)(图243)。作品中我们可以看到那些唯美的墙绘毫无违和感地置入城市废墟之中,它们似乎诞生于灰烬之中,伴随着历史的洗礼和岁月的灼伤,讲述着关于爱和战争这些能够让所有地球生命协同共振的主题。

肖像

图242. "公元前410—前340年", "7.83赫兹"系列之一, 美国列克星敦, 2016年
图243. "公元前580—前265年", "7.83赫兹"系列之一, 希腊雅典, 2016年

图244. 南非约翰内斯堡，2017年

动物、植物与人类

把动物和植物这些自然中的生命引入城市，是FAITH XLVII的艺术哲学。FAITH XLVII说："我们已经与自然变得如此疏远，所以这些墙绘试图将我们与自然世界重新联系起来。"她曾经在不同的城市绘制过豹子、斑马、大象（图244）、犀牛、天鹅、独角兽等等。这些生物不但提醒人们对气候、生态环境的保护和关注，还暗示人类社会的合作、暴力与关爱等主题。

2016年，FAITH XLVII在洛杉矶绘制了一群奔马，名为"谁来守卫守卫者自身"（*Who Will Guard the Guards Themselves？*）（图245）。她用这幅墙绘提出

图245. "谁来守卫守卫者自身"，洛杉矶，2016 年
图246. "小死亡"，印度果阿邦，2016 年
图247. "角罂粟"，黎巴嫩药用花卉系列之一，黎巴嫩贝鲁特，2021 年

涂鸦城市

了一个源自古罗马的哲学命题：当守卫者拥有至上的权力时，人民是否有权利加以制衡？这句话出自拉丁语，引自公元1—2世纪之交罗马讽刺诗人尤维纳尔（Juvenal）的金句。画面中马蹄之下的一行文字引人思考："奔腾的野马究竟是人类的守卫者，还是逾越管束脱缰而去的生灵，抑或奔腾不息的人类历史……"

"小死亡"（*La Petite Mort*）系列是FAITH XLVII在印度果阿邦（Goa）绘制的一系列荷花涂鸦（图246）。"小死亡"这个法语词用以指因"灵性"的释放而产生的短暂的忧郁或超越。文学评论家罗兰·巴特将"La Petite Mort"视为一个人在体验任何伟大文学时应该得到的心灵超脱的感觉。FAITH XLVII在此用荷花这种生于泥沼却葆有纯净的花卉来隐喻我们的人生，我们需要在充满混乱的世界中努力寻找内心明晰的力量。她说："正如水滴可以顺滑地从荷花的花瓣上滑落，我们也不该让我们生命中必须经历的那些挑战去伤害我们的内在。"

2021年，FAITH XLVII在黎巴嫩贝鲁特（Beirut）的城市废墟上绘制了"黎巴嫩药用花卉"（*Medicinal Flowers of Lebanon*）系列，包括很多具有药用价值的花卉，如菊苣、非洲卡琳蓟、角罂粟（图247）等等。这些花卉绽放在混凝土的废墟中，不但因其优美，也因其具有药物功效的寓意，势必给这里饱受创伤的人们带来精神的疗愈。

虽然FAITH XLVII仍然时常遁入自己的工作室闭门创作，或忙于画廊和博物馆的展览，但她最迷恋的还是城市的街头，她说街头是有机的、会呼吸的。她搬离了南非，四处旅行，涂鸦和墙绘是她打开一个城市的方式。她喜欢那些嘈杂和社会问题丛生的城市，在那里探索地球不同角落的人们的悲喜。她偏爱在废墟上创作，用颜料触碰墙壁背后所隐藏的真实，这个过程如同沉默地尖叫，惊心动魄却又寂静无声。

肖 像

15　阿特拉斯的线性矩阵

阿特拉斯（L'ATLAS），原名叫儒勒·德代特·格拉内尔（Jules Dedet Granel），是出生于1978年的法国城市艺术家。他的作品个性鲜明，符号化的线条形字体既是对涂鸦字体的继承，又是抽象语汇的绘画，无论在城市空间中，还是在画廊中，都能让观者一目了然，极具识别性。他的名字L'ATLAS源自希腊神话中那个托举地球的叫作阿特拉斯的巨人，L'ATLAS曾痴迷于西方古典艺术，也身体力行地为阿特拉斯赋予了当代审美形象。

阿特拉斯从90年代初期开始在巴黎的街头喷绘自己的名字。涂鸦唤起了他对文字和书法的探究之心。1996年他开始学习拉丁文书法，1998—2000年间，他在摩洛哥、开罗和叙利亚跟随不同的老师学习阿拉伯文书法。在他学到的不同风格的阿拉伯字体中，他最为喜欢库法字体（Kufi Font）。按照库法字体的结构，他编排了拉丁字母，这成为他绘画语言的几何代码（图248）。2001年，他开始采用胶带这个辅助绘制直线的工具（图249），逐渐形成了他集书法、极简主

图248. "我无处不在"（*I AM EVERYWHERE*），巴黎圣马丁运河旁，2017年

图249.作品"星"和正在撕去胶带的阿特拉斯，2010年

义、光学艺术和几何艺术于一体的创作形式。

书法解构主义

阿特拉斯认为书法的能量和涂鸦的能量大为不同，书法趋向于沉思和内省，而涂鸦趋向于自我表达和爆发，二者都需要找到平衡。除了拉丁文书法和阿拉伯文书法，他也研习了中国的书法。不同于西方的文字，中国书法作为一种表意文字带给人们更大的视觉冲击力，汉字的几何变形也带给阿特拉斯诸多的灵感。他热爱中国的道家经典著作，练习太极和打坐。他试图将这些转移到他的绘画语境中，在字母和意义、意义和形式、冥想和行动之间创造联结。

也有很多人将阿特拉斯的作品解读为一种线条的迷宫。在英语中，"迷宫"有两种表述：maze 和 labyrinth。maze 是指有唯一入口和出口，中途含有分叉道路，需要动用智慧选择路径才能成功走出的迷宫；而 labyrinth 是一条从入口通向中心的迂回的唯一路径，这里没有死胡同，需要原路返回至入口（也即出口）。无论是哪种迷宫，都是一种平面化的图解方式，它与"直接"对立，用"迂回"

图250. 创作于巴黎白夜艺术节期间的墙绘，巴黎13区，2014年
图251. 2016年创作于巴黎20区的墙绘，2023年

在有限的空间内制造复杂性和丰富性。

在2014年巴黎的白夜艺术节期间，阿特拉斯在巴黎13区创作了墙绘作品（图250）。他用蓝色和黑色的线形叠加构成了L'ATLAS的字母形式，并制造出一种类似屏闪的视觉感受。2016年，他在巴黎20区的一面巨大住宅山墙上绘制了墙绘（图251），作品以阿特拉斯特有的签名字体开头，蜿蜒辗转，以签名的下端部分作为收尾，可谓字体和迷宫般线性矩阵的重构，而这面墙也是他当初绘制人生第一幅涂鸦的地方。

2020年，阿特拉斯应邀参加位于法国小镇普雷西尼莱潘（Pressigny-les-Pins）

276

涂鸦城市

的瓦莱特城堡举办的美丽瓦莱特艺术节（LaBel Valette Festival），这里从 2018 年开始举办街头艺术节，每年邀请十几位艺术家进行驻场创作，用涂鸦和墙绘铺满坐落在 100 英亩林地上的城堡、马厩、教堂等建筑。艺术节期间，嘻哈、雷鬼风格的音乐会穿插涂鸦竞技，活动丰富多彩，每年吸引数千人前往。阿特拉斯在艺术节期间用他的作品把最具标志性的瓦莱特城堡的四面外墙装饰一新（图 252）。在三段式的城堡立面居中绘制了他典型的线性签名，左右两段则用线条强调了拱形开窗和石材砌块，画面根据基层建筑的建构而组织起来，使这些点和线的矩阵与建筑存在于同样的张力之下。

图 252. 阿特拉斯绘制的瓦莱特城堡的正立面，法国普雷西尼莱潘，2020 年

肖 像

图253. 巴黎蓬皮杜艺术中心前的作品"指南针"，2008年
图254. 在工作室中埋头创作的阿特拉斯，2021年

指南针

阿特拉斯的"街头指南针"系列创作源于他的街头实践。2001年，巴黎市政府决定清理所有的涂鸦和街头艺术，一夜之间，这些有趣的艺术都被肃清。这个做法令阿特拉斯对自己身处的城市感到迷惑，他制作了"街头指南针"系列涂鸦，喷绘在地铁出口旁的道路上，让人们在城市中找到自己的方向。而不明就里的路人还以为这是官方所为，为他们在道路上标明方向。

2008年，阿特拉斯受巴黎蓬皮杜艺术中心的邀请，在其前广场上进行一次创作表演。他把他曾经的"街头指南针"创作用巨大的尺度呈现在广场地面上（图253），图案像是一个巨大的迷宫，却给人们指引着明确的方向。

除了街头，阿特拉斯也一直投身于画廊和博物馆展览之中，其作品在拍卖市场的价格也逐年水涨船高。法国时装设计师阿尼亚斯贝是他的忠实藏家，并与他合作推出联名款服装。如今阿特拉斯不得不花更多的时间在工作室中工作（图254），而街头仍然是他艺术热情的来源，他说："墙壁的能量是巨大的，涂鸦是一个非常强烈的行为。我喜欢一句名言：'行动胜于雄辩'（Actions speak louder than words）。"

16　博隆多的空间剧场

西班牙艺术家博隆多（BORONDO），原名为冈萨洛·博隆多（Gonzalo Borondo），是当今城市艺术界中一个虽年轻却深刻的艺术家。他不但善于绘制大尺度墙绘，还尤其喜欢在玻璃上创作刮擦绘画（Glass Scratching），或结合多重艺术媒介举办在场的沉浸式展览。他的作品通常宽阔恢宏、荡气回肠，运用大地色系的颜色，笔触强劲，有着毫无克制的酣畅，从不介意滴溅。在这些作品的背后，有着复杂的情感和思考，如对神的敬畏或是对人类内心的揭示。然而超越他的画面效果和画作意义的更重要的特质，是他通过作品所建立起来的空间的场域效果，这一场域性超越了传统墙绘的二维叙事，如同塑造了一个空间剧场，当幕布拉开，人性和神性在一个特定的场域被逐一呈现，进而被剖析。

博隆多的艺术质感离不开他的生长环境。他出生于 1989 年，父亲是一个宗教艺术修复师，母亲是精神病理学家。那些古典绘画中的完美比例、教堂建筑与窗棂的繁复装饰以及对人性的深度思考都潜移默化地进入他的生活之中。他幼年生长在塞戈维亚（Segovia），古老城邦中的罗曼式教堂、城堡、罗马输水道桥滋养了他的童年生活。2003 年，他搬到马德里，开始在马德里的街头和火车上涂鸦。他先后在马德里和罗马学习了艺术，尝试了各种艺术表达，包括油画、炭笔绘画、蛋彩画，也研究了众多古典大师的作品，在西班牙艺术巨匠戈雅的作品中收获了诸多灵感。

2010 年，他开始参加一些墙绘艺术节，创作大型墙绘。从那时起，他在世界各地创作了无数墙绘作品、城市艺术装置，举办了多场在场展览和画廊展览，成为当今世界极富影响力的城市艺术家。他常年奔走于世界各地，在各个艺术项目之间游走，用他的艺术作品与城市和这个世界对话。

场所精神

博隆多的作品遍及教堂、街巷、麦田、河道，甚至墓地，他强调作品与环境、对环境的记忆、空间语境的关系，他说："我可以在这些美丽的地方挂画，

图 255. 作品"通廊"立面形成的视错觉效果，法国滨海布洛涅，2020 年

但我的目的不是创造一段独白。所以我创作的每一件作品都是在与空间对话。当这些作品脱离其背景后就没有任何意义了……，我试图理解建筑师所说的场所精神（Genius Loci）。"他所提到的"Genius Loci"在古罗马宗教中意为一个地方的地域之神，这个神灵决定了场所的特征和本质。在现代语境中转译为地域的场所精神，在现代建筑理论中，该词被建筑现象学征引，著名建筑理论家诺伯格·舒尔茨（Christian Norberg-Schulz）的名著《场所精神：迈向建筑现象学》（*Genius Loci：Towards a Phenomenology of Architecture*）就对其加以阐释。博隆多和建筑师的一致性在于，让作品与空间语境（Context）建立联结。

我们可以从"通廊"（Passage）这个作品中看到博隆多对于空间的理解和诠

图256. 从"通廊"上方视角看到的楼梯的图像细节，2020年
图257. 创作中的博隆多，2020年

释。作品绘制于2020年8月的法国滨海布洛涅街头艺术节（Street Art Festival in Boulogne-sur-Mer）。在这个通往市政厅的著名大台阶上，博隆多利用透视原理，对六段台阶的道路、踏步、挡土墙进行整体涂绘，从而在台阶底层正前方的位置能够看到不同高度的图形纵向叠合所呈现出的浮雕和铁艺大门的视错觉形象（图255）。令人惊奇的是，不但立面能汇聚成图形，作品从通道到台阶的平面展开也是连续的图形（图256），平面图形如同拉斯科岩画的动物和狩猎者的图腾。整件作品用丙烯绘制（图257），和周边的地形、环境紧密相连，随着观者的移动和穿行，可以看到不同的图像，不但在终点形成有意味的图景，而且在任何一个台阶上都可以看到有趣的细节。图像被真正赋予了场地，并汇聚成新的场所精神。

2014年，博隆多和卡门·马恩（Carmen Main）合作，在伦敦东区的利河之上的一艘船的顶部绘制了作品"奥菲莉娅"（Ophelia）（图258）。奥菲莉娅是莎士比亚戏剧《哈姆雷特》中的一个角色，在她得知她的父亲被她的情人哈姆雷特刺死后，终日因悲伤绝望而四处游荡并失足落水，她在水中漂荡，最后溺水而亡。英国拉斐尔前派画家米莱斯（John Everett Millais）所绘制的画作《奥菲莉娅》就源于这个故事并成为旷世名作。博隆多以这个游船之上的"奥菲莉娅"向米莱斯致敬。博隆多的奥菲莉娅身穿一袭简洁的白衣，躺在水草之上，眼睛蒙以红布，象征令她无法直视的残忍现实。随着船的徐徐行进，奥菲莉娅

图258."奥菲莉娅",伦敦利河之上,2014 年

在水中漂动,像极了莎翁所描绘的:"她暂时像人鱼一样漂浮在水上,她嘴里还断断续续地唱着古老的歌谣,好像一点儿不感觉到处境险恶,又好像她本来就是生长在水中一般……"画面在这个场域中达到唯美至极的效果。

神性空间

博隆多善于表现神之浩瀚,塑造神性的场所精神。2019 年,在法国波尔多的一个废弃了 30 年的教堂内组织了一个沉浸式展览,名为"感恩"(*Merci*)(图259)。他借助墙绘、天顶画、玻璃艺术、用植物制作的装置、声音、视频投影等多种媒体形式,对观者施以多维的感官轰炸。用森林、植物和教堂细部的图像元素,审视我们与自然之间复杂而矛盾的关系。当他和团队推开这个尘封了 30

283

肖　像

图259.沉浸式展览"感恩",法国波尔多,2019年

年的教堂时,废弃的圣殿内满是垃圾和死鸽子,这个空间令展览变得刺激,具有空前的挑战性。展览中的所有材料都出自现场,艺术家把这些元素有机地组织起来。灰黑色的森林被绘制在墙壁之上,顶面是露出些许光亮的乌云。一株被铆钉固定的枯树立于圣殿的废墟之上,被光环笼罩。"感恩"的主题也来自于空间,他们在教堂的墙上发现刻有 Merci 的字样,在法语中这是"感谢"的意

图260. "门"，乌克兰基辅，2016 年

思，源于宗教中通过奉献来换取恩典之意。

2016年，博隆多在乌克兰墙绘社会艺术节（Mural Social Club Festival）期间，在首都基辅街头绘制了巨幅墙绘作品"门"（*Portals*）（图260）。作品由丙烯绘制，相比喷漆，丙烯更具通透和流淌的视觉效果。墙绘以基辅圣索菲亚大教堂的巴洛克圣殿为原型，作品的下半部像是水中对上方的折射，突出了高耸的门的意向。巨幅画作为城市空间带来神圣的殿堂意象，如同穆索尔斯基的组曲《图画展览会》（Pictures at an Exhibition）中第十曲《基辅大门》（La Grande Porte de Kiev）所呈现出的史诗般的恢宏和壮美。而门又通向世界的何方？引人遐想，特别是置于后来的战争背景下，这幅作品更具深意。

2021年，博隆多在西班牙的曼雷萨（Manresa）的圣玛丽亚教堂旁绘制了一幅墙绘（图261）。这座建于罗马帝国时期的教堂，在公元1000年时连同整个城市被毁于战火，那些罗马风格的带有植物纹饰和几何图案柱头的柱子和拱廊

图261. 西班牙曼雷萨，2021年

全部被摧毁。后来教堂于 14 世纪得到修缮，被改建成一座哥特风格的教堂。博隆多在墙绘中描绘了暗夜中浴火的教堂和被摧毁的罗马柱头，与耸立于高处的教堂远景形成鲜明的对比，像是对人类历史的诉说，也像是对神圣崇高的祭祀，令整个场域形成穿越古今的唯美而静肃的精神力量。

人本空间

在人们生活的日常空间中，博隆多的作品时常成为激活一个空间的契机，让那些本来平庸的、冷漠的、缺乏生机的空间，因为他的作品而绽放并彰显出意义。

比如博隆多在意大利小镇科蒂尼奥拉（Cotignola）的稻草竞技场（Straw Bale Arena）上创作的作品（图 262），把艺术带向了麦田。小镇科蒂尼奥拉每年

图262. 意大利科蒂尼奥拉，2014年
图263. 博隆多在干草堆上喷绘作品，2014年

图264. "纳西索斯",伦敦哈克尼天桥,2014年

7月都会举办名为"从过去到景观"(Dal Passato al Paesaggio)的艺术盛会,期间邀请艺术家来到小镇,在村民的墙上绘制墙绘。如今科蒂尼奥拉已经成为一个独具规模的街头艺术小镇。2014年,博隆多被邀请来此,他说服村民允许他在干草堆上喷绘作品,从而完成了一系列麦田之上的创作(图263)。他认为干草堆关乎人类文明的起源,它是牲畜的粮食,是农民的黄金,而阐述和展陈那些被人们遗忘或习以为常的事,是至关重要的。这些矗立在此的艺术品为那些也许从未参观过博物馆和画廊的人带来惊喜,令观者和场所建立联系,引发对话。

再如在伦敦哈克尼天桥下的阴暗角落里,博隆多创作了作品"纳西索斯"(Narcissus)(图264)。纳西索斯是希腊神话中最俊美的男子,他爱上自己在水中的影子,终有一天他赴水求欢,溺水而亡。众神出于同情,让他死后化为水仙花。博隆多在伦敦的河道边找到灵感,他在天桥下的空隙绘制了倒置的人像,图像经过水的反射成为正影,黑暗的水面衬托出白色的图底,人像在水的涟漪中舞动,时而静止时而涣散,呼应了纳西索斯迷失的自我和扭曲的人格。桥下暗黑阴冷的空间成为这幅墙绘完美的载体,空间被这一画作点亮。

图265."苏鲁",绘于玻利维亚拉巴斯总公墓的建筑屋顶,2019年

肖 像

图 266."三代人",巴黎 13 区,2014 年

"苏鲁"(SULLU)是博隆多在玻利维亚的拉巴斯总公墓(Cementerio General de La Paz)内绘制在建筑屋顶的作品（图 265）。玻利维亚沿袭整个南美洲的传统,在亡灵节期间用五彩斑斓的装饰和丰富多彩的活动祭祀过世的亲人。自 2016 年起一个名为"流浪狗"(Perros Sueltos)的组织创办了一个最令人意想不到的城市艺术节"亡灵艺术节"(Ñatintas Art Fest),他们邀请来自世界各地的

涂鸦城市

艺术家在玻利维亚的拉巴斯总公墓内大大小小的墙面上绘制墙绘。今天这里已经成为玻利维亚最著名的街头艺术聚集地，吸引无数游客来这个神奇的墓地参观。博隆多绘制的"苏鲁"也是玻利维亚的一个当地传统，"苏鲁"是一种风干的羊驼胚胎，在每个新建建筑的地基中都要埋入一个苏鲁以祭奠大地母亲。博隆多在屋顶上用一个巨大的祭祀中的苏鲁图案致敬这一古老的习俗，用色彩和图案赋予墓园更多的精神内涵。拉巴斯总公墓最具创新性的交通工具——空中缆车——为这一画作提供了完美的观赏视角。

2014年，博隆多为巴黎白夜艺术节绘制了著名的墙绘"三代人"（*Les Trois Ages*）（图266）。画面中，一个身居高位、面目模糊的长者捂住了中年人的嘴，中年人捂住了婴儿的眼睛。该墙绘靠近国家图书馆旁一个人流如织的地铁口，也引发了法国社会的深切关注和广泛讨论。在代代传承中，在没有"欺骗"的外衣下，我们被有选择地蒙上的双眼和耳朵使我们生活在一个自以为是的真相之中。在采访中，当博隆多被问到是否有意揭开层层真相时，他说："我不知道是否有真正的真相（truth），我不想知道。但我认为我们或多或少是为了深入挖掘现实（reality），我们每个人都用各自的语言来这样做。我试图找到我的，与我自己、我的过去、我的文化建立联系。我想谈论一些比我们肤浅的日常生活更普世、更重要的东西，我试图触及我们不理解的这部分，就像一部好电影在内心留下一种你无法言喻的感觉，但它会留存下来。"

17　PHLEGM 的黏液世界

PHLEGM 是出生于威尔士，目前居住在谢菲尔德的英国街头艺术家、插画家。他创作的长着纤长肢体的半人半虫的生物，和像埃舍尔（M.C. Esher）绘画中空间悖论般的场景，都令 PHLEGM 的作品具有强烈的辨识度。他的作品，画面永远是黑白的，充满了细密的线和点，穿插着城堡、塔楼、蜿蜒的楼梯、飞行器、杠杆、齿轮和缠绕的铁轨……，创造出一种奇异的景象。画面的细节如鱼鳞的光感、衣物的编织纹理等总能让人拍案叫绝，长久地驻足观赏。

PHLEGM 的独特风格使他成为街头艺术世界备受瞩目的一员，虽然他总是不喜社交和媒体采访，与艺术市场保持若即若离的态度，但仍然无法阻挡地球居民对他的热爱。他的图像故事蔓延至挪威、加拿大、瑞士、斯里兰卡、美国、比利时、波兰、澳大利亚等国家，出现在闹市中、飞机上、船只上、车辆上、森林里、废墟里……，像黑色幽默一样让人们快乐和思索。

PHLEGM 这个代号的英文意思是"痰"或"黏液"。古希腊医学中有四种气质：血液质、黄胆质、黑胆质和黏液质。黏液被认为是导致人冷漠和缺乏感情的原因。而 PHLEGM 就像是躲在这个"黏液"符号背后的小孩，隐去姓名，创造一个没有情感的世界，我们姑且称之为"黏液世界"。他用蘸水钢笔绘制关于这个世界的插画书，还热衷于在火柴盒大小的铜板上雕刻细密的铜版画（Copper Engravings），而能把他从室内的工作台前抽离的就是街头表达，他喜欢在那些被人们遗忘的空间中绘制涂鸦，从而赋予空间新的生命力。对于委托的墙面，他也会花一天的时间观察，看过往的路人和当地的居民，从而在脑海中勾画独属于这面墙的图案。他年少时喜爱登山，在资金缺乏无法提供脚手架的时候，他可以凭借他登山时的绳结技巧悬吊着绘制大墙，堪称奇才。

黏液世界

PHLEGM 热爱丢勒的版画，也用这种绘制版画的线型绘制插画和墙面。在 2014 年他绘制于挪威莫斯（Moss）的墙绘（图 267）中，我们可以看到那些黏

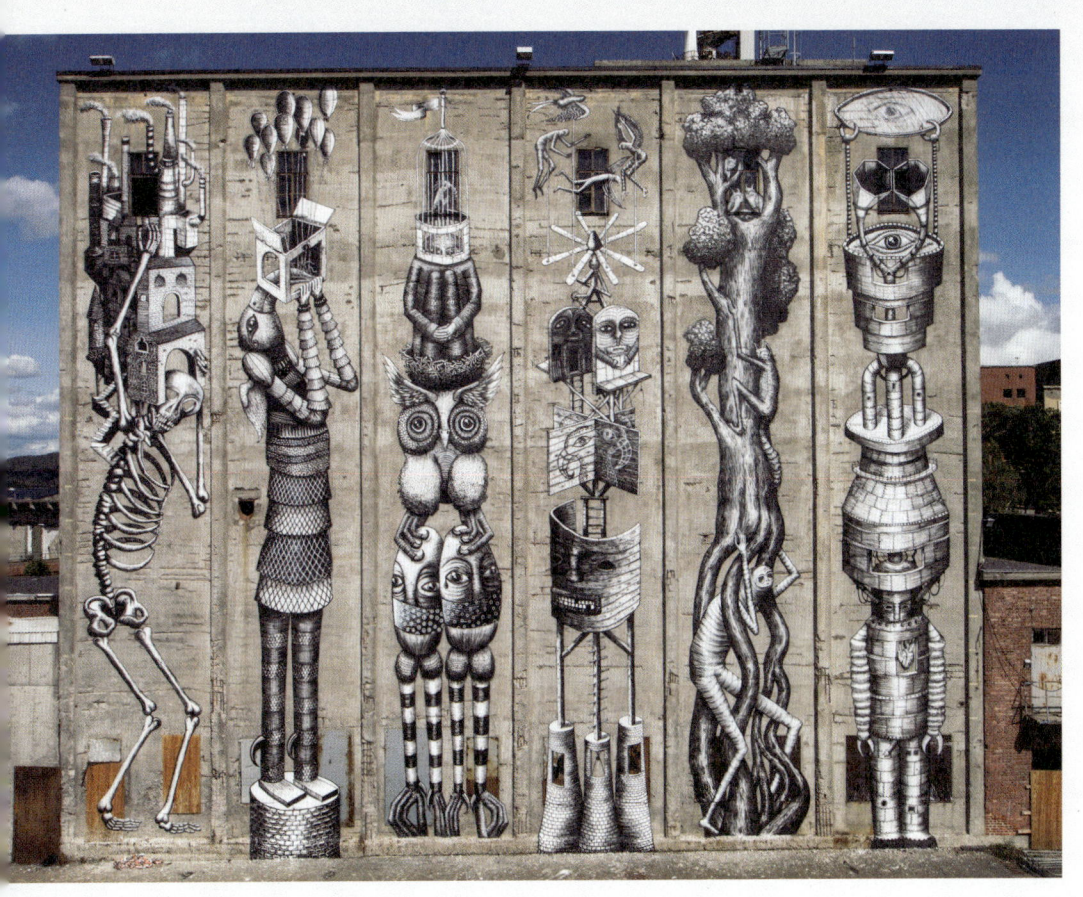

图267.挪威莫斯,2014年

液世界里的人物和景物在建筑竖向分隔的立面上垂直生长:骷髅托举着冒烟的工厂、长肢人在盘根错节的树根中穿梭、裸露着心脏的机器人顶着脑电波放大器……。在2012年,他在爱尔兰科克郡小镇班特里(Bantry)绘制的一幅墙绘(图268)上,长肢人驾驶着三文鱼形状的水下装备,操作着复杂的绳索和滑轮装置进行捕鱼,以黏液世界的奇幻致敬这个以渔业和航海运动为特色的滨海小镇。而同年绘于英国威尔士朗戈伦运河(Llangollen Canal)船屋之上的巨型章鱼则真正没入水中(图269),章鱼挥舞着长满吸盘的触角,栖于林下的河床之上。在挪威奥斯陆 Ard*Pop-Up 艺术节上,他绘制了一幅鳄鱼墙绘(图270),黏液世界的长肢人正在忙着给鳄鱼拔牙,有的提灯,有的收集牙齿,鳄鱼四脚朝天蜷缩

肖 像

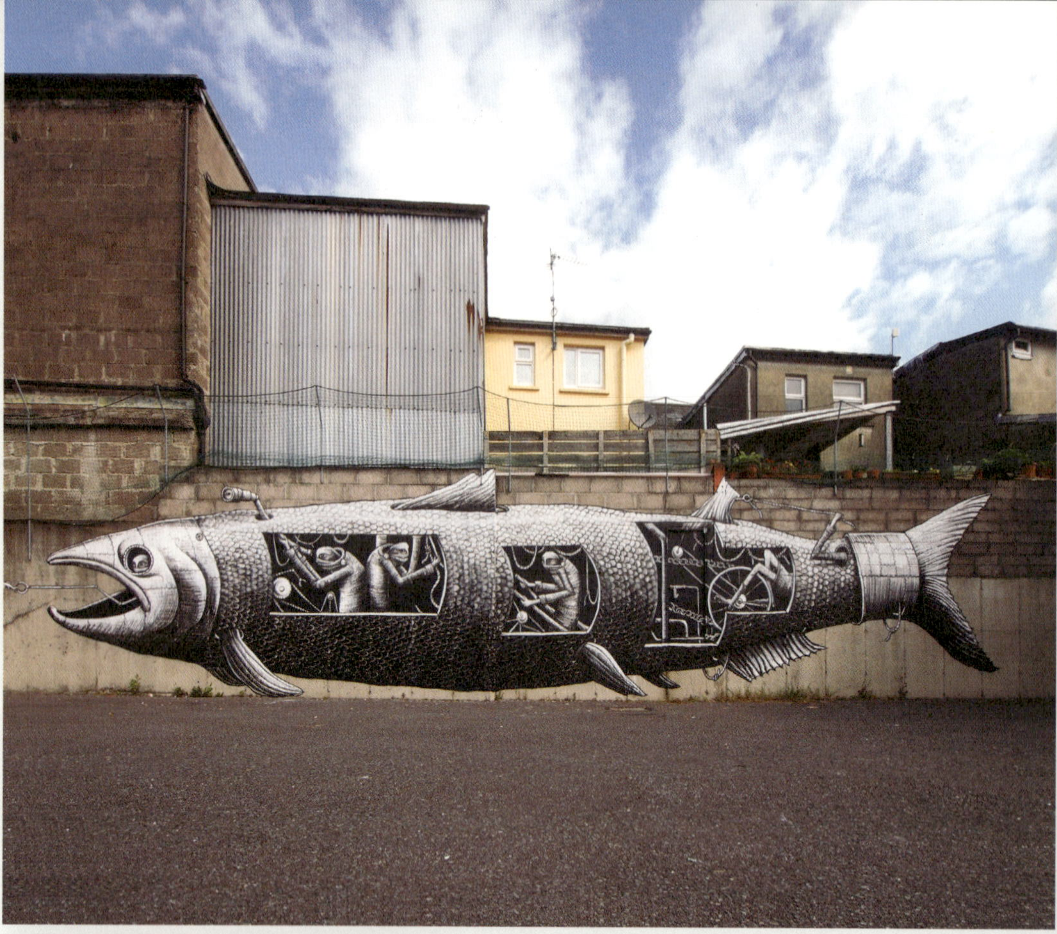

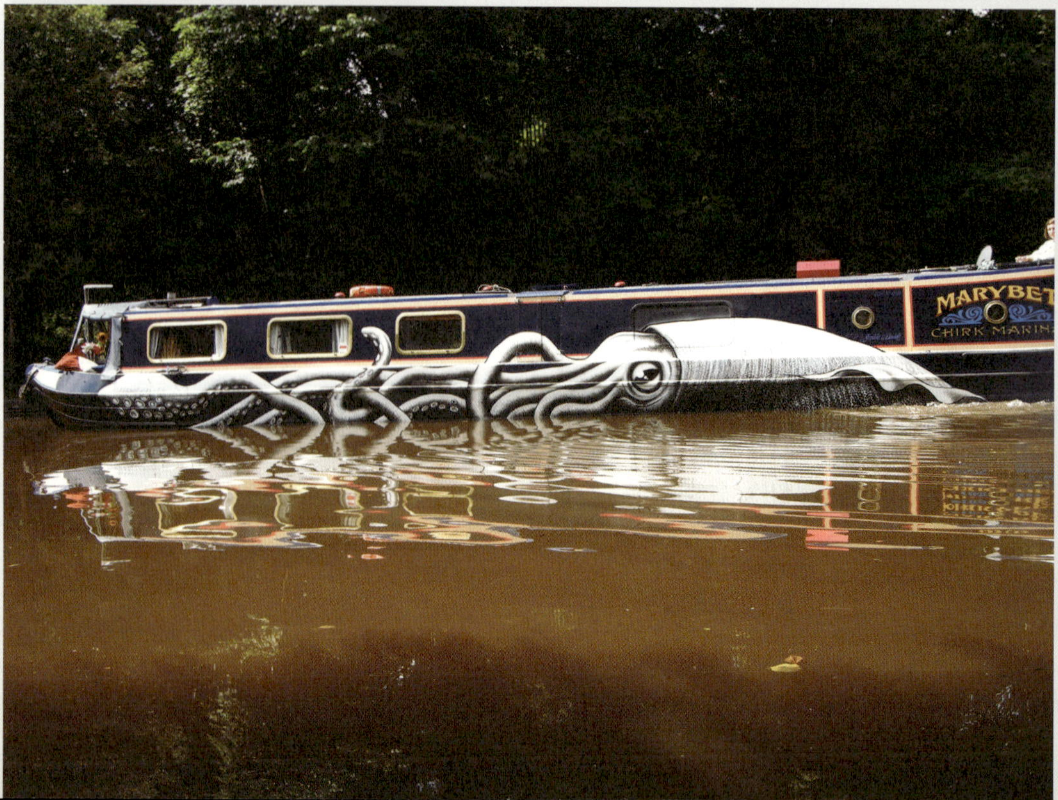
MARYBET
CHIRK MARIN

图268. 英国爱尔兰小镇班特里，2012
图269. 巨型章鱼，绘于英国威尔士朗戈伦运河船屋之上，2012年
图270. 挪威奥斯陆，2012年

肖 像

295

图271. 英国朴茨茅斯，2023年

于空间一隅，尾部翘上屋脊。2023年，他在英国朴茨茅斯（Portsmouth）的"向上看"街头艺术节（Look Up street art festival）上为这个港口城市绘制了一个类似希腊海神人鱼特里顿（Merman Triton）形象的墙绘（图271），他保留了原有墙面的绿松石色涂料，把长肢人的双腿设计成布满鳞片的尾巴，刺鳍顺延建筑的纵向凹槽有策略性地向上生长，它手持三叉戟，低头望向街道上的行人。

2014年，PHLEGM在伦敦肖尔迪奇高街的霍华德格里芬画廊（Howard Griffin Gallery）首次举办自己的个人展览《动物寓言》（The Bestiary），将他的黏液世界曝光于聚光灯下。2019年，他改造了谢菲尔德的一家老工厂，制作了巨型的黏液世界的黑白生物的雕塑和墙绘，在工厂内举办了名为"巨人陵墓"（Mausoleum of Giants）的大型沉浸式展览，把数万观者带入了现实版的黏液世界。

296

涂鸦城市

堆叠的幻境

在 PHLEGM 的作品中，与长肢人一起出现的经常是建筑、机械装置、树木、山脉、铁路，甚至城市、村落等各种物与景的堆叠，从而构成了一种复杂而玄幻的世界。观者不但需要欣赏这些烦琐而玄妙的装饰，而且需要在这些烦琐物体之间建立逻辑联系，并理解它们彼此穿插连接的空间构造。这如同观看荷兰画家希罗尼穆斯·博斯 (Hieronymus Bosch) 的画作，欣赏在宏大叙事的语境下的枝节横生，理解细部的超现实主义隐喻和神秘主义情怀。

PHLEGM 曾在谢菲尔德一座被烧毁的废弃建筑内，绘制过一对长肢人送葬的作品（图272）。棺材内躺着尸骨，被两个穿着长裙的长肢人托举着，在棺材

图272. 英国谢菲尔德，2015年

图273. 澳大利亚墨尔本，2017年

之上堆叠着一个富有生机的村庄：教堂、民宅、庙宇一字排开，升起袅袅炊烟。景与物的并置在焦黑的墙面背景下引人遐思。

  2017年，PHLEGM 在澳大利亚墨尔本的唤起艺术节（PROVOCARÉ Festival Of The Arts）上，在一个建于1913年的建筑上绘制了一幅机器人的墙绘（图273）。这个机器人的头部打开了，露出内部如同一个城镇般堆叠着各种建筑的大脑，机器人手臂中的方向舵和刹车正在被长肢人操控着，把一盏油灯送入脑部打开的缝隙中，以照亮这个城镇。有意思的是，这个机器人面向一个屋顶的停车场。这面墙上固定了停车场的照明灯具,在机器人的心脏位置,一盏暖色的路灯在夜晚会亮起,给机器人带来一颗发光的心脏。

在英国怀特岛的小镇文特诺(Ventnor)的边缘艺术节(Ventnor Fringe arts festival)上,PHLEGM绘制了一幅名为"文特诺巨人"(*Ventnor Giant*)的墙绘(图274)。画面中巨人坐在水中,身披披风,披风外侧布满了整个文特诺小镇秀

图274."文特诺巨人",英国怀特岛小镇文特诺,2018年

肖 像

299

涂鸦城市

丽的山川、维多利亚式的民宅、穿越山谷的拱桥和高处的哥特教堂，真实再现了文特诺小镇依山傍海的地理景观和地标性建筑。长肢巨人身上的鳞片熠熠生辉，水中的涟漪泛着粼粼波光，小镇的重峦叠嶂如一袭织毯令坐在英吉利海峡中的巨人藏身其中。讽刺的是，在这面墙上班克西曾经绘制过一幅涂鸦，很快就被不明就里的当地议会勒令清除，这个决定后来一定令议会追悔莫及，但相信 PHLEGM 的作品同样能够赋予小镇街头以荣光。

　　2022 年，PHLEGM 在华沙绘制了巨幅作品"文明"（*Civilisation*）（图 275），堪称史诗级的鸿篇巨著。画面中，在两个长肢巨人的身上堆叠着起伏的地形景观和中世纪的城池：山峦、城堡、霍格沃茨式的楼梯、冒烟的烟囱、管道、铁轨、矿车和无数工作在其中的奴隶般的小人物。巨人举着望远镜望向远方，无数恒星和行星在它身边垂落。整个叙事暗黑梦幻，又闪烁着人类社会的荣光。

　　PHLEGM 的街头艺术营造的是一种卡夫卡式的异类世界，奇幻瑰丽，充满细节，他用作品致敬城市、山川海洋和人类智慧。我们也能在他的黏液世界中看到人类自己的影子。

图275（左页）."文明"，波兰华沙，2022 年

18　SWOON 的剪纸肖像

SWOON，原名喀里多尼亚·丹斯·库里（Caledonia Dance Curry），她出生于美国康涅狄格州，在佛罗里达州长大，目前居住在纽约的布鲁克林。在过去的 20 年中，她是街头艺术世界最有影响力的艺术家之一。她那种杂糅剪纸、印

度尼西亚的哇扬皮影（Wayang Puppet）和蕾丝装饰等传统艺术语汇而形成的独特风格令人耳目一新。她对街头的占领从纽约开始，逐渐蔓延至全世界，她作品的形式也从街头肖像扩展到展览装置、定格动画甚至电影。

SWOON 来自一个坎坷的家庭，她的父母都是海洛因成瘾者，他们常年与精神疾病和自杀倾向做斗争。SWOON 在 10 岁时参加了一个艺术班，在老师的悉心呵护下，她用绘画疗愈自己的童年，从此走上了艺术的道路。19 岁她离家来到纽约，在普拉特艺术学院（Pratt Institute）学习古典绘画，同时她被纽约的涂鸦现场吸引，1999 年，她在纽约的街头粘贴了她的第一幅人物肖像。她街头作品中柔美的线条、极富女性主义的装饰以及人物刚毅的表情使她的作品从街头字体涂鸦中跳脱而出受到路人的瞩目。2005 年，美国著名的当代艺术策展人杰弗里·戴奇（Jeffrey Deitch）邀请她在纽约的戴奇画廊（Jeffrey Deitch Gallery）举办首次个人展览，建立了她的国际声誉。随后她的展览和街头作品开始席卷到底特律、旧金山、伦敦、毕尔巴鄂、香港、开罗、东京……，然而当父母相继去世的消息传来时，她再度陷入了新一轮的自我疗愈，她把自己投身于艺术疗愈基金会的事业之中，在用艺术疗愈他人的过程中重塑自我。

剪纸肖像

SWOON 的街头肖像作品通常是通过雕版印刷或丝网印刷完成后，经剪裁，再通过糨糊粘贴，固定在墙面之上。相比大多数街头艺术家喷漆绘制的方式，SWOON 的作品并不持久，有时可以留存数月或数年，但有时在恶劣的天气状况或人为损坏下只能留存数日。如果我们有幸在街头看到她的作品，通常都已经残破，但这种残破的画面和斑驳的墙面配以徐徐微风，反而产生一种独特的韵味。比如这幅创作于美国布拉多克（Braddock）的以希腊海水女神塔拉萨（Thalassa）命名的街头创作（图 276），生动描绘了海神从海水中腾空而起的瞬间，人物衣衫的斑驳和画面的脱落为观者提供了更多想象的留白。

图 276．"塔拉萨"，美国布拉多克，2012 年

图277. "阿利克萨和奈玛",纽约曼哈顿,2008年

　　SWOON肖像中的人物大多出自她身边的人,她给他们拍照,留存成素材。她为人熟知的代表作"阿利克萨和奈玛"(Alixa and Naima)的人物原型来自纽约布鲁克林的诗人和表演艺术家阿利克萨和奈玛,她们组成了"爬坡树"二人组(Climbing Poe Tree),将表演艺术和诗歌融入社会教育。这个肖像作品曾经出现在纽约(图277)、柏林、挪威的斯塔万格(Stavanger)等城市街头,作品人物衣裙上剪纸般的繁复图案和飘扬的裙摆令街头过客过目不忘。

　　她的作品"冰雪女王"(Ice Queen)的原型是SWOON的祖母,她把祖母的侧面肖像叠合在冰凌与雪花图案的装饰之中,显得冷峻而优雅。这个形象在她的作品中不断出现,在突尼斯(图278)、旧金山(见P152,图114)等城市的街头,也出现在洛杉矶当代艺术中心(MOCA)的"艺术在街头"(Art in the Street)展览之中,此时人物与纸质镂空的装饰叠合成雕塑,配以光影,如梦似幻。

　　在作品"记住你必会死亡"(Memento Mori)(图279)中,SWOON用她过世母亲的肖像承载了一个古老的警句。Memento Mori来自拉丁语,源自一个古罗马的习俗,当古罗马战胜的将军坐着金色战车返回城市接受全城的掌声之后,

304

涂鸦城市

图278．"冰雪女王"，突尼斯，2014年

图279．"记住你必会死亡"，伦敦，2014年

肖 像

为了避免他从此变得骄傲放纵，会有一个卑微的奴仆负责提醒他："记住你必会死亡"，以暗示无论你是怎样伟大的人物，也与世人享有同样的结局。今天这句话同样警醒着世人：我们在此生这个躯体中生存的有限时间内，不要向虚妄妥协，而要过善良而有意义的人生。

SWOON 参与了费城的"恢复正义"（Restorative Justice）艺术项目，这是一个用艺术疗愈监狱释放人员和戒毒人员，帮助他们重返社区的项目。SWOON 为这个项目提供了艺术课程，同时也创作了一系列肖像。"雅雅"（Yaya）就是其中的一个肖像（图280）。雅雅曾因在少年时犯罪而在监狱中度过半生，出狱后他成为一个出色的艺术家。SWOON 用这个肖像提醒人们：伤口总有痊愈的一天，艺术可以治愈它们。

航行

2006 年，SWOON 和一群自由艺术家朋友设计制作了几艘完全由城市中的废弃物制作成的艺术装置船，这些船构成了一个与现实世界隔绝的漂在水上的独立城市。她召集的三十几位艺术家船员有音乐制作人、演员、马戏团负责人、视觉艺术工作者……，他们划着这些"破烂船"沿密西西比河南下，花了一个夏天的时间一边航行一边唱歌，冬天把船停放到船坞中，次年夏天再继续南下。2008 年，她们再次制作了七艘装置船，从纽约沿着哈德逊河绕过曼哈顿出海，在行驶了三周后返回纽约长岛的戴奇工作室，船只靠港停航并成为"回旋海的游泳城市"（Swimming Cities of Switchback Sea）展览中的室外装置。七艘装置船由彩色的绳子连接到室内的主装置之上（图281），展览通过船只回港讲述了心灵从放逐到寻找到庇护港的故事。

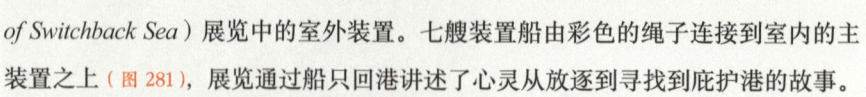

2009 年，这些"破烂船"被运到斯洛文尼亚，重新组装成三艘船再次出海，开到了威尼斯（图282），正好撞上了威尼斯双年展，她们沿路表演并邀请路人上船参加她们的派对，这些非法的装置船仿佛成为双年展的一部分，也令意大利海关大为困惑。他们穿越亚得里亚海的旅程，被记录在导演保罗·波伊特（Paul

图280."雅雅",中国香港,2017年

Poet）的纪录片《我之帝国：新世界在诞生！》（*Empire Me : New Worlds are Happening！*）之中，纪录片于2011年上映。这些混杂了城市艺术、行为艺术、装置艺术、电影和音乐表演艺术的一系列艺术"事件"，加上船员们心中的乌托邦，共同构成了一个跨越时间的宏大作品。

肖 像

图281.展览"回旋海的游泳城市"中的室内主题装置,纽约,2008年

涂鸦城市

肖 像

图282. SWOON的"破烂船"划向威尼斯，2009年

艺术行动主义

SWOON用她的艺术参与灾难地区的重建和修复，疗愈人格创伤，这个做法被人们称为"艺术行动主义"（Art as Activism）。在2010年海地（Hayti）地震之后，她奔赴灾区，凭借多年街头创作和搭建装置的经验，研究快速搭建避难所的方法，带领当地社区居民共建了社区中心和独户住宅。

2015年，她创立了天芥菜基金会（Heliotrope Foundation），这是一个非营利组织，旨在用艺术的力量帮助社区在自然灾害、经济或其他紧急社会危机后积极应对并得到治愈。天芥菜是一种会追随太阳改变方向的植物，她希望人们能够获得这种追随光明并调整自身从而成长的能力。基金会支持多个创伤疗愈项目，如修复美国布拉多克的一座废弃教堂，并在此创办了一家由艺术家经营

图283. SWOON首部定格动画《蝉》之中的画面

的名为布拉多克瓷砖（Braddock Tiles）的小瓷砖厂。她带领社区为瓷砖设计花纹，并一起修缮教堂，使其成为社区中心。她们的口头禅是"艺术点燃变革"（Art Ignites Change），艺术可以重塑环境，把事物推向有光的方向。

　　目前，SWOON除了推进她的街头创作、展览、艺术疗愈项目外，还着手制作定格动画和电影。她的首部定格动画《蝉》（ Cicada ）（图283）用神话讲述了一个关于成长和蜕变的故事，动画继承了她来自街头的剪纸般的人物肖像，令人联想到她从非法的街头创作到多重艺术表达的蜕变，如同蝉一样。

19　DALeast：形状与碎片的聚散无常

DALeast，出生于中国武汉，是国际城市艺术界中为数不多的亚洲面孔。他把承载着东方佛学哲思的解构主义画面带入了今天的艺术现场。他擅长绘制动物，无论是奔跑的猎豹、展翅的雄鹰还是翱翔的鲸鱼，都像是由无数金属线条编织而成，随着这些动物的运动，金属线条崩裂破碎。碎片的聚合成形以及散落至无形，像是在提示人们万物之无常。画面中金属线条的厚度、光泽、交叠关系以及由编织产生的空间感都扑面而来，像是触手可及的雕塑，使得作品具有鲜明的个人特征。

DALeast 曾在湖北美术学院学习雕塑，其间他以 DAL 为名开始街头创作。他加入了当时最具知名度的 JEJ 涂鸦团队，之后又与团队中另外两位队友一起实施了一个为期一年的公共艺术实验项目 CHIRPS，中文名为"奇葩"。因为热爱街头，他最终放弃了传统的学院派艺术教育。2010 年，他移居南非首都开普敦，开始了他的艺术多产阶段。他每年用超出半年的时间环球旅行并创作，办展览，在纽约、柏林、伦敦、巴黎等国际城市的街头都留下了鲜活的作品。在经历了五年的高强度创作之后，2016 年他用一年的时间去尼泊尔、印度修行佛学。随后移居柏林。目前居住在尼泊尔。

破碎的动物

DALeast 喜欢用动物去装点城市冰冷的墙面，这或许跟他在南非生活的经历有关。今天的人类越来越少直面动物，或者越来越多地直面数字影像中的动物，他用自己的方式把动物引入城市，呈现出有生命力、有速度感的，但也会消亡的动物，这些支离破碎的动物给不同地域赋予了意义。

2012 年，DALeast 在巴黎南郊塞纳河边的小城默伦（Melun）绘制了一幅名

图284（右页上）."C"，法国默伦，2012年
图285（右页下）."肾上腺素"，南非开普敦，2012年

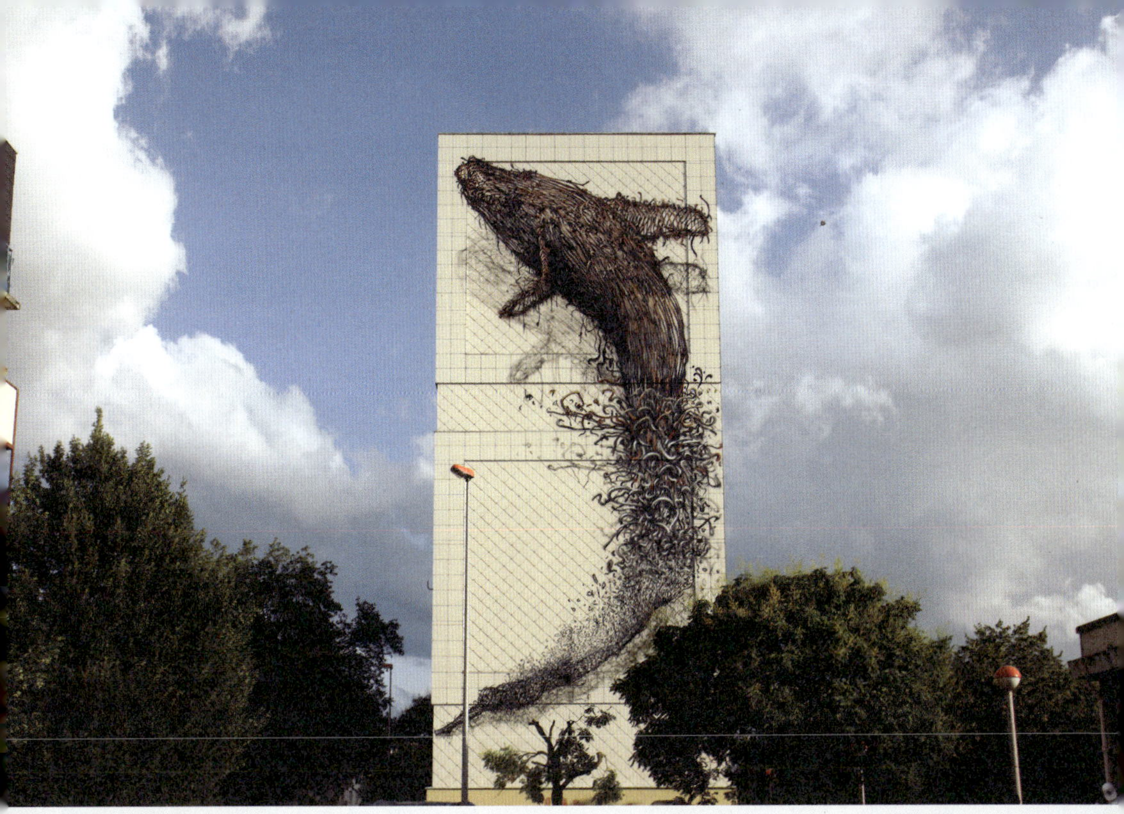

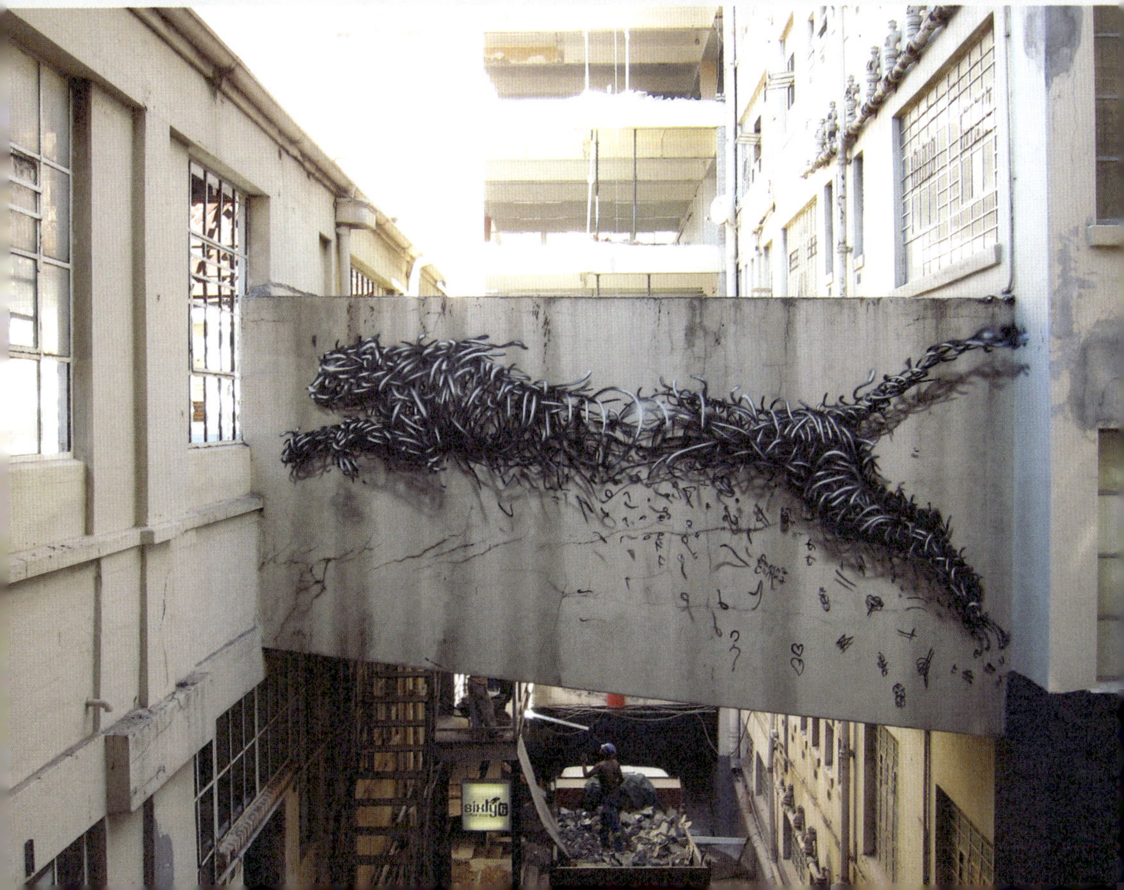

为"C"的巨型墙绘（图 284），一条鲸鱼从水中高高跃起，溅起层层浪花，水面之下，鲸鱼的尾巴幻化成一个向海洋深处潜水的人。人类和鲸鱼生活在不同的物理空间，此处二者生存空间的互换产生了强烈的视觉冲击力，令人意识到人类同样需要海洋，鲸鱼也同样需要空气，二者的生存环境彼此紧密依存。

DALeast 在开普敦绘制过大量作品，比如他绘制在开普敦著名街头艺术圣地伍德斯托克区（Woodstock）的作品"肾上腺素"（Adrenalin）（图 285），一只猎豹正从一侧建筑通过连廊越向另一侧建筑，随着动势，猎豹身体从中间断裂，抖落了各种形状的金属碎片，有心形、问号，还有 $E=MC^2$……，肆意的激情中潜藏着黑色幽默；在开普敦的自然保护区鹿园（Deer Park），他绘制了作品"鹿园"（图 286），画面中老虎和鹿首尾相连，中间一个巨大的弹簧暗示着二者相生相克的关系。

2014 年，他在波兰城市罗兹（Lodz）绘制了一个名为"Gaiad"的作品（图 287），这是波兰的"城市形态"（Urban Forms）艺术项目所支持的众多墙绘项目之一。在这面巨大的墙上，一只鹿正凝神望向远方，鹿的头颅和躯干像是由柳条编织而成，身体又似鸟窝一样容纳着鸟儿们栖息。画面的叙事有悖于日常的物理世界，又似乎暗含阴阳相互运化的古老东方智慧。

除了在城市空间中创作，DALeast 的另一半时间则潜入工作室，用丙烯绘制破碎的动物，准备他在世界各处的画廊展。这些室内作品总是用不同的色彩和肌理为背景，衬托主体动物，比如茶渍的肌理，即用自然的色彩结合自然的重力和画面的水平关系，为画面留下随机的痕迹，作品像是自然与人合作的成果。

这是你能找到我的地方

2014 年，著名的爱尔兰摇滚乐队 U2 乐队在制作新专辑时，邀请 DALeast 参与制作乐队新歌《这是你现在能找到我的地方》（*This Is Where You Can Reach Me Now*）的 MV。此时 DALeast 正在纽约准备他的个人展览，并筹划绘制曼哈顿的一面墙，于是他就以纽约的街头和墙绘的绘制过程作为 MV 的素材。在 MV 中，DALeast 一人分饰两角：一个是作为城市艺术家的现实中的自己；另一个是浪迹在城市街头的肮脏的流浪汉，这是一个无拘无束、没有边界感的、超越传统与现实的臆想中的人物，也许是自由状态中的另一个艺术家自我。两

图286."鹿园",南非开普敦,2012年
图287."Gaiad",波兰罗兹,2014年

肖 像

315

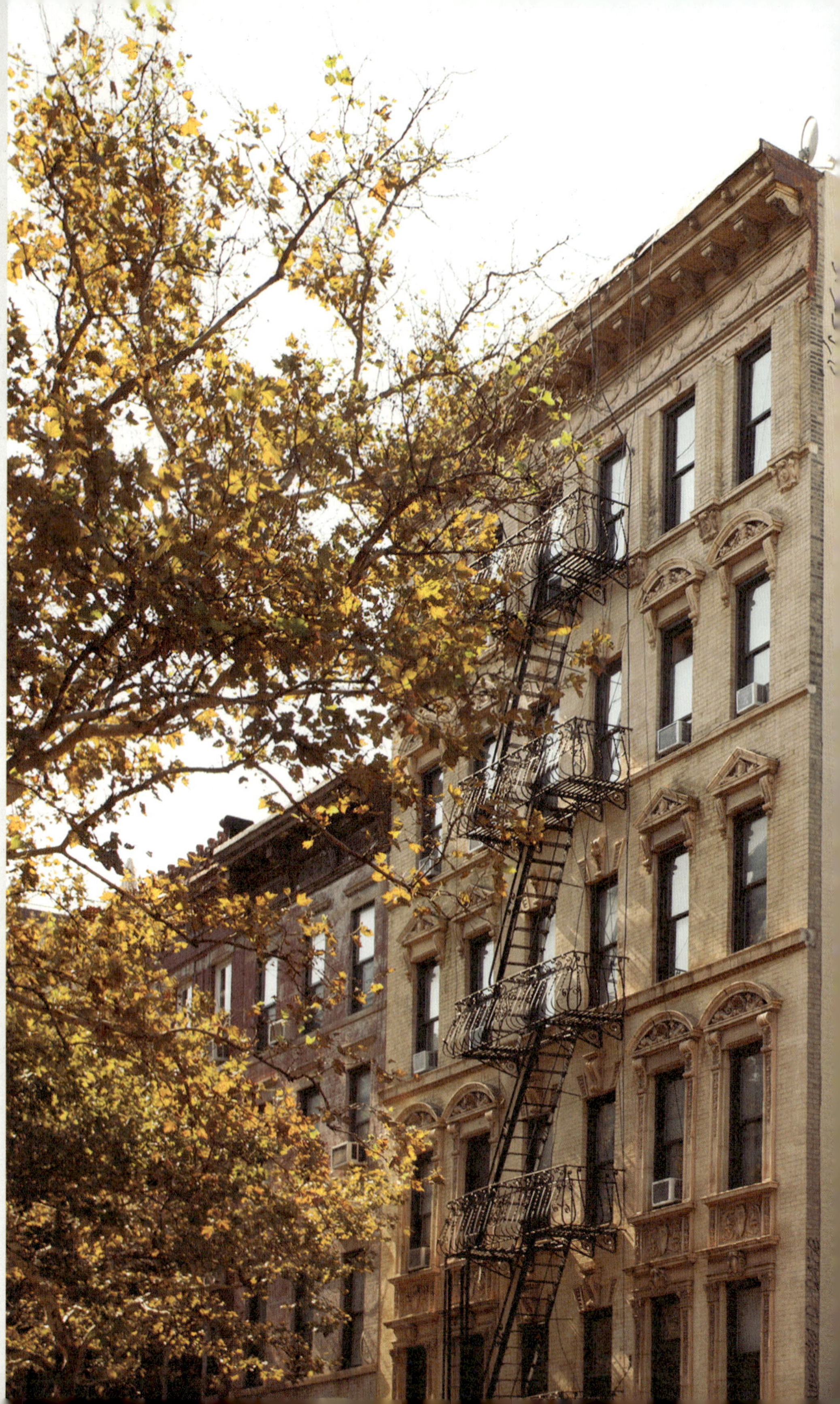

图288．"DKR"，纽约曼哈顿，2014年

图289."休眠的触角",波兰华沙,2014年

个人物在一个废弃了半个世纪的老电影院偶遇，最终在晚霞中一起坐在墙绘建筑的屋顶喝茶。

曼哈顿圣马丁山墙上的两只雄鹰的墙绘就是MV中的作品（图288）。在MV中可以看到艺术家面向大海起稿草图，在升降机上绘制墙面，并在终曲时艺术家笔下的狼、猫头鹰、纠缠打斗的两只雄鹰等所有动物全部奔跑和飞翔起来，抖落的金属碎片飞扬四散，动物们穿过纽约的街道，聚集到艺术家麾下，此时伴随着U2的音乐："战士、战士，我们知道世界永远不会是相同的"（Soldier soldier, We knew the world would never be the same.），街头艺术与音乐互相赋予对方力量。

体验与觉知

2014年在华沙（Warsaw）的"街头艺术兴奋剂"（Stree Art Doping）城市艺术节期间，DALeast创作了作品"休眠的触角"（*Dormant Antennae*）（图289）。作品中，一只猎鹰站在眼镜蛇的身躯之上。猎鹰像是艺术家对感知的体验，而眼镜蛇像是猎鹰觉知的显现。眼镜蛇高昂的头部连接着建筑屋顶的天线，仿佛可以通过天线连接到无穷的宇宙。猎鹰与眼镜蛇的关系像是生活中的艺术家和修行中的艺术家的关系，一个是承载现实自我的躯体，一个是承载自由的觉知和不受制约的形骸。

DALeast通过这些破碎的动物描述了事物之间的关系、能量的聚散无常。他说："一切都在变化。所有事物都是无常的。"也许正是因为无常，我们才会更加欣赏当下，感念万物生灵。

20　KOBRA 的流光溢彩

巴西艺术家 KOBRA，原名卡洛斯·爱德华多·费尔南德斯·利奥（Carlos Eduardo Fernandes Léo），是一个极其高产的城市艺术家。他街头作品的尺幅和数量都相当惊人，不但保有世界最大墙绘的吉尼斯世界纪录，而且作品遍布五大洲的 36 个国家，达 3000 多幅。在寸土寸金的纽约市，KOBRA 留下了 20 多幅大尺度的墙绘，真正改变了纽约这个国际大都市的城市面貌。他以绘制那些对世界有影响力的人物肖像为主，画面总是洋溢着丰富的色彩、写实的肌理和逼真的立体效果。他常用彩色的菱形或三角形叠加在人物肖像上，如万花筒一般展现世界美好的、炫彩的一面，人们喜欢形容他的墙绘为"墙上的万花筒"（Kaleidoscope on a Wall）。

KOBRA 于 1976 年出生在圣保罗的一个贫穷社区，他的父亲是织布工，母亲是家庭主妇。他 11 岁时就跟随当地的涂鸦团队上街喷绘涂鸦，他绘制过巴西特有的"皮插草"涂鸦和美式的字母涂鸦，后来绘制大幅作品。为此他曾经三次被捕，每次都能因未成年而被释放。他没有接受过正规艺术教育，一切都是在街头自学。他一边涂鸦，一边为巴西最大的游乐园绘制海报，这些海报大获成功并引来其他商家的海报订单。1995 年，他创办了 KOBRA 工作室（Studio KOBRA），开始了墙绘创作。2007 年之后，他在巴西崭露头角，2011 年 KOBRA 第一次走出国门，在法国里昂一个社区的邀请下绘制了一面有关移民的墙绘，从此一发而不可收拾，在美国、墨西哥、西班牙、葡萄牙、意大利、瑞典、波兰、荷兰、俄罗斯、日本和印度等国家都留下了他色彩斑斓的作品。

平凡与伟大

KOBRA 的人物肖像主要表现最平凡的人物和深受世人爱戴的伟人。对平凡人物的刻画以作品"种族"（Las Etnias）最具影响力。2016 年，他为里约奥运会创作的巨幅墙绘"种族"震惊了世人。墙绘顺着奥林匹克大道延展，长 170 米，高 15 米，幅面约 3000 多平方米。KOBRA 绘制了来自五大洲的五个古老

图290."种族"局部，里约热内卢，2016年

种族的面孔：一个巴西的塔哈波（Tajapo）男孩、一个埃塞俄比亚的穆尔西族（Mursi）的妇女、一名泰国的克伦族（Kayin）妇女（图290）、一名北欧的苏皮族（Supi）男子和一个巴布亚新几内亚的胡利（Huli）部落的男子。他们代表了来自五大洲的人类先民，如同奥运五环一样，紧密连接，团结在一起。为了绘制这幅巨型墙绘，KOBRA绘制了十多幅准备稿，每天工作12小时，历时两个月绘制完成，使用了约2000升油漆和至少3500罐喷漆。这幅墙绘创造了当时最大尺度墙绘的吉尼斯世界纪录，尽管这个纪录被他次年在圣保罗绘制的5700平方米墙绘打破。虽然尺幅巨大，但是这幅墙绘不失生动的细节，少数民族的配饰、人物面部的须发栩栩如生，令人感叹其个人和团队高超的画面驾驭能力。

2018年他把来自五大洲的儿童的肖像绘制到迈阿密的温伍德墙（Wynwood Wall）之上（图291），作品名同样为"种族"。这些孩子代表了人类的希望、文化的传承，他说："种族的未来寄希望于全世界本着兄弟般的情谊共同反对暴力，人性的光辉才有可能实现，我们的希望在于孩子。"

此外，他在不同的城市绘制了该地区最有影响力的人物，比如2013年他在巴西圣保罗绘制了巴西国宝级建筑师奥斯卡·尼迈耶（Oscar Niemeyer），2014

肖 像

图291."种族"局部,迈阿密,2018年

肖　像

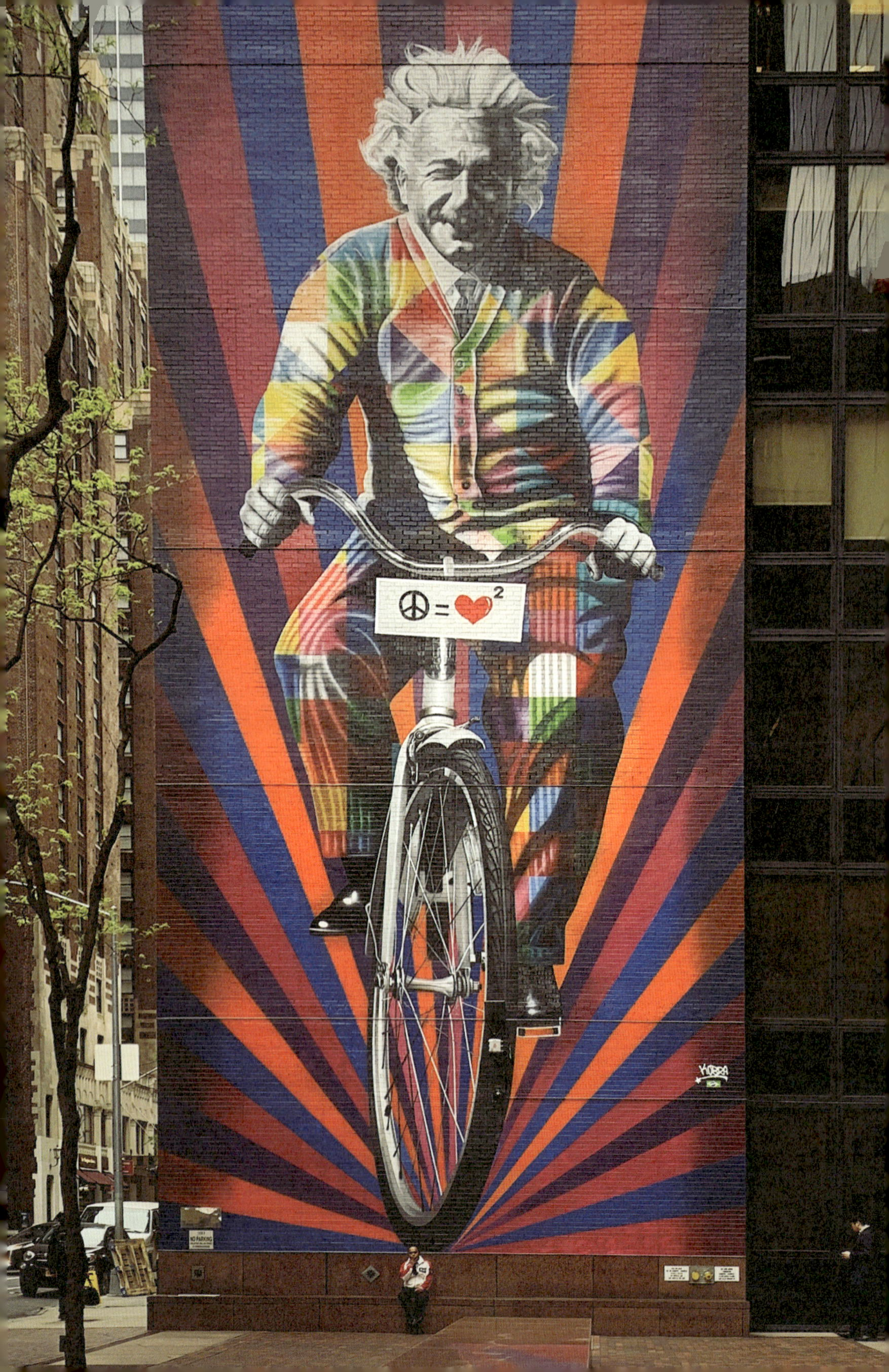
KOBRA

年在瑞典布罗斯（Boras）绘制了阿尔弗雷德·诺贝尔 (Alfred Nobel)，在波兰的罗兹（Lodz）绘制了波兰犹太裔钢琴家阿图尔·鲁宾斯坦（Artur Rubinstein），2017年在印度孟买绘制了圣雄甘地。面对每一面墙，他都会花很多时间在城市的博物馆和图书馆中查阅每座城市的历史，从老照片中提取灵感。他把这一系列城市画作命名为"自由的色彩"（Colors of Liberty），意为用色彩描绘并致敬那些与暴力做斗争、传播和平与艺术、捍卫种族平等的伟大人物。这些肖像唤起了人们对过往的回忆、对伟大人物的崇敬和对未来的思考。

2018年，他在纽约绘制了一幅爱因斯坦骑自行车的壁画，名为"天才骑自行车"（Genius Is To Bike Ride）（图292），据说，著名的物理学家爱因斯坦的很多灵感都是在骑自行车的时候获得的。KOBRA用这幅肖像致敬爱因斯坦的同时，还对纽约彼时正在热议的关于是否应该加建城市自行车道的议题表明了他的立场。图中笑容可掬的爱因斯坦像是从另一个时空飞驰而来，他的自行车前方挂着"和平等于爱心的平方"的公式，斜线的彩色背景光芒四射，带来速度感。

肖像并置

KOBRA喜欢把几个人物的肖像按照主题并置，或者把某个人物不同年龄的肖像并置在一起，形成一种人与人隔空对话的场景感，像是赋予二维的绘画以时间或历史的维度。

2015年，他在美国明尼苏达州的明尼阿波利斯市（Minneapolis）的中心城区绘制了一幅著名歌手鲍勃·迪伦的巨幅肖像（图293），面积达1400平方米。出生于明尼苏达州的鲍勃·迪伦是本地的骄傲，画面展示了鲍勃·迪伦青年、中年和老年的三个人生阶段，并在画面右侧题写了鲍勃·迪伦著名专辑的名字"时代在改变"（The Times They Are a-Changin'）。人物并置所产生的时间感，提醒人们时间的流逝，和与之伴随的城市、经济、文化、气候的变化。画面完成的次年，鲍勃·迪伦获得诺贝尔文学奖，这面墙绘显得更具深意。

2018年，KOBRA在纽约创作了多幅作品。比如在下东区的利温顿街（Rivington Street）绘制了"27俱乐部"（The 27 Club）中的五个人的肖像（图

图292（左页）."天才骑自行车"，纽约，2018年

图293."时代在改变",明尼阿波利斯,2015年
图294."27俱乐部",纽约,2018年

涂鸦城市

图 295. "黑与白"，纽约，2018 年

294）。"27 俱乐部"是指那些 27 岁就过世的著名音乐人和艺人们，他们才华横溢却在青春年华谢幕离场。画面中这五位音乐人分别是：美国蓝调天后詹尼斯·乔普林（Janis Joplin）、涅槃乐队（Nirvana）主唱科特·柯本（Kurt Cobain）、大门乐队（The Doors）的主唱吉姆·莫里森（Jim Morrison）、摇滚史上最伟大的电音吉他手吉米·亨德里克斯（Jimi Hendrix）、英国爵士女歌手艾米·怀恩豪斯（Amy Winehouse）。他们每人半张面庞，两两相拼，形成极具冲击力的画面。红蓝橙色的条纹叠加黑白的肖像，令人物所散发的光辉在今天依然夺目。

在东村，KOBRA 绘制了一幅迈克尔·杰克逊（Michael Jackson）的彩色肖像（图 295），名为"黑与白"（Black & White），以纪念这位已故流行音乐天王的 60 岁生日。他把杰克逊儿时的肖像和中年的肖像各选取一半并置，童年部分配以白色背景，中年部分配以黑色背景。图中的黑白变化不仅是背景的转换、日夜的转换，也暗示着种族和肤色所带来的社会矛盾和对杰克逊个人的困扰。彩色色块打破了黑白的单调和悲情，令画面显得律动而欢愉。

在纽约切尔西区的 10 街，他绘制了作品"宽容"（Tolerance）（图 296），用以庆祝世界人道主义日。画面描绘了两个以捍卫和平、布施博爱为终身事业的人：特蕾莎修女和圣雄甘地，他们双手合十，隔空互望，眼神中有道不尽的对世界的温柔。

KOBRA 用他的喷漆罐做画笔，令那些或者过世或者依然健在的人物的肖像在巨大的墙面上绽放，他们的脸庞五光十色、流光溢彩，散发出智慧之光，点亮了城市的街头。

图296．"宽容"，纽约，2018年

肖　像

艺术与城市

当我们从艺术的角度和城市的角度再度审视涂鸦、街头艺术与城市艺术的时候，会发现这些创作于街头的艺术形式在其艺术性上，在与城市之间的关系上可能暧昧不清甚至备受质疑。它们是艺术吗？它们不是艺术吗？它们违法吗？它们怎么又不违法了？让我们放下一元论的刻板思维，从涂鸦自身的艺术性的向内视角和其依存的城市的外向视角去观察它们，我们会发现它们有着丰富的层次，从而使我们思考在怎样的条件下接纳它们以及如何接纳它们。

颠覆性的艺术特质

街头创作的艺术性特质是颠覆传统的，它背离了人们之前对经典的"艺术性"的常规认知，甚至"反艺术性"和"艺术价值无视"都是其特质的一部分。这不禁引出了一个哲学悖论：反艺术也具有艺术性吗？不得不说，从20世纪以来的各种形式的当代艺术不断挑战着艺术理论所定义的极限。或许我们可以秉承一种开放的心态，通过对这些街头表达的特质进行分析和举例，从而观察它们在何处、在何时的那个当下成为艺术或者背离了艺术。

艺术与艺术价值无视

涂鸦诞生之初表现为符号化书写，如费城的"玉米面包"和纽约的TAKI 183，这一行为的初始其实无关艺术和美丑。甚至后来的涂鸦创作者为了和殿堂级艺术的"道貌岸然"划清界限而以"写手"自居，他们不屑与"艺术家"汇入同一艺术语境之下，刻意保持着距离，"地下"是他们的舒适圈。这种"艺术价值无视"的特点并不是艺术性的对立面，应该说，对"艺术性"的追求并不是其首要创作目标。从这个根源发展而来的街头艺术和城市艺术都或多或少地带有这一叛逆的特质，在今天的城市街头，我们在看到唯美的墙绘的同时，也不难看到一些作品的艺术价值明显弱于其对存在感的彰显。

举一个有趣的例子，就是在法国巴黎街头出现了约二十年的约翰·哈蒙（John Hamon）头像海报（图297）。约翰·哈蒙是谁？没人知道，但是巴黎人应该都认识他贴得遍布全城的他自己的头像。那是约翰·哈蒙的一张证件照的拷贝，一个戴着线框眼镜、头发蓬乱、抿嘴微笑的普通法国大男孩的样子，下面印着大写的"JOHN HAMON"，这就是他的真名和真容。这些海报未经任何艺术处理，反复拷贝粘贴，不但遍布巴黎大街小巷，甚至曾在埃菲尔铁塔、凯旋门、东京宫等纪念性建筑上以投影的方式呈现过。迄今为止，他的海报已经出现在33个国家的77个城市。这个现象曾遭到巴黎市民的讨论，有人认为他过于自恋，认为他的街头作品缺乏艺术价值，然而他的做法其实另有深意。约

图297. 曾经遍布巴黎大街小巷的约翰·哈蒙头像海报，巴黎玛莱区，2019年

翰·哈蒙认为，当代艺术家的成就主要来自推广和炒作而非个人艺术造诣，所以他身体力行地质疑当代艺术世界的排他性、政治性和圈层文化。我们无法评判约翰·哈蒙的大头海报是否具有艺术性，因为正如杜尚所倡导的，艺术不是唯美的形式而同样可以存在于观念之中，艺术也不是任何崇高的存在，它可以是任何东西。

虽然"艺术价值无视"是涂鸦与生俱来的品格之一，但在几十年的发展和迭代过程中，创作者越来越在乎街头作品的品质、视觉冲击力和其传递出的观念和抒发的情怀，这些无不关乎艺术。在今天的多元文化语境下，对艺术的追求和对艺术的无视也似乎并不对立，二者共存于街头创作者的个体差异中，也存在于同一个创作者在不同场域的作品之中，冲突且含混，也因此而有趣。

自发性与自生长

自发性是街头表达最本质的特性。街头创作者一厢情愿地涂写，其创作的动因就是单纯的自我表达而不受他人的意志所左右，因此它们显得自由不羁。

图298.比利时小镇德尔的废弃学校内部的涂鸦，2017年

同时，涂鸦和街头艺术还表现出了一种自生长的状态，即兀自生长，不管场地条件和土壤结构，也不在乎环境与族群，在被新的作品覆盖后结束生命，并周而复始。

比利时的废弃小镇德尔（Doel）就是一个街头艺术自生长的案例。那里曾经是一个有着1300人的热闹小镇，后来因为北部核电站的存在和安特卫普港的扩建占地计划，居民陆续搬离，人口锐减到二十余人。那里的学校空置，教堂、炼油厂、大型集装箱码头、街道都空无一人，公共交通停运，是一个名副其实的鬼城。然而这个如末世场景的小镇却成为写手们和街头艺术家青睐的场域，这里几乎没有法度和约束，可以恣意创作。欧洲的街头创作者慕名前往这里喷绘创作，比利时艺术家ROA曾在此留下了大量的黑白动物涂鸦。街头艺术在这

片空无人迹的土壤上遍地开花。(图298)

繁华的城市中也有很多涂鸦和街头艺术自生长的角落，可能是法律许可的涂鸦区，或者是创作者自行寻找到的灰色地带。比如巴黎的街头艺术家LEK和SOWAT于2010年在巴黎北部的"废墟探索"（Urbex-Urban Exploration）中发现了一个4万平方米的废弃超市，里面如废墟般阴冷黑暗，但是挑高的大空间又有如赛博朋克般的末日现场。他们如获至宝，把这里作为一个秘密的野生涂鸦基地，命名为"陵墓计划"（Project Mausoleé）。在一年的时间里，他们先后邀请40多名街头艺术家和涂鸦写手前来这个秘密基地进行创作，甚至把这个过程拍摄成纪录片。

当然，涂鸦和街头艺术的这种自发性和自生长是在一种理想的状态下，依赖于法律和制度的宽松甚至支持。在今天的城市中，城市艺术以更高的组织性部分取代了曾经的自发性，从自然野生到有序培植，今天的艺术家们需要在不同的场域和多重的创作媒介中进行切换，以寻找这种自发性的平衡。

草根化与素人艺术

街头创作的另一个特征就是对于创作者身份的"无视"。涂鸦本就诞生于纽约社会最草根的布朗克斯街头，这个亚文化圈层与学院化的艺术教育南辕北辙。这也成就了今天的城市艺术对草根艺术家的接纳，创作者的身份只是一个代号，无论是学院化的光环还是无家可归者的烙印都不会对作品产生影响。

人们用Outsider Art即"素人艺术"或"局外人艺术"来指代这些没有学院派艺术教育背景、未经过专业艺术训练但是充满艺术冲动和天赋的艺术创作和艺术行动。"素人艺术"一词来源于20世纪40年代法国艺术家让·杜布菲（Jean Dubuffet）提出的"原生艺术"这一概念（法语为Art Brut，英语译为Raw Art），指包括精神疾病患者、囚犯、儿童和普罗大众不受艺术惯例束缚，忠实于自我情感的原始表达所创作的艺术。从这个角度而言，涂鸦和街头艺术真正契合了素人艺术的概念，独立于学院派门槛之外。这也是为什么一些画廊主理人习惯称呼旗下的街头创作者为Outsider，这个词统合了写手和城市艺术家，呈现了他们的室外创作属性，并夹杂着素人艺术的表达特质。

比如英国艺术家STIK，那个我们熟悉的火柴人的创作者。他没有接受过任

图299. 英国伦敦砖石巷内STIK的作品"街头牵手的爱侣"，今天成为吸引各国旅行团参观的网红景点，2023年

何艺术教育，甚至一度沦为无家可归者。他绘制的六条线外加两个点的火柴人形象，就艺术语言而言乏善可陈，可谓真正的源于草根阶层的素人艺术家。然而他用最简单的视觉符号传递了跨越语言的思想主题，他的作品涉及妇女和儿童权益保护、公租屋建设、文化包容等主题。作品不但遍及伦敦，甚至在欧洲、美洲、亚洲都出现过。2010 年，STIK 在伦敦砖石巷创作的作品"街头牵手的爱侣"（*A Couple Hold Hands in the Street*）（图299），画着一个穿着穆斯林罩袍的黑色火柴人牵着另一个白色火柴人的手。这幅作品所传达的文化接纳契合了东伦敦穆斯林社区的文化背景。在 2017 年《卫报》的调研中，这幅作品高居英国最受欢迎的艺术品第 17 位（第一位是班克西的"女孩与气球"），打败了亨利·摩尔（Henry Moore）等著名艺术大家，可见素人艺术在受众心目中并不逊色于传统学院派艺术。还有，与 STIK 的简笔画画风如出一辙的柏林墙涂鸦第一人 NOIR（图300），他的出现永远让人联想到反种族隔离的柏林墙的倒塌，所以同样经久不衰。

涂鸦城市

图300. NOIR在巴黎94省的涂鸦作品，2023年

载体与处所

城市艺术区别于传统艺术语言的另一个特点，就是其可因载体和处所的不同而被赋予更多的超越图像语言的内涵，这一点是传统架上绘画和室内展陈所不具备的。街头作品可以根据载体不同的空间位置、场所功能、场域意义，借助空间角度或空间道具，赋予图像新的内涵，用画面致敬一个场所，或形成双关、对比、讽刺等新的语义关系，令观者收获惊喜或引发意味深长的思考。当代艺术中用"在场"（In situ）一词来指特定的作品在特定的艺术场域发生，也指观赏主体因处在这个场域而感受到场域赋予作品的新意义。这一点也是街头作品真正打动人的特质。

我们来看这样的一个例子，在印度新德里一个妇婴医院对面的一堵墙上，

339

艺术与城市

西班牙艺术家博隆多绘制了墙绘"世界的起源"（*The Origin of the World*）（图301）。他以这面墙上的拱洞为中心绘制了放射状的拱券结构，保留了从拱洞中伸展而出的大树枝干。墙面中央的拱洞象征生命源起的地方，暗红色的河流从这里流出，前方一条小船也从这里驶出，沿着拱券形成的廊道前行，就像生命脱离母体的子宫来到这个世界，即将开始一场未知的航行。这幅画的灵感来源于法国现实主义画家古斯塔夫·库尔贝（Gustave Courbet）的画作《世界的起源》（*L'Origine du Monde*）。每当清风袭来，树枝朝向妇婴医院这个新生命的源起之地挥舞摇曳，画面上的小舟也像是朝这个方向缓缓驶来，人性之光辉在这个日常的街角被彰显。如果这幅画作不是在妇婴医院对面，如果没有大树伸展而出，作品的灵魂也就不复存在。

再如，上一章提到班克西在耶路撒冷的一个车库外墙上绘制的墙绘"掷花的人"（见P167，图124），在那个特殊的场域把鲜花掷向战场。又如班克西在涂鸦写手OZONE过世后，为了表示纪念，再次回到曾被OZONE覆盖过的那面墙，绘制了"穿防弹背心的天使"（见P171，图128），这张图出现于这个位置，就叠

340

涂鸦城市

图301. "世界的起源",博隆多绘于印度新德里,2016年

艺术与城市

341

加了层层过往，叠加了时间……睹物思人，那些恩怨与释然，在事件发生的场域，与图像一起迎面而来。这些都是"在场"的魅力。

蜉蝣与迭代

涂鸦与城市艺术不同于博物馆中的架上艺术，在恒定的温度和湿度下或可保留千年。涂鸦的生命极其短暂，有时还未干透就被他人覆盖或被市政去除，如水中蜉蝣，浮生一日，蜉蝣一世，所以涂鸦又被称为"城市蜉蝣"（Urban Ephemera），比喻它犹如蜉蝣一般朝生暮死。而城市艺术的更迭周期相对较长，有些特定的墙面被画廊或运营机构安排了周密的更迭计划，每幅墙绘可以有几周到几个月的生存周期。有些墙绘虽然是永久性的，但是也要日日面临风吹日晒雨水冲刷，因失色而需要修补或被替换。

这些艺术从诞生之初就注定可能无法长久，艺术家必须接纳并且热爱这种昙花一现般的艺术形式所具有的特殊价值，街头作品只要曾经被实现、被视读，就已经具有了它的价值。而被街头的各种状况影响，所产生的变化直至被更迭，都是其艺术魅力的一部分。就像艺术家 DALeast 曾在他的社交媒体中说的，他学着和他画在全世界各个角落的墙绘作品说再见，从开始的不舍到后来在再见的时候甚至不拍照，这不代表他不爱这个作品，而是建立了说再见并欣然接受各种变化的能力。

虽然这种艺术形式的更迭是如此正常和司空见惯，艺术家、机构、观者还是会用各种方式去记录并保留珍贵的图像记忆，使艺术的迭代不至于泯灭于时间的长河。在涂鸦发展历史中不乏有影响力的记录，比如美国摄影师玛莎·库珀从 80 年代开始一生都在跟踪拍摄街头涂鸦，她的《地铁涂鸦》一书广为流传，是 80 年代街头现场的图像再现。一系列电影、纪录片，如美国的《狂野风格》《风格之战》，法国的《写手：1983—2003，20 年涂鸦在巴黎》，班克西导演的艺术电影《画廊外的天赋》等都是当时街头现场的宝贵视频资料。

更加难能可贵的是，今天越来越多的前卫艺术机构开始着手留存这些艺术作品的档案资料，他们视这些被迭代的街头艺术为"艺术遗产"（Art Heritage），建立艺术档案是保护遗产的最直接手段。艺术档案的内容不仅包括传统的图像资料，还包括对这些图像资料的人物、时间、地点、主题、工具、技术手段等进行整理。除了数字资料外,还包括更多的实物,如架上绘画、传单、海报、贴纸、书籍、工具、草图黑皮本等等。2022年成立于法国巴黎的国家城市艺术档案中心(Arcanes-National Centre of Urban Art Archives)就是一个致力于此的机构,他们对世界范围内的有价值的涂鸦和各种形式的城市艺术资料进行归档。这些实物和数据将成为现在和未来艺术史学家研究的资料,也使公众、学者能够不受时间和地理的局限欣赏城市艺术。

谷歌街头艺术项目(Google Street Art Project)也是一个展示和留存街头艺术的网络艺术平台,借助谷歌的街景捕捉技术和图像拼合技术,发生在世界各地的街头创作都被立体地记录下来,观者通过网络可以看到城市中的艺术场景,全方位地看到作品本身以及作品四周的城市面貌和行人,身临其境地感受当下的城市艺术。想看班克西最著名的10幅作品吗?从巴黎到布里斯托的10个街角就依次展现在你眼前!今日的技术已经能够将昙花一现的艺术定格在绽放时的完美时刻了。

普世性与艺术民主

涂鸦与城市艺术的另一个特质在于作品使用权的让渡。这些存在于公共空间的艺术作品只要被公众视读成功,无论是主动还是被动,艺术品的使用权就被公众占有,就如同看电影和逛展览,当你阅读和观赏过后,便消费了艺术品的使用权。城市艺术只不过让渡了使用权,在场即可视,无关资格,无关版权,也不用买票,作品的传达更为普世与民主。

这种艺术形式的民主性还表现在涂鸦的精神内核具有反物质占有(anti-ownership)或者反资本主义(anti-capitalist)的性质,即蔑视"物"被特定人群或资本占有。"炸街"的涂鸦写手不在乎墙面属性是私有、共有还是国有,当然这和现实中的法律是格格不入的,所以涂鸦具有所谓的"破坏性"(vandalism)也是基于"物"具有法律层面的资本归属而言的。(图302)追求艺术的民主性是自涂鸦诞生起就具有的亚文化的乌托邦,也注定了其在艺术品市场化、资本化的今天受到的精神碰撞是巨大的。

说回2018年苏富比拍卖行的班克西画作"女孩与气球"在成交后被内置的碎纸机销毁的事件。这场堪称行为艺术的闹剧所传递的信息看似令人费解,但

图302.绘制在巴黎老建筑煤气阀上的街头艺术小品：一个小人儿从煤气阀上引出一根管子，在上面烤着香肠，巴黎13区鹌鹑丘，2023年

或可从街头艺术的普世与民主性的角度去解读：因为画作在拍卖的展陈中已经让渡了使用权，实现了它的价值，在获得价值实现之后就化为乌有，就摆脱了归属性的束缚，实现了艺术的普世和民主。这本是对艺术品资本市场的一个叫板和诘责，然而现实中这幅破碎一半的画作在三年之后又以较之前十几倍的价格在苏富比再次落槌，令人啼笑皆非。不知击与反击哪个更有力。

城市艺术的发生与被组织

街头作品的出现和发生源自不同的契机和发生方式，早期美国布朗克斯涂鸦的发生是一种自生长的模式，至今仍然是涂鸦和街头艺术的主要发生方式。在后来的发展演进中，城市艺术的发生又呈现了更加多元的模式，也逐渐表现出了更强的组织性。除了自生长，它们的发生方式还有很多模式。

开放艺术墙

今天在很多寸土寸金的国际大都市的街头，都可以见到这种专门用于承载城市艺术的开放式墙面。这些墙面一般是由城市的街头艺术协会或画廊通过与市政和建筑产权人协商，从而获得了墙面的艺术运营权。由协会的策展人负责甄选艺术家，借鉴户外广告的周期性，对艺术家进行时间排序，策展人会陆续安排艺术家在该墙面上进行创作。完成的艺术作品通常会保留数周或数月，再被下一位艺术家的创作覆盖。如此在城市中，同一面墙会像路人持续不断地展示各路艺术家的精彩创作，而且继续秉承着这一艺术所固有的素人化、迭代性、艺术民主性等特质。

以巴黎 11 区的欧贝坎普墙（Mur Oberkampf）为例，由巴黎的街头艺术协会 Le M.U.R（名称来自 Modulable "可调性"、Urbain "城市"、Réactif "创作性" 的首字母缩写，合在一起的 Mur 一词的法语意思为"墙"）从 2003 年 3 月开始组织运营。每三周更换一个艺术作品，每年约实现 17 幅风格各异的街头作品，很多艺术家常年排在这面墙的艺术家队列中等待时机的到来，即使没有任何资金贴补，艺术家们仍然心向往之。这面墙常年为路人带来耳目一新的视觉体验，人们也可以在它的网站上（www.lemur.fr）查阅到所有过往作品的现场照片和艺术家简介，当这些作品因迭代而消失时，还可追溯并查阅到那些精彩的画面。

如此运作的开放墙面还有很多著名的案例，如巴黎地铁奥伯站（Auber）和歌剧院站（Opéra）之间的换乘通道墙面，由地铁公司 RATP 和巴黎 Le M.U.R. 协会合作运营，可同时承载八件艺术作品，每三个月就会更换其中一件。还有巴

murdumarais

murdumarais
@RIOGILMERGONCALVES

黎玛莱区的玛莱墙（Mur du Marais）（图 303、304）、美国纽约曼哈顿下东区的"包厘墙"、柏林城市当代艺术博物馆的建筑外墙和腓特烈斯海因街区的"艺术家墙"（Artist Wall）都是以这种方式组织而实现的城市艺术。

区域培植

在一些特定的城市区域内，城市的管理者因需要打造某个富于艺术质感的街区，市政部门会联合城市规划部门、城市艺术委员会、建筑产权人、画廊及策展人一起甄选墙面和艺术家，为某个城市区域实现诸多大型的城市艺术作品。这些作品通常是相对永久的，不准备被替换的。

这种模式最著名的例子就是之前介绍过的巴黎13区与巡回画廊合作推出的城市艺术画廊项目，一系列具有国际知名度的城市艺术家，如谢泼德·费尔雷、D*FACE、FAILE、MAYE、博隆多等 30 余人的作品在 13 区的建筑山墙上密集呈现，把巴黎13区打造成了一个真正的露天博物馆。再如，柏林由"城市国度"协会组织的"一墙"项目也是以此种形式集中寻找城市中的可用墙面，甄选艺术家，逐一完成城市艺术作品的植入，自2014年开始已经在柏林实现了100多幅墙绘艺术作品。

这种模式的优势在于可以从城市管理者的角度自上而下地筛选墙面，从而获得很多更大的建筑山墙的使用权，从而实现巨幅的艺术作品，这是普通的街头艺术家凭借一己之力所难以企及的"画布"。同时，规划局、市政艺术委员会也会对艺术家的筛选格外严格，以保证城市艺术的水准。在这种模式下，艺术家通常会获得资金支持，在投入的时间、精力、团队配合、物料品质方面都会更多更好，所以这种模式下生长出的城市艺术总能具有高超的艺术品质和非凡的视觉震慑力。

图303.玛莱墙展出的由旅法华人艺术家FAN SACK创作的墙绘作品，2023年5月
图304.玛莱墙展出的由艺术家里约·吉尔默-贡卡尔维斯（Rio Gilmer-Goncalves）创作的墙绘作品，2023年

画廊、博物馆与艺术节

画廊、博物馆与艺术节都是城市艺术有组织的展陈方式。画廊展览是艺术家移步室内进行创作的展陈，是城市艺术的商业化发生方式，创作者通过参与展览和售卖作品获得受众的认可和经济上的收益，所以以画廊展陈一直都是艺术家能够继续户外创作的有力支持。博物馆展览相比画廊的展览，通常更具学术性、系统性和综合性，而且不受商业利益的牵绊。而城市艺术节则是城市艺术集中的户外展陈，是城市艺术的集体发生，很多城市艺术作品在艺术节期间出现并置入城市之中。

许多致力于城市艺术的国际画廊一直引领着城市艺术的发展并推动其商业化进程。比如前文提到的纽约东区由帕蒂·阿斯特（Patti Astor）主理的"趣画廊"、巴黎阿尼亚斯贝的白昼画廊等，都被写入了涂鸦的历史。今天有更多的知名画廊，如纽约的戴奇画廊，巴黎的唐妮诗画廊（DANYSZ Gallery）、巡回画廊（Galerie Itinerrance），伦敦的悬挂画廊（Hang-Up Gallery），等等。在它们的助力下，城市艺术被扶植、被推广，进入艺术品市场，令大众可以通过消费而拥有这些艺术作品，使这些作品得以长久流传。

博物馆的城市艺术展览也是城市艺术在室内的发生。伦敦泰特现代美术馆在2008年举办的"街头艺术"展，是该博物馆第一次向街头艺术伸出橄榄枝。2009年在巴黎大皇宫举办的跨越40年的150位街头艺术家作品的大型展览，在当时具有非常大的影响力。还有美国著名涂鸦界大咖罗杰·加斯特曼（Roger Gastman）组织的"超越街头"（*Beyond the Streets*）艺术展，自2018年在美国洛杉矶开展之后，每年都会在世界各地巡展，如2019年在纽约、2020年疫情期间在线上虚拟博物馆、2021年在纽约南安普敦、2023年在伦敦和上海举行。展览把早期纽约涂鸦的诸多王者如玉米面包、粉色小姐和街头神话凯斯·哈林、班克西等人的作品带向全世界。

今天专门致力于城市艺术的博物馆也逐渐增多，比如阿姆斯特丹街头艺术和涂鸦博物馆 STRAAT（Amsterdam Museum for Street Art and Graffiti）、柏林的城市当代艺术博物馆（Urban Nation Museum for Urban

图305.城市艺术的露天博物馆,美国迈阿密的温伍德墙,2013年

Contemporary Art)、俄罗斯圣彼得堡街头艺术博物馆SAM(Street Art Museum Saint Petersburg)、慕尼黑城市与当代艺术博物馆MUCA(Munich Museum of Urban and Contemporary Art)、纽约的街头艺术博物馆MoSA(Museum of Street Art)、巴黎浮浪城市艺术中心(Fluctuart Art Center)、法国新布里萨克街头与城市艺术博物馆MAUSA(Neuf-Brisach Museum of Urban and Street Art)等。其中很多博物馆不但永久展陈城市艺术作品,还邀请艺术家进行现场创作,使人们有机会观赏街头创作的整个过程。

图306.德国城市艺术双年展上由德国艺术家ECB（Hendrik Beikirch）创作的作品，德国弗尔克林格（Voelklinger），2017年

作为一种生长于户外的艺术，露天的城市艺术博物馆是其最好的承载，这种展陈方式是利用户外的空间和墙面打造出拥有天光和真实气候条件的艺术现场，其运营还是博物馆式的，即通过售票抵消部分运营成本。其中最著名的就是美国迈阿密的温伍德墙（Wynwood Walls）（图305），由高盛地产（Goldman Properties）艺术部门高盛全球艺术（Goldman Global Arts）于2009年发起，展示数百位知名城市艺术家绘制的约8万平方英尺的墙壁，其中可以看到像FUTURA、SWOON、谢泼德·费尔雷、OS GEMEOS等著名艺术家的作品，每年吸引数十万观众前来参观。再如前文中介绍过的存在于纽约露天的艺术街头博物馆SMoA，定期在街头举办各种城市艺术展览，而且是免费的。

城市艺术节则是真正的户外集中性展陈，这些艺术节通常每年举办一次或隔年一次，艺术节举办方会提供专门的墙面供邀请的艺术家创作，这些作品可能会永久保留，或被下一次艺术节的作品覆盖（图306、307）。当地民众和游客可以在此期间看到艺术作品的创作过程，艺术节期间还常伴随各种音乐表演、展览、参观导览、研讨会、涂鸦课程等，人们仿佛置身街头的盛宴。一些有国际影响力的城市艺术节，可参看附录，奔赴这些艺术节也是城市艺术爱好者喜爱的旅行方式。

艺术组织

今天城市艺术的发生所呈现出的"组织性"是自涂鸦和街头艺术的"自发性"的进阶，良好的组织性为街头艺术提供了充分的生长土壤和条件，当然一部分特立独行的自由被限制。这些组织性分别来自艺术协会、商业艺术机构和政府艺术部门。

在国际一些主流城市中，更多的街头艺术协会和艺术组织诞生，他们由街头艺术家、策展人和组织者构成，负责聚拢艺术家，并以一个聚合的实体接洽市政、项目委托方、艺术基金会等相关单位，负责承办城市艺术节或大型的街头艺术项目。一些知名艺术组织，比如伦敦的GSA（Global Street Art）、纽约布鲁克林的BSA（Brooklyn Street Art）、印度德里的St+Art India、巴黎的Le M.U.R等。这些协会的力量和影响力远远大于艺术家的个人力量，更加容易获得市政的支持，并且维系街头创作的秩序。

其次，艺术品经纪人、画廊、拍卖行等商业艺术机构，扮演着城市艺术进入艺术品资本市场的组织者角色，他们负责艺术家的艺术推广和艺术品销售。艺术市场的组织又有其特定的规则与战略，这是艺术家个人力量所不能及的。通过商业的组织、策划和包装，城市艺术进入时尚潮流领域，进入拍卖流通环节，进入资本角逐的游戏场。

城市管理部门对城市艺术的组织和管理主要通过国家和市政的艺术委员会，一些国际化大都市的政府职能部门都下辖负责城市艺术、公共艺术的直接管理部门，比如纽约的设计委员会PDC（Public Design Commission）、旧金山艺术委员会SFAC（San Francisco Arts Commission）等，这些艺术委员会通常都是由有艺术和城市规划背景的公务人员组成，负责组织城市艺术节、公共艺术品的订购、发起艺术项目招标、组织项目评审、负责城市公共艺术作品的维护和修复等工作。市政艺术委员会是

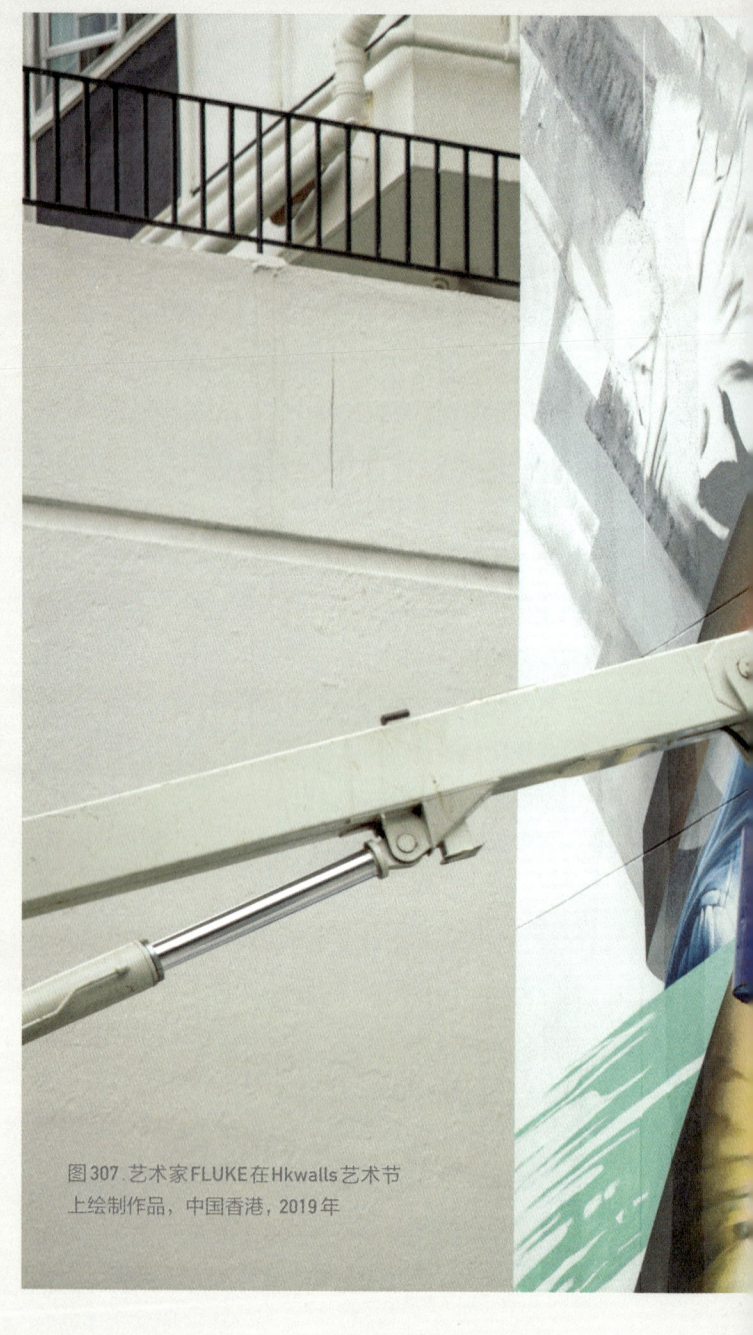

图307. 艺术家FLUKE在Hkwalls艺术节上绘制作品，中国香港，2019年

352

涂鸦城市

政府工作中不可缺少的一个职能部门，很多国际化大都市卓越艺术品质的打造都得益于他们专业的组织。

城市衰败和城市士绅化

当我们以城市的视角去审视这些街头创作时,艺术个体就被纳入了宏大叙事。城市如何被这些开放创作改写了面貌,又是如何拒绝、限制、引导或组织这些艺术行为的发生,以及在此作用力下艺术现场的总体呈现如何,都是庞杂而系统的话题,夹杂着因区域差异而带来的管理差异,但这又是一个无法回避的话题,因为它关乎城市风貌和艺术现场。

涂鸦的最初出现伴随着城市衰败的历史现场,占据衰败空间似乎写进了涂鸦的基因之中。在各种城市发展案例中,我们不难观察到,资本的迁出为亚文化的进驻提供了契机,但是在亚文化发展繁盛,引起主流文化和中产阶级关注后,随着资本的流入、城市士绅化的推进,亚文化的生存空间受到排挤,进而被迫离开或妥协,这似乎是艺术世界演进的大轮回。

城市衰败与涂鸦占领

"城市衰败"(Urban Decay)一词经常用以描述因各种因素导致的城市枯萎(Urban Blight)和荒芜,人口骤减,街道废弃,虽然导致城市衰败的因素众多,如经济失衡、种族对抗、路网的隔离、社会治安威胁、人口迁移、高失业率、基础设施欠缺、工业转型等。城市区域一旦进入衰败的轨道,一系列不利因素会循环并置进入一个"死亡循环"(Doom Loop):资本撤离、税收减少、犯罪频发、居民骤减、涂鸦肆虐,从而导致更多资本和人口撤离,并加速城市衰败的进程。城市衰败的画景似乎总是伴随人去楼空和涂鸦遍野,一如美国80年代的布朗克斯区凋敝的街巷上布满涂鸦的景象。仿佛涂鸦肆虐和城市衰败之间存在着某种内在的关联(图308)。

这种场景关联的背后确实存在着社会底层和亚文化关联的契合性,特别是在资本退场的城市地域,低廉的租金和稀疏的警力为亚文化的发展提供了完美的生长空间,所以这些地域迅速成为涂鸦的游乐场,涂鸦也就成为"死亡循环"中的一个促成因素,导致城市的决策层以控制涂鸦的方式保护城市景观免受侵蚀，从而避免城市加剧衰败。

因涂鸦这一亚文化诞生于纽约布朗克斯衰败的母环境之中，所以在其后的任何一个城市衰败现场，都是涂鸦出现最自洽的舞台布景。无论是在亚文化的精神内核上，在涂鸦爆破活动的可能性上，在图形与背景的环境肌理并置所营造的拉胯而颓废的艺术场景上，涂鸦与城市衰败都无比契合。

城市士绅化与涂鸦驱离

"城市士绅化"（Urban Gentrification）这个词用以描述原有的底层住宅区因大量中产阶级侵入而出现街区环境跃升、资本流入、租金上涨，导致底层住宅区被高档化、贵族化，迫使原有低收入者迁出，亚文化被精英文化排挤或收编的社会现象。

比如纽约东村，曾经因白人迁移（White Flight）现象导致的东村低廉的房价吸引了无数街头创作者、画廊和音乐艺人集聚，安迪·沃霍尔的"银色工厂"里好莱坞巨星和名流政要纷至沓来。高涨的人气也吸引了精英阶层的进入，进而导致地价上涨，酒吧关闭，画廊被迫搬离，亚文化被士绅化日渐驱离。再如伦敦的东区，曾经是英国移民的落脚点、家具制造业集聚的区域，因战后工厂搬离，厂房空置地价低廉，吸引大量艺术家的进驻，令东区焕发了新的生机，今天伦敦东区已经成为伦敦亚文化的大本营（图309），其多元而独特的街区魅力吸引了中产阶级和城市精英的迁入，招揽了旅游业，导致了区域地价逐年上涨，曾经的东区住户被迫陆续迁离，高租金也令非主流艺术家们面临去留的抉择。

城市士绅化所导致的区域高生活成本和精英化的城市管理对亚文化并不友好，亚文化的生存依赖城市对多样性的包容，而城市士绅化所带来的主流精英文化或者驱离存在于此的亚文化，或者使亚文化逐渐汇入主流，使亚文化走向商业、走入市场而成为精英阶层游戏的一部分。

城市改善计划

既然涂鸦可以提升地域活力，并在此之后逐渐导向区域士绅化，那么是否可以借助街头艺术的力量，把衰败的街区推向士绅化呢？我们不妨举两个美国

图308.美国纽约曼哈顿被涂鸦侵占的城市一隅，2020年

艺术与城市

图309. 从墙绘前经过的穆斯林老者，伦敦砖石巷，2017年

社区改善的案例，分别是布什维克集群（Bushwick Collective）和威灵角墙绘项目 WCMP（Welling Court Mural Project）。

　　美国纽约的布什维克社区位于布鲁克林区，那里曾经是密集的后工业社区，厂房林立，缺少生活气息。2012 年，社区开始有计划地引入街头艺术，他们向艺术家们提供了大量的开放墙面，虽不提供创作费用，但是给予了合法性（图 310）。每年 6 月这里都会举行"布什维克社区派对"（Bushwick Collective Block Party），届时无数国内外街头艺术家汇聚于此进行开放创作，同时还有音乐表演、露天集市等活动，盛况空前。

　　威灵角社区位于纽约的皇后区，2009 年社区与 Ad Hoc Art 画廊联手发起艺术改造项目，每年 6 月大批街头艺术家被邀请来此完成百余幅墙绘作品，直至今日，整个街区已经成为一个露天的美术馆。街头艺术的融入改善了这些社区

图310.纽约布什维克社区的街头艺术，2022 年

艺术与城市

359

图311."艺术可以舒缓那些被扰乱的或打乱那些舒缓的",新加坡哈芝巷,2024年

沉闷的氛围,街区缤纷的色彩与艺术气质也吸引了更多年轻人安居于此,房产价格被抬高,街区品质得到跃升。

  这两个案例告诉我们,虽然在涂鸦诞生之初,涂鸦肆虐伴随着城市衰败,引发了一系列城市问题,令20世纪末纽约的决策者提出"反涂鸦"的城市决策,但是在将近50年的演变中,涂鸦及其衍生的街头艺术已经不同于以往。在有序的组织下,城市可以扬长避短,令街头艺术为区域发展带来活力和张力(图311),今天的城市图景也是当时纽约的决策者们始料不及的。

城市抵抗与妥协

针对涂鸦对城市的入侵，自20世纪七八十年代以来，城市的决策者们一直在奋力抵抗。涂鸦无视物权，追求艺术民主化的个性与现代城市治理可谓背道而驰，所以各个城市的管理者和决策者都在运用它们手中的法律和政策武器与之抗衡，并且动用市政资源消灭涂鸦的踪迹。而街头艺术与涂鸦又是如此含混不清，令城市决策者难分敌友，在进退两难时，城市的顺势妥协也屡见不鲜，更多灵活的管理措施相继出现，很多项目在师夷长技以制夷的道路上进行着有益的探索。

法律对秩序的引入

一个普遍存在的共识是：未经许可绘制在他人房产之上的涂鸦都是非法的。世界各国对未经许可的涂鸦都会诉诸法律，以保障墙面持有者的基本利益。在他人资产上肆意涂鸦确实侵犯了他人的物权，无论是以"艺术"的名义还是其他。但是各国判罚的力度不同，也根据涂鸦所产生破坏的程度不同、清除的成本不同，给予不同的刑责和罚金。

在印度孟买，违法涂鸦的判罚在801美元到一年监禁不等；在澳大利亚的悉尼，判罚高达2000美元或300小时的社区服务或一年监禁；在新加坡会被判处最高2000新元或3年监禁，甚至鞭刑。看似街头艺术繁盛的欧洲就对涂鸦友好吗？也并没有。西班牙巴塞罗那的涂鸦判罚最低为750欧元，涂损纪念性建筑将会被判罚1500—3000欧元；号称"涂鸦麦加"的柏林对涂鸦的判处也从100—2000欧元罚金到3年监禁不等。而涂鸦摇篮的美国，各个州的判罚各不同，在洛杉矶造成低于400美元损失的，会判处1000美元到6个月的监禁，在底特律造成1000—20000美元损失的，可能面临5年的监禁。法律是如此现实和决绝，它无关艺术的炫酷与精神。

很多街头创作者都遭遇过巨额罚金甚至被判入狱的事件，比如法国的提克小姐，虽然深受巴黎人喜爱但也曾在1999年被人指控，判罚2.2万法郎的罚金，这对一个彼时穷困的街头创作者而言打击是巨大的；2015 年两个在新加坡地铁列车上绘制涂鸦的德国青年在吉隆坡遭到制裁，被新加坡法院判处鞭刑三下及 9 个月有期徒刑；2008 年就在伦敦泰特美术馆第一次向街头艺术敞开大门，把巨幅作品高悬于建筑立面之上时，名为 DPM 的涂鸦团队遭到了英国历史上最严厉的涂鸦判罚，他们因为在铁路线上涂鸦而造成累计 100 万英镑的损失，团队的 8 人分别被判入狱，共获刑 11 年。涂鸦和街头艺术在此如天堂和地域般的悬殊对比下，引发了社会上的广泛探讨。

这也是为什么很多涂鸦写手使用代号、蒙面涂鸦以避免暴露身份，趁着夜色"炸街"以躲避警察。也有很多早期的涂鸦青年在与警察的追逐中付出了生命的代价，如在地铁沿线奔跑而误触地铁供电的"第三轨"而身亡，在 20 世纪七八十年代的欧美，这些事件在地下涂鸦圈屡见不鲜。

如果不想冒天下之大不韪，最好选择在合法的涂鸦地点进行创作。首先需要获得墙面业主或业主们的同意，在有些国家，在业主同意的基础上还需要向市政申请获得批复。或者稳妥地选择在政府许可的涂鸦区域进行创作，如一些涂鸦公园、涂鸦涵洞等，有些国家允许在建筑工地围栏等临时性墙面上合法涂鸦。这些政策都为亚文化圈预留了发展的空间。比如在涂鸦会获鞭刑的新加坡，仍然存在街头艺术的圣地哈芝巷（Street Art Haji Lane），作为新加坡官方认可的街头艺术的涂鸦街区，哈芝巷孵化着涂鸦和街头艺术，为城市带来无穷的活力。（图 312）

一个有趣的例外是班克西，他在英国街头的涂鸦不但不算违法，还被政府加设透明有机玻璃框，以"公共艺术"的名义保护起来，供全世界游客参观膜拜，也令无数涂鸦写手愤愤不平（图 313）。难道艺术身价高涨，为城市招揽巨额观光资本就能逾越法律吗？显然不能，但现实是班克西一件作品就动辄千万英镑的身价，花落谁家就如天降横财，业主断不会拒绝和起诉，有了业主同意作品就不能算作违法。更何况，没人知道班克西是谁。

2011 年在伦敦法庭上，一个针对涂鸦写手 TOX 的指控中，检察官对陪审团说："他可不是班克西，他根本没有什么艺术天赋。"最终 TOX 被判处非法涂

图312（右页）.与新加坡的井然有序形成鲜明对比的街头艺术聚集地哈芝巷，2024 年

362

涂鸦城市

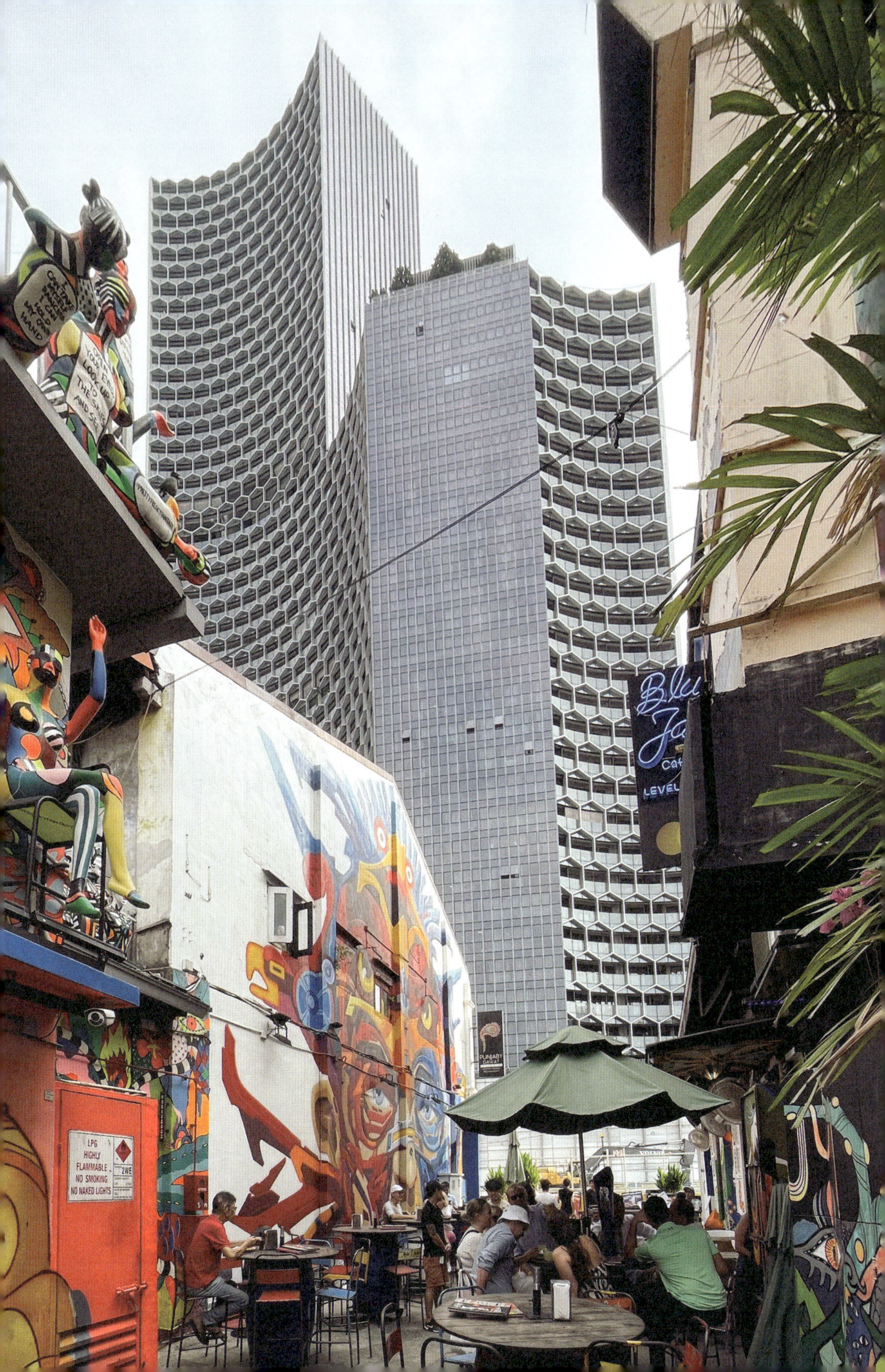
LPG
HIGHLY
FLAMMABLE
NO SMOKING
NO NAKED LIGHTS
2WE

图313.布里斯托的街头作品，讽刺了班克西的涂鸦被政府加框保护的特殊待遇，2023年

鸦，获刑27个月。不久之后，班克西的一幅纪念性涂鸦出现在伦敦的卡姆登区（Camden），涂鸦绘制了一个人物正在墙面上书写字母TOX，然后很快这个涂鸦就被当局以玻璃框保护了起来。现实如此讽刺，如同一出莎翁戏剧。

强制性清除

各个城市的市政清洁部门每年都耗巨资对违法涂鸦进行强制性清除，例如英国每年花费在移除涂鸦上的资金就高达10亿英镑，真是一笔不小的政府开支。

在法国的巴黎，市政的涂鸦清除部门在1975年全年清除的涂鸦面积约为1.9万平方米，在1984年全年清除涂鸦约3.5万平方米，这个数值在2010年高达20万平方米，而现在几乎每天都要清除约650平方米的非法涂鸦。随着街头文化的繁盛，涂鸦清除的工作量日趋浩大，这项庞大的市政支出也令政府捉襟见肘。巴黎的涂鸦清除部门如何决定作品的去留呢？业主在发现自己的建筑或资产受到涂鸦侵蚀的时候需要在手机软件"我的街道"（Dan Ma Rue）上进行拍照上传和申报，涂鸦就会被政府免费清除。如果业主想保留这个看起来还不错的艺术作品，就需要向区政府申报，由相关专员鉴定这个"作品"是否属于街头艺术，获得批复后再通知涂鸦清除机构加以保留，以防止万一被市政清除。

在美国的旧金山，市政部门每年在涂鸦清除工作上花费的资金高达2000万美元。市政部门负责清除公有建筑上的非法涂鸦，并责令私有建筑产权人自行清理各自建筑上的非法涂鸦，业主需要在收到责令通知30天内完成涂鸦的清理，否则将被处以500美元的罚金或支付市政强制清理的实际费用，这使得业主一不小心就沦为涂鸦的受害者。

顺势妥协

哥伦比亚的首都波哥大是今天全球屈指可数的涂鸦"合法化"的地方，这来自于一个著名的事件。2011年8月，一位16岁的少年在涂鸦时被警察发现，在仓皇逃跑的途中被警察失误射杀，引发波哥大全城的怒火。在怒火尚未平息之时，歌手贾斯汀·比伯（Justin Bieber）来波哥大开演唱会，其间他想在波哥大留下自己的涂鸦作品，于是警方护送他到指定的墙面上创作了涂鸦。市民震怒了，"如果我们去到同一个地方绘制涂鸦，警察是会保护我们还是将我们射杀？"艺术家群体集体发问，于是300多位艺术家集结到贾斯汀·比伯的涂鸦墙，用绵延开去的700幅作品盖住了贾斯汀·比伯的涂鸦，以示反抗。两个事件的发酵迫使政府修改涂鸦法令，自2014年起波哥大成为涂鸦不被定罪的城市。街头创作者如果提前申请并得到批准则可光明正大地绘制作品，如果没有申请，第一次被警察抓获只需接受"市民教育"，第二次被抓获则需缴纳低廉的罚金约合700—900元人民币，当然如果画得好不但可以打折，还能免除罚金。这使得波哥大一跃成为街头创作者尤为钟情的城市，自由的创作氛围吸引了世界各地的艺术家前来绘制作品。

美国的涂鸦诞生地费城有一个极富创意的政府管理方式。费城是政府机构最早展开涂鸦治理的城市，早在1984年就由市长牵头建立了"费城反涂鸦网络"PGAN（Philadelphia Anti-Graffiti Network）以打击涂鸦的肆意蔓延。1986

年在反涂鸦网络的内部开启了一个新的部门，叫作"费城墙绘艺术项目"MAP（Mural Arts Piladelphia）。那些被抓的涂鸦青年可以选择或者服刑或者参与到MAP的墙绘艺术项目中，参与墙绘创作或作为艺术家助手工作以抵消处罚，显然大部分涂鸦青年都会选择后者。同时 MAP 也负责出资邀请职业艺术家以每年完成 50—100 幅墙绘的速度为费城带来了无数经典的建筑墙绘艺术作品，至今已经累计实现了 3800 多幅墙绘，成为美国最大的公共艺术计划（图 314）。MAP项目每年会雇佣约 100 位被起诉的涂鸦青年和 300 位艺术家，甚至有 36 位涂鸦青年后来成为 MAP 的正式员工。同时 MAP 还致力于儿童艺术教育，为费城各社区的孩子们提供墙绘艺术课程。除了 MAP 部门，费城的反涂鸦网络还包括"涂鸦清理团队"（Graffiti Abatement Team），为市民住宅上的非法涂鸦提供免费的高压清洗。被抓的涂鸦创作者也可以通过参与涂鸦清理的方式进行社区服务改造，目前也有超过 3000 名涂鸦创作者参与了这一部门的社区服务。在费城墙绘艺术项目的组织下，费城被打造成全球著名的"墙绘之城"。1991 年费城的城市管理经验获得美国政府创新奖，以表彰墙绘艺术项目为城市的艺术品质带来的跃升。

在加拿大多伦多，政府也一改曾经对涂鸦的严苛政令，2012 年颁布了"多伦多街头艺术计划"（StreetART Toronto），旨在减少涂鸦破坏行为，促进街头艺术和城市艺术的发生。新的街头艺术计划中包含：街头墙绘的资金资助计划和预期目标；地下通道的涂鸦场地打造计划；私人墙面的涂鸦申报方式；社区、学校、城市管理者对青年的联合艺术教育；建立街头艺术家数据库，以方便业主找到满意的墙绘艺术家委托创作；定期开放社区道路供市民在沥青上进行涂鸦；等等。这项计划为多伦多带来更加丰富多彩的城市景观，也因其前瞻性，获得了加拿大公共管理学院（Institute of Public Administration of Canada）颁发的政府领导力银奖。

今天世界上越来越多的城市向街头创作展示了包容性，更多官方组织的城市艺术节应运而生，城市合法的涂鸦空间逐年增多。同时在法律和执行之间的缝隙逐渐宽泛，市政管理在文化多样性上做出了部分妥协，很多以亚文化为主导文化的城市街区如伦敦东区、旧金山使命区、巴黎 13 区和 20 区等区域都在法律与执行的宽松缝隙里，在市政默许或约定俗成的默契下，令街头创作得以自由地生长。

图314.费城墙绘艺术项目作品之一,由FAITH XLVII 绘制,名为"沉默的守望者"(*The Silent Watcher*),总面积达1000平方米,成为从大学城到西费城的视觉门户。作品致敬的是出生于费城的语言学之父诺姆·乔姆斯基(Noam Chomsky),2019年

"王"的震慑

一些让市政颇费心思的涂鸦优化项目,在城市妥协的道路上,以借力打力的方式优化了涂鸦滋生的城市空间,同时保留了区域的亚文化精神内核。

图315.旧金山StreetSmARTS涂鸦优化项目支持下实现的街头墙绘作品，由艺术家梅尔·沃特斯（Mel Waters）绘制，2018年

比如旧金山艺术委员会组织的StreetSmARTS（涂鸦优化项目）。上文介绍了旧金山的私有产权的建筑墙面被涂鸦后，在收到市政责令自行清除的30天内如未完成清除，业主将面临500美元的罚款。在一些涂鸦滋生的区域，房主需反复清理，稍有不慎就面临大额罚金。针对这种情况，旧金山艺术委员会组织了StreetSmARTS项目，由艺术委员会招募并筛选街头艺术大咖，为参与项目的私有墙面设计并绘制街头艺术作品，私人业主需缴纳1500美元的费用（预算每幅墙绘造价约6500美元），剩余费用由"城市公共艺术信托资金"支付（资金来自百分比艺术政策）。

这个项目从宏观上集中了城市中的问题墙面，遴选出极负盛誉的街头艺术家，合理利用了各方资金，解决了市民的困扰，为城市带来高水准的艺术创作。

涂鸦青年出于对街头"王"的"尊敬",在江湖段位不足以挑衅、作品不胜于前作的情况下,通常不会妄加覆盖。城市景观品质因街头"王"的存在而得以跃升,实为一举多得。(图 315)

城市接纳与涂鸦飞地

一些更加积极的公共艺术政策和城市艺术项目显示了城市管理者在构建城市规划和城市艺术管理体系时对街头创作的宏观考量，在把涂鸦、街头艺术、城市艺术逐渐纳入今日城市文化的宏观背景下，城市正在努力接纳多元文化并试图构建一种艺术共享的氛围。

百分比艺术政策

今天，越来越多的街头艺术借助城市公共艺术政策的扶植，走入城市之中。这其中最为广泛且行之有效的艺术政策就是"百分比艺术政策"（Percent for Art）或"1% 艺术政策"（1% for Art）。政策要求在新建和改建建筑项目中，由项目出资方拿出总项目造价的 1%—2% 的资金用于场地内的公共艺术品设置。这就为城市公共艺术的置入提供了契机和必要的资金。一些街头艺术家的作品如墙绘、街头装置等也通过百分比项目，以招标或订购的方式植入了城市。

百分比政策由来已久，且大多国家都是先从公有建筑开始执行，进而推广到私有和开发商建筑项目中。这个政策最初于 1939 年在芬兰尝试执行，50 年代扩展到芬兰所有公有建筑中，1991 年推广到首都赫尔辛基的全部建筑项目中；德国 1949 年在战后重建计划中推出 0.5%—2% 的百分比艺术政策，针对不同建筑项目的等级计算艺术项目的开支；美国的费城率先于 1959 年在公有建筑中推行百分比政策，旧金山 1969 年通过在公有建筑中的 2% 艺术政策，并在 1985 年推出了针对私有建筑项目的 1% 艺术政策。法国也早在 1951 年开始在教育部附属建筑项目中执行 1% 艺术政策，并于 2005 年开始扩展到所有公有和私有建筑项目中。如今推行百分比政策的国家和地区已经遍地开花，包含欧洲、北美洲和大洋洲的大多数国家，以及亚洲的日本、韩国和中国台湾等。

百分比艺术政策并不是看似简单的艺术项目出资比例的造价计算，还需要由城市规划部门绘制详细的区域图纸和制定执行细则。以旧金山为例，规划部门除了划定该政策在中心城区执行的详细分区外，还规定了艺术品在不同建筑项目中需要至少满足的总体造价。比如小型建筑项目中如果不具备设置艺术品的场地条件，可以直接把 1% 的艺术资金缴纳到"城市公共艺术信托资金"（City's Public Art Trust）之中，中型项目需要在场地内设置至少 50 万美元的艺术品，而大型项目需要设置至少价值 75 万美元的艺术品，多出的艺术资金可以通过缴纳艺术信托资金的方式完成。城市公共艺术信托资金用以统筹资助城市的露天展演、临时性的街头艺术项目等艺术活动，比如前面提到的旧金山涂鸦优化 StreetSmARTS 项目也是受益于该资金的资助。

百分比艺术项目的执行一般是由城市的市政艺术委员会和城市规划部门联合执行。比如在法国，当 1% 的艺术品资金小于 3 万欧元的时候，可以由项目方自行订购艺术品，而当 1% 的艺术资金大于 3 万欧元的时候，便需要成立一个项目委员会，并对艺术项目进行公开的招标和评审，其中评审人员需要包含艺术委员会专员、规划部门专员、艺术家、建筑师、居民代表等，以保证艺术作品征集的公开，同时满足对艺术项目的品质、建筑场地适恰度、文化倾向等多方面的要求。

虽然百分比艺术政策支持的是经官方认可的公共艺术，看似与自发而起的街头艺术没有直接关联，但是它也从侧面扶植和推动了街头艺术的发展，很多街头艺术家通过参与艺术项目招标把街头创作带入城市，同时百分比的艺术基金也资助了街头艺术和城市艺术项目，从政策层面体现了对城市艺术的扶植和对街头艺术的接纳。

城市艺术的组织与共享

今天越来越多的城市管理者加入到对城市艺术联合打造的团体之中，因为这些市政力量的融入，本来自发生长的街头艺术获得了更加广泛的组织，从而变成有计划的城市植入。街头作品在项目组织下拥有了官方许可，作品尺度更加宏大，内容更加精彩，区域布局更加密集。民众的参与度更高，也对完成的作品保有更深的情感。比如大力打造了巴黎 13 区露天画廊的 13 区区长杰罗姆·库梅在访谈中提到，社区居民对这些城市艺术作品满怀热情，建筑因这些作品而被赋予了"外号"，甚至有居民打来电话提醒区政府还有哪些建筑未来可以设置艺术品。

2021年，费城市中心的艾金斯椭圆广场（Eakins Oval）内的步道被绘制了一幅面积达3000多平方米的地面沥青艺术作品，该作品由费城墙绘艺术项目组织，邀请当地艺术家菲力克斯·圣·福特（Felix St. Fort）设计，名为"费城，欢迎回来"（*Welcome Back Philly*）。画面用明亮的色彩欢迎疫情后民众的回归。无数人参与了这幅作品的绘制：费城的政府官员、费城墙绘艺术项目的工作人员、项目志愿者和当地市民，参与者只需在现场领取涂料和工具，填涂在对应编号的地面格网之中即可，于是在众人的参与下，仅用了8天时间就完成了作品。（图316）

　　再如纽约交通部（Department of Transportation）一直在推行的临时街头艺术项目，由交通部筛选出纽约城中可供装饰或承载街头作品的栅栏、人行道、路障、三角地、桥梁、涵洞、街道阶梯等道路空间，与街头艺术家和画廊联合推出限时的街头作品，每个作品延时不超过11个月，这些作品包括墙绘、沥青艺术、投影、装置等不同的形式。至今已经完成了450多个街头作品。

　　在这些案例中，政府职能部门的组织可以更加系统地集结场地、授权道路用地，植入艺术到最需要它出现的城市节点之中。城市中的受众感受到的不仅仅是单个作品的精彩，更是全民共享的城市艺术氛围。此时的街头艺术跳脱了亚文化的藩篱，成为更加普世的城市艺术。

涂鸦飞地

　　城市对涂鸦和街头艺术的接纳还表现在为其生存和生长留有空间。很多城市都为涂鸦和街头艺术提供了合法的栖息地，以保护这一繁荣了半个世纪的亚文化。在这些享有涂鸦自由的区域中，涂鸦和街头艺术摆脱了外部世界的规则和束缚，凭借自身的生长规则萌生和覆灭，以实现优胜劣汰，这个区域如同在一个国度包围下的他国飞地，我们或可戏称为"涂鸦飞地"。

　　当我们打开合法涂鸦墙的网站（www.legal-walls.net），可以一目了然地看到全世界实时更新的2000多处合法的涂鸦飞地，比如知名的伦敦利克街隧道（Leake Street Tunnel）、瑞典的斯诺萨特拉涂鸦公园（Snösätra Graffiti Park）、荷兰阿姆斯特丹的NDSM码头（图317）和佛莱夫公园（Flevpark）、巴黎的奥德内墙（Mur Ordener）、纽约的涂鸦名人堂（Graffiti Hall of Fame）等，这些区域构

图316. "费城，欢迎回来"，费城艾金斯椭圆广场的沥青艺术作品，2021年

艺术与城市

建了涂鸦的亚文化生态圈，是街头艺术和城市艺术最初的试验场。

只有当城市给予涂鸦一个自发展的空间，街头创作者才能有的放矢，如此也可以有效地减少非法的街头爆破，从而减少城市对非法涂鸦清除工作常年的巨大投入。城市决策者和规划部门应该根据城市不同区域的用地性质、归属、文化特质等因素把涂鸦飞地纳入城市总体规划的考量之中。

涂写绘画，自我表达，人之天性使然，从法国的拉斯科岩画到庞贝刻在墙上的账目数字，从布拉塞拍摄的巴黎墙面刻痕到费城"玉米面包"的签名，从纽约布朗克斯的涂鸦爆破到巴黎13区的城市画廊，从涂写到涂鸦，再到街头艺术和城市艺术，文明的演进伴随着涂鸦形式的更迭、"王"的角逐、故事的演绎、事件的叠加、城市的反抗和包容……，时间裹挟着这些图像成为滚滚尘埃，留给今日的是被历史打磨后的多元。在城市的褶皱里，鱼龙混杂、众生喧哗、姿态万千的图形表达击碎均一的城市街道，令漠然的人们心生感怀，而今日又是向未来演进过程中的一席场景，其中不变的，唯有那些创作者涂绘的热情与奔赴。

城市既是背景又是画布，城市被涂鸦，也承载着艺术。个中人事，暗黑或荣耀，琐碎或史诗，都是人类艺术历史中不可或缺的一部分。

图317. 荷兰阿姆斯特丹NDSM码头涂鸦基地，2020年

涂鸦俚语词汇表

Angles	天使，指已经故去的著名涂鸦写手。一般出于尊敬，天使的作品不能覆盖，新手须避免和天使同名，否则作品很容易被天使的爱慕者覆盖。当作品中提及天使的名字时会在名字上加光环，以示致敬
All-City	全城写手，七八十年代作品布满纽约五区的涂鸦写手，现在指作品在特定城市里大量可见的著名写手
Battle	两个涂鸦写手或团队的比拼和较量
Bite	抄袭或盗用其他写手的想法、名字、配色方案等的行为
Blackbook	黑本，涂鸦写手们绘制手稿的本子，内页为黑色纸张，写手们人手一本
B-boy、B-girl	嘻哈男孩、女孩
Bomb	炸街，涂鸦写手们以涂鸦为武器"轰炸"城市的公共空间
Bubble	泡泡字涂鸦
Buff	清除或覆盖已有涂鸦作品
Bulls	抓捕涂鸦写手的保安巡逻人员
Burning	涂鸦炸街的作品未被清除仍然在墙面上"燃烧"
Cans	涂鸦喷漆罐
Caps	涂鸦喷漆罐的专用喷头
Chicano Graffiti	其卡诺涂鸦，20 世纪 60 年代诞生于美国西海岸的墨西哥风格的涂鸦
Crew	涂鸦团队
Drips	墨水或喷漆滴流的表现手法
End-to-end	端到端，涂鸦从火车或围墙的一端延展到另一端，也写作 e2e
Flow	涂鸦字体结构的流畅性和韵律感
Fill-ins	涂鸦字体内部的颜色填充，也写作 Fills

Graffiti	涂鸦
Graf	小型涂鸦作品，通常是绘画而不是字母
Handstyle	涂鸦签名的手写形式或手写风格
Heaven Spot	天堂之所，极其危险的涂鸦地点
Hollows	空心字，只有勾边没有填充的涂鸦字
King	王者，地下涂鸦圈最为拜服的写手
Mural	墙绘
O.G. Head	元老，涂鸦圈受人尊崇的长辈
Old school	纽约20世纪70、80年代的老派涂鸦风格
Outline	涂鸦字体的勾边
Piece	作品，又称为 Master Piece，是经过精心设计和绘制的有背景、有填充，且结构较为复杂的完整的涂鸦作品。
Pichação	皮插草涂鸦，20世纪50年代诞生于巴西的特有的涂鸦形式
Production	产品，由多个涂鸦团队或涂鸦写手携手绘制的大型的复杂的涂鸦创作
Queen	涂鸦女王
Racking	偷盗店里售卖的喷漆罐的行为
Softies	软体字，气泡字
Sketch	涂鸦手稿，草稿
Slash	破坏别人的涂鸦作品
Stencil	纸模喷涂
Sticker	贴纸涂鸦
Tag	签名式涂鸦
Throw up	泡泡字，或称之为 T-UP

Top-to-bottom	上到下，指涂鸦从火车或围墙的最上端延展到最底端
Toy	涂鸦新手
Turf War	涂鸦地盘战
Whole Car	整车涂鸦，地铁或火车的整节车厢外侧全部覆盖涂鸦，需要 Top-to-bottom 和 End-to-end 才能被称为 Whole Car
Whole Train	整列车涂鸦，涂鸦覆盖一个列车的所有车厢，这需要大量的写手同时绘制相互配合，非常容易被抓获，所以非常少见 Whole Train 的作品，但是一旦成功就是最受尊崇的作品
Wild Style	狂野风格，字体扭动穿插复杂的涂鸦风格
Window-down	窗下涂鸦，在地铁、火车车厢外侧窗子以下部分的涂鸦
Writer	写手，涂鸦创作者
3D Style	立体感的涂鸦字体

城市艺术节一览

在诸多的城市艺术节中，此处列举几个具有代表性的艺术节，供读者参阅或慕名游览。

英国布里斯托Upfest艺术节
（Upfest, Bristol）

被誉为欧洲最大的街头艺术节。每年7月在班克西的故乡布里斯托举办。多达5万现场观众和来自世界各地的约300位街头艺术家参与。艺术节期间绘制而成的街头作品将被保留至下一次盛会再被覆盖而焕然一新。艺术节筹集到的资金会捐赠给NACOA慈善机构，用以帮助父母酗酒的儿童。

网址：www.upfest.co.uk

POW！WOW！艺术节
（POW！WOW！）

被誉为最有国际影响力的城市艺术节。于2009年在中国香港创办，随后来到了檀香山，目前已扩展至中国台湾地区以及华盛顿、首尔、鹿特丹、圣何塞等全球17个城市，形成了一个全球化的艺术节网络。该艺术节集合街头艺术、音乐、展览，每年在各地举行，为期一周，汇聚众多国际知名的艺术家，为举办城市的公共空间留下大量的城市艺术作品。

网址：www.powwowworldwide.com

城市艺术双年展
（Urban Art Biennale）

　　是全球最大的城市艺术盛会，自 2011 年启动以来，每两年举办一次。在德国城市弗尔克林格（Voelklinger）的一个世界文化遗产——曾经的胡特钢铁工厂（Völklinger Hütte）的工业厂房遗址内举办。约 10 万平方米的工业遗址为艺术作品提供了后工业时代的画布，各种形式的装置、墙绘、涂鸦、拼贴作品都有所呈现，许多城市艺术家如 OS GEMEOS、VHILS、喷漆罐杰夫、ECB 都曾在此留下过杰作。

　　网址：www.voelklinger-huette.org

加拿大蒙特利尔墙绘艺术节
（Mural Feastival, Montreal）

　　创办于 2012 年，在加拿大的城市蒙特利尔的圣罗兰大道（Saint-Laurent Boulevard）上，每年 6 月举办。由非营利城市艺术协会"墙绘"（Mural）组织。活动期间大道禁止机动车通行让位给一系列音乐与街头艺术表演活动，为蒙特利尔留下了大量高品质的墙绘作品。

　　网址：www.muralfestival.com

瑞典艺术景观艺术节
（Artscape）

　　斯堪的纳维亚半岛最富盛况的艺术节，2014 年起每年 7 月到 8 月的四周时间里进行。由瑞典非营利街头艺术机构"艺术景观"（Artscape）组织。艺术节每年选择一个瑞典的城市作为主办城市，邀请 10—20 位艺术家在指定的建筑墙面上进行大型的墙绘创作，同时伴随展览、报告会、艺术工作坊、参观讲解等各种艺术活动，瑞典的许多城市都因举办该艺术节而被装饰。

　　网址：www.artscape.se

法国格勒诺布尔街头艺术节
（Grenoble Street Art Fest）

于 2015 年创立，每年 6 月在格勒诺布尔市中心举行，为期三周。由街头艺术协会"太空垃圾艺术"（Spacejunk Art）组织，邀请艺术家现场创作，并伴有讲座、电影、参观讲解、签售会、派对、艺术跑酷等系列活动。有志愿者团队为游客介绍艺术家并讲解作品。如今这个艺术节已经扩展至附近地区的 10 个城市，盛况空前。

网址：www.streetartfest.org

伦敦墙绘节
（London Mural Festival）

2020 年创办，由来自全世界的 150 多名艺术家在伦敦全市绘制了 75 面墙绘。2024 年的艺术节，在伦敦绘制完成 100 余幅街头作品。艺术节由"全球街头艺术"（Global Street Art）协会组织，提供墙面并募集资金。

网址：www.londonmuralfestival.com

香港HKwalls艺术节
（HKwalls）

香港 HKwalls 艺术节是亚洲的大型街头艺术现场，每年 3 月举办。受邀艺术家们在指定区域进行创作，同期举行各种电影放映、艺术工作坊、展览等活动，曾经举办艺术节的区域，如上环、中西区、湾仔等地至今都留有当时艺术节的墙绘作品。

网址：www.hkwalls.org

照片来源

来自艺术家团队和朋友们贡献的图片，图片版权作者如下（序号为图片号）：

25-MADAME|26.27.28-Nika Kramer|29.73.156.160.162.163-SETH|39.126-SpRachel 雷切尔|48.59.61-白静|51-吴尤|77-83-蔡璐玟|89-DALeast|181-Fernando Guerra|182-Alexander Silva|183.184-Rui Gaiola|185.186-João Pedro Moreira|187-José Pando Lucas|190-Expanding Roots|215-220-JUDITH DE LEEUW|226-231-JULIEN DE CASABIANCA|234.237-239-D*FACE Studio|235-TréPackard|240-Artwalk|241.242.245.247-FAITH XLVII|243.246-Zane Meyer|244-Reymish Cintron|248.250.252-Clément Guillaume|249-Manon Lutanie|253-Jules Dedet Granel|254-Wendy Vercautrin|255-Laura Aruallan|256-Luis Duque|257-David Saint George|258-Benedetta PamPhotos|259-Roberto Conte|260-Maksim Belousov|261.265-BORONDO|262.263-Marco Miccoli|264-Fabiano Caputo|266-Jérôme Thomas|267-274-PHLEGM|275-Maciej-Krüger|276-283-Tod Seelie|284-289-DALeast|301-Naman Saraiya|303-Fan Sack|307-Ren Wei|314-Chop'em Down Films& Steve Weinik|

来自 Unsplash 图片网站的开放资源，作者如下：

4-Alp Allen Altiner|14-Aleksandr Popov|15-Jacques Bopp|18-Travis Yewell|20-Unsplash+|21-Unsplash+|22-Dillon Wanner|23-Unsplash+|30-Kyle Williamson|36-Norbert Braun|37-底图 Mika Baumeister 作者改绘|46-Michael Fields|52-Ismael Lima|53-Brett Jordan|55-Diego Allen|85-Norbert Braun|86-Moises Gonzalez|88-Domenico Loia|102-Daniel Labra|121-Niv Singer|122-Ryan Loughlin|123-Dan Meyers|124-Dylan Shaw|165-Andreas Kaiser|167-Elliot PARIS|168-Nadia Fsnk|189-Al Ho|207-Mike Von|210-Tom Barrett|211-Ben Curry|212-John Elfes|213-Kenny Eliason|221-Andreas Kaiser|222-Ian Talmacs|224-Darya Tryfanava|225-Hugo Kruip|232-Jean Vella|236-Samuel Regan-Asante|290-Muhammad Noman|291-Sieuwert Otterloo|292-Jon Tyson|293-Weston m|294-Emmy C|295-P C|296-Frolicsome Fairy|298-Chris Anderson|308-Cem Ersozlu|309-Clem Onojeghuo|310-Diane Picchiottino|316-Chi Liu|317-Rinke Dohmen

来自 Wiki Commons 的开放图像资源，作者如下：

2-Luis Rubio|3-Alfred Gonzalez|10-JJ&Special K|17-Jean-noël Lafargue|164-Galerie Itinerrance|171-Dumbonyc|179- Rani777|223-Erdalito|305-Dan Lundberg|306-Marko Kafé

来自其他开放网络资源的图片：

60-@ 艺术百科 Pic699|208-Wayoutradio @Pixabay

作者拍摄图片：

1. 5-9.16.19.24.31-35.38.40-45.47.49.50.54.56-58.62-72.74-76.84.87.90-101.103-120.125. 127-155. 157-159.161.166.169.170.172-178.180.188.191-206.209.214.233.251.297.299.300.302.304.311-315

照片来源

后　记

　　写这本书是我2018年末从美国加州访学归来后所萌生的想法，因为国内关于涂鸦和街头艺术的书不多，且都是译著，读起来生涩拗口，我想用我这些年的研究积累写一本真正好看的书。随后我利用工作之余写作，不觉耗时六年。整个写作过程是周折而艰辛的，但我怀着对这些街头创作的热爱仍乐在其中，甚至在敲完最后一个字的时候都不想与之告别。

　　这本书横跨涂鸦、街头艺术、城市艺术、美学、城市规划几个不同的领域，有历史、有故事、有美学分析、有城市法规……我希望这本书轻松好玩，但也希望呈现这些作品的美学意义，并唤起城市管理者的些许思考，我知道既要也要就很难做到轻松好玩，但我还是尽力让这本书成为一本大众读物而不是理论书籍，因为这些发生在街头的创作本身就是面向大众的，就是追求艺术民主的。

　　书中第一章"使命"，是在介绍涂鸦向城市艺术过渡的历史。第二章"事件"，主要以五个城市为背景，讲述涂鸦的种子散落至世界各地后在不同的地方开花结果。在这五个城市中，巴黎和伦敦是今天街头艺术的主要战场，柏林和旧金山是涂鸦和地缘政治文化结合的代表案例，纽约永远是街头艺术世界的王者。这些城市的街头都是我的挚爱，那些墙上的随机创作，无论是已经斑驳还是光鲜亮丽，都值得游人驻足细细品读。巴黎和旧金山是我曾经工作和居住的地方，这两个城市的涂鸦和艺术街区被我反复调研拍照，其间涂鸦轮番更替，每次走访都百看不厌。其他城市是我旅行中的探访地，拍摄涂鸦已经成为我旅行的一部分，即使那些涂鸦街区有些很偏远，我也要驱车前往一探究竟。为了看班克西的涂鸦，我专程前往班克西老家布里斯托，当我从布里斯托回到巴黎和一个吃饭拼桌的老太太聊天，说起我在研究街头艺术时，她说："哦，那你必须要去一个叫布里斯托的城市看看，那里是班克西的老家，有很多他的作品。"我惊异地望着眼前这位看起来普普通通的老太太，感叹她对街头艺术竟然如数家珍。对她和很多欧洲人而言，街头艺术就是生活的一部分。当然还有很多城市的艺术现场是同样值得记录的，比如阿姆斯特丹，比如里约热内卢……碍于篇幅我没有做太多展开，也许可以放在未来——书写。

这本书介绍的20位城市艺术家是我认为极具代表性的，首先他（她）们是近些年内城市艺术领域中最著名的人物，其次他（她）们所选择的艺术表达方式和媒介各具特色，再次，他们涵盖了城市艺术领域的老中青三代，可以呈现各自不同的精彩。书中这20位艺术家的作品分布在世界的角角落落，作品的时间周期也相对有限，很难以我一己之力拍摄周全。其中如班克西（BANKSY）、入侵者（INVADER）、提克小姐（MISS TIC）、C215、喷漆罐杰夫（JEF AÉROSOL）等几位艺术家的作品是我个人追踪拍摄的，其余作品照片则大多来自艺术家团队免费提供的版权图片，在这里需要特别感谢艺术家VHILS、JUDITH DE LEEUW、朱利安·德·卡萨比安卡（JULIEN DE CASABIANCA）、D*FACE、FAITH XLVII、阿特拉斯（L'ATLAS）、博隆多（BORONDO）、PHLEGM、SWOON、DALeast、柒先生（SETH）及其团队对我的支持和信任。此外街头艺术家MADAME、FAN SACK、陈旸（SHEEP）、刘闻睿（ETHAN）也为本书提供了帮助和支持。同时还要感谢巴黎的唐妮诗画廊（DANYSZ Gallery）、伦敦的"纯粹邪恶"画廊（Pure Evil Gallery）的主理人和团队，与他们的访谈让我从艺术品市场的角度对城市艺术有了更深层次的理解。

与艺术家和团队打交道的过程让我更加真实地了解到这些我一直仰慕的艺术家的真实性格。有些很率真，你需要照片？好，给你拿去吧，我要忙着去下一个城市画画啦；有些艺术家和团队热情且敬业，与我写电子邮件无数个来回，挑选最适合这本书的画作，对街头艺术的共同热爱令我们通过邮件相谈甚欢；有些艺术家和团队非常高冷，我就会反复写邮件、在Instagram

上留言、预约开视频会议、与艺术家经纪人沟通、飞去他们的画展现场与他们当面交流、把文章翻成英文发去让他们审阅并按他们的要求修改……，整个过程漫长琐碎，最终收到他们发来的作品高清照片时真是欣喜万分；还有个最著名的艺术家团队需要我支付巨额的照片版权费用，我无力支付，只得把他从我的篇章里删去，对这位艺术家从此祛魅。与他们打交道的过程令我清晰地觉察到，在艺术市场的商业洗礼下，街头的艺术民主仍是部分艺术家的初心，但也是部分成功的艺术家用以继续打动大众的口号。

在最后一章我写了街头创作的美学价值和从城市规划的角度如何看待和组织这些街头创作。我希望通过讲述这些图像和故事，挖掘它们的价值，并让城市管理者能够从政策和管理的角度对于这些不同的艺术形式加以包容或扶植。在我居住的城市上海，街道干净整洁，我的涂鸦写手朋友们夜里3点画的涂鸦，5点就被兢兢业业的环卫工人们擦除了。曾经热闹的M50涂鸦墙也在高级商场的建设过程中被推成瓦砾。我们似乎很少有机会看到这些有趣的街头创作。但是我相信，中国的城市管理和艺术接纳程度在日新月异地向更人性化、国际化的方向发展，希望这本书能在这个方面，起到一点点微薄的作用。

整本书的写作过程也因时间的漫长而伴随着各种状况的发生。是这本书伴随着我度过了疫情期间的封闭生活状态。在我父亲查出患有恶性血液病的时候，是这本书支持着我陪同父亲四处治疗，在他的病榻边抱着笔记本查阅文献，用艺术疗愈自己的焦虑。在父亲过世的日子，也是这本书让我忙于写作，暂时从痛苦中抽离。在这之后，我把本来因为担心过于沉重而没有被我选入书籍的两个作品——博隆多绘制在墓地里的"苏鲁"（P289，图265）和PHLEGM绘制的长肢人送葬的作品（P297，图272）——纳入进来。就像位于新德里产科医院对面的那幅关于出生的作品"世界的起源"（P341，图301）一样，生命中的每个周期都是芸芸众生生活的一部分，我们不能逃避，艺术也因此而深刻。感谢这本书带给我的陪伴和成长。

我的师长和家人在这本书的写作过程中给予了我极大的支持。感谢我在同济大学建筑与城市规划学院和设计创意学院、巴黎瓦尔德塞纳建筑学院城市环境实验室（LAVUE）和美国加州大学伯克利分校环境设计学院的老师们对我的培养。感谢我的父母、爱人和儿子对我研究和写作工作的支持和包容。我的儿子董东从两岁起就陪我奔波四处拍摄街头艺术，谢谢他的配合和陪伴。我先生是我的第一个读者，作为建筑师的他为本书提出了很多专业的意见。感谢本书的编辑黄新萍老师，从选题到内容修订都离不开她不懈的支持和专业的建议，还有本书的美编鲁明静老师，为这本图片繁多的书籍带来了完美的排版和装帧设计。感谢我的朋友们在世界不同的城市专程帮我拍摄的照片。

最后，愿城市繁荣，艺术精彩，世界和平。

赵思嘉

2024年10月1日 于上海

VHILS创作于葡萄牙里斯本的巨幅墙绘，2014年

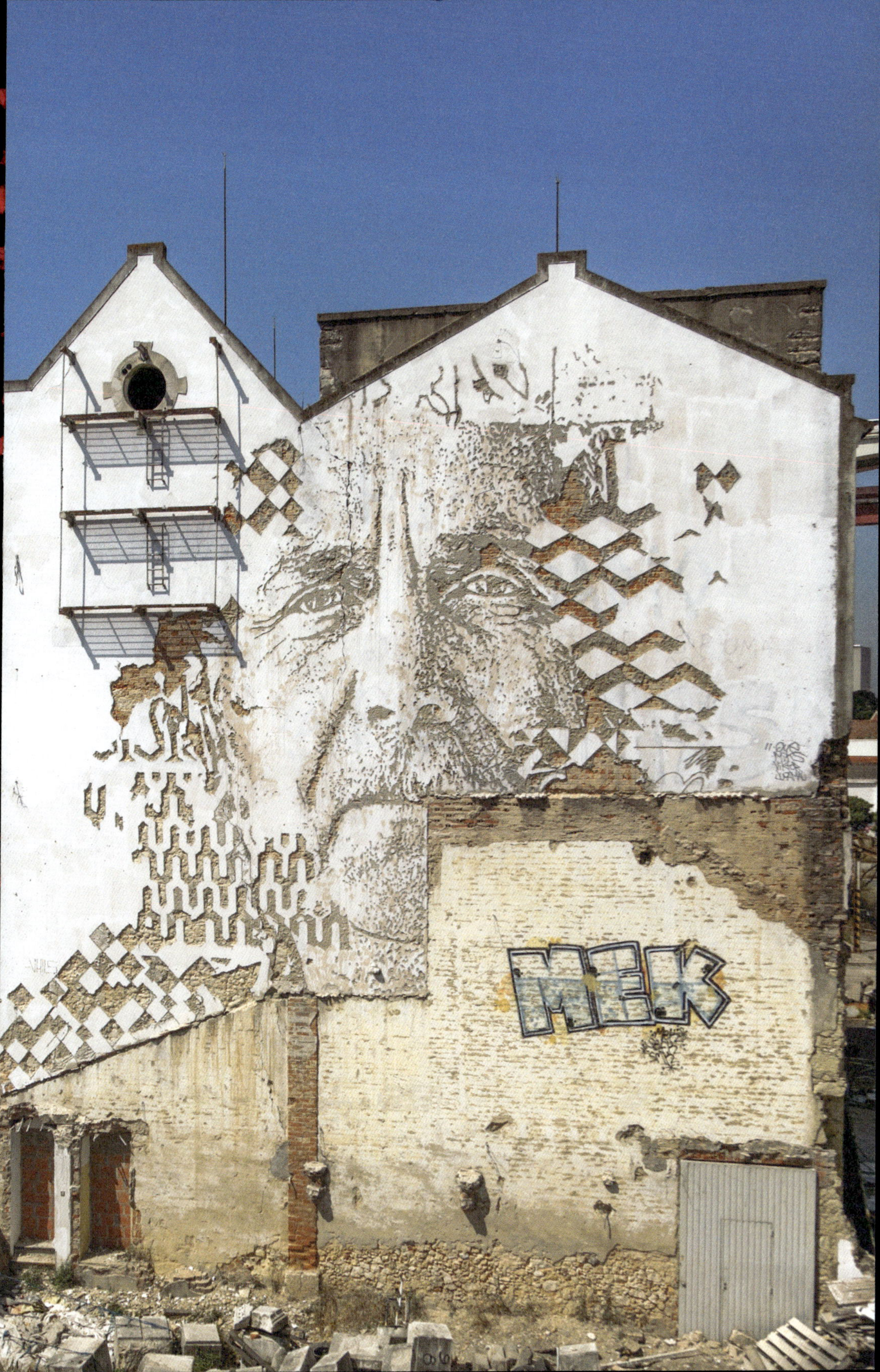
MEK